# ENCYCLOPÉDIE-RORET

## ÉCLAIRAGE & CHAUFFAGE

# AU GAZ

SUIVI DE

## L'AIDE-MÉMOIRE

DE

## L'INGÉNIEUR-GAZIER

TOME DEUXIÈME

PARIS

ENCYCLOPÉDIE-RORET

L. MULO, LIBRAIRE-ÉDITEUR

12, RUE HAUTEFEUILLE, 12

# ENCYCLOPÉDIE-RORET

---

## ÉCLAIRAGE ET CHAUFFAGE

# AU GAZ

---

TOME SECOND

# MANUELS-RORET

## NOUVEAU MANUEL COMPLET

DE

# L'ÉCLAIRAGE ET DU CHAUFFAGE

# AU GAZ

OU

## TRAITÉ ÉLÉMENTAIRE ET PRATIQUE

DESTINÉ AUX INGÉNIEURS, AUX DIRECTEURS ET AUX CONTRE-
MAÎTRES D'USINES A GAZ D'ÉCLAIRAGE

SUIVI DE

## L'AIDE-MÉMOIRE DE L'INGÉNIEUR-GAZIER

Par **M.-D. MAGNIER**

Ingénieur-Gazier

### NOUVELLE ÉDITION

CORRIGÉE, AUGMENTÉE ET ENTIÈREMENT REFONDUE

**Par E. BANCELIN**

Ancien Elève de l'Ecole Polytechnique
Ancien Sous-Régisseur d'Usine de la Compagnie Parisienne du Gaz

*Ouvrage orné de 322 figures dans le texte.*

## TOME SECOND

## PARIS

ENCYCLOPÉDIE-RORET

L. MULO, LIBRAIRE-ÉDITEUR

12, RUE HAUTEFEUILLE, 12

1899

# AVIS

Le mérite des ouvrages de l'**Encyclopédie-Roret** leur a valu les honneurs de la traduction, de l'imitation et de la contrefaçon. Pour distinguer ce volume, il porte la signature de l'Éditeur, qui se réserve le droit de le faire traduire dans toutes les langues, et de poursuivre, en vertu des lois, décrets et traités internationaux, toutes contrefaçons et toutes traductions faites au mépris de ses droits.

# NOUVEAU MANUEL COMPLET

# D'ÉCLAIRAGE AU GAZ

## CHAPITRE XII

### RÉGULATEUR ET INDICATEUR DE PRESSION

Le régulateur est un appareil destiné à obvier aux variations de pression. Le problème à résoudre est celui-ci, trouver un instrument qui, placé entre le compteur et un ou plusieurs becs de gaz, maintienne automatiquement une pression constamment uniforme dans les tuyaux qui vont du compteur aux becs, quelles que soient dans certaines limites, les variations de pression du gaz avant son arrivée dans les brûleurs. Nous croyons devoir indiquer quelques appareils employés autrefois, pour permettre la comparaison avec ce qui se fait aujourd'hui.

#### GOUVERNEUR DE CLEGG

Dès l'origine du gaz, en 1816, Clegg et Crossley se servaient du *gouverneur* représenté par la figure 182. *a* entrée du gaz, *c* cloche mobile qui monte et descend suivant les différences de pression, *b* sortie du

gaz. Au plafond de la cloche *c* se trouve une chaîne
ou un fil d'archal supportant un cône. Ce cône est
obligé de suivre les mouvements que les différences
de pression font subir à la cloche. Quand la pression
augmente, le passage du gaz est rétréci, ce qui fait
compensation.

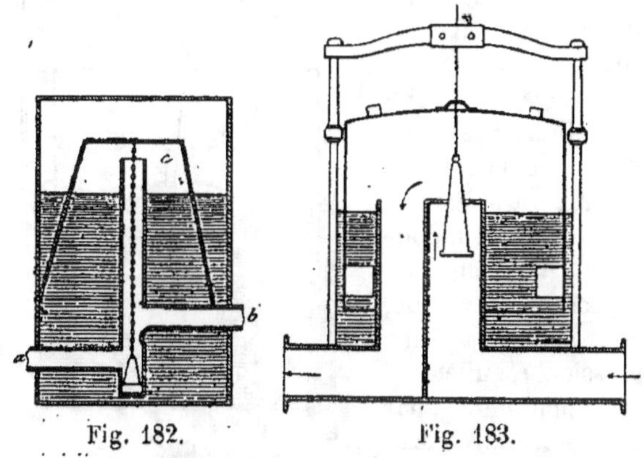

Fig. 182.          Fig. 183.

Puis on fit le régulateur représenté par la fig. 183
dont la cloche est munie d'une boîte à air, placée en
bas du pourtour pour l'alléger ; et enfin le régulateur à contrepoids (fig. 184-185), qui a été décrit par
Clegg fils de la manière suivante : AA cuve en fonte,
contenant de l'eau. Dans cette cuve flotte le gazomètre régulateur BB. C cône en fonte suspendu à un
anneau qui est tenu au plafond du petit gazomètre.
D tuyau d'arrivée, garni à la partie supérieure d'une
plaque *d* dans laquelle se trouve une ouverture égale en
diamètre dans la base du cône qui, s'il s'élevait à cette
hauteur, intercepterait tout passage. E tuyau de sortie ; son diamètre est subordonné à la distance qui

existe entre le régu-
lateur et la conduite
de distribution, et au
diamètre de cette con-
duite.

Quand le petit gazo-
mètre B est plongé
dans l'eau, il perd
une portion de son
poids égale au poids
du volume d'eau qu'il
déplace, et la pression
du gaz varie comme
l'immersion. En don-
nant à la chaîne F'F"
la pesanteur voulue,
on obtiendra une
pression régulière.

Supposons, par
exemple, que le gazo-
mètre pèse 1,000 li-
vres et perde 100 li-
vres de ce poids
quand il plonge dans
l'eau, puisqu'une por-
tion de la chaîne,
égale en longueur à
la hauteur dont le
gazomètre est monté,
pèse 50 livres et que
le contrepoids F pèse
950 livres, alors
quand le gazomètre

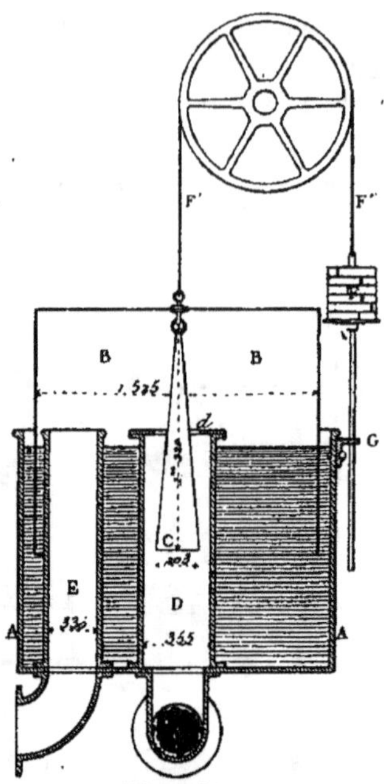

Fig. 184.

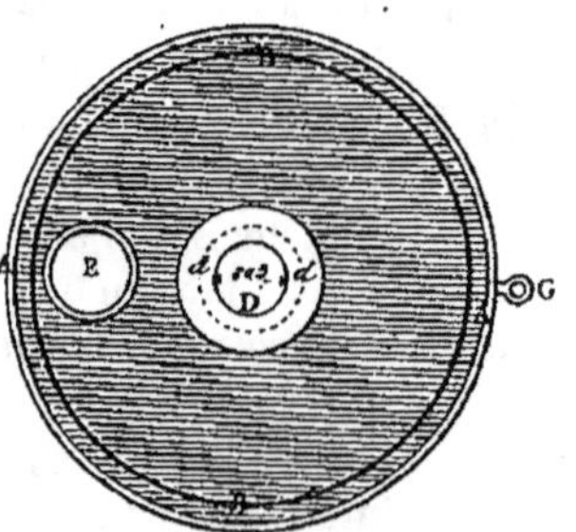

Fig. 185.

est immergé, son véritable poids n'est plus que de 900 livres. A cela il faut ajouter la portion de la chaîne qui agit maintenant en augmentant le poids du gazomètre, 50 livres. Le poids total égale donc 950 livres. Ce chiffre correspond avec celui de la pesanteur actuelle du contrepoids.

Maintenant, supposons le gazomètre entièrement sorti de l'eau. Son poids effectif se trouve égal à 1,000 livres, mais il est équilibré par le contrepoids qui pèse 950 livres, et les 50 livres de la portion de chaîne, qui, se trouvant à présent de l'autre côté de la poulie, agit avec le contrepoids. Les effets du gazomètre et du contrepoids étant ainsi opposés l'un à l'autre, la pression du gaz contenu dans le gazomètre se trouve régularisée. C'est le même principe que celui des gazomètres à suspension.

En augmentant ou en diminuant le contrepoids, on obtient une diminution ou une augmentation de pression. Le régulateur agit comme suit : son tuyau de sortie communique à la conduite qui donne le gaz aux consommateurs et le tuyau d'entrée introduit dans l'appareil, le gaz qui vient du gazomètre. Il est évident que si la pression du gaz augmente dans le tuyau d'entrée, il passera une plus grande quantité de gaz, entre l'intervalle du cône et de la plaque *d*, ce qui en faisant monter le gazomètre rétrécira cet intervalle : mais que si, au contraire, le gaz diminue de pression dans ce tuyau d'entrée, le gazomètre descendra. Ainsi quelle que soit la pression du gaz à chaque instant dans le gazomètre ou dans les conduites, la pression dans le petit gazomètre du régulateur sera uniforme, et en conséquence l'écoulement du gaz dans les conduites sera régularisé :

car lorsque l'ouverture de la plaque *d* permettra à plus de gaz qu'il n'en faut pour la consommation de passer, le petit gazomètre, en montant, diminuera l'aire du tuyau d'introduction ; et quand, au contraire, le tuyau d'introduction ne permettra pas à une quantité suffisante de gaz de venir des gazomètres, le gaz en passant par le régulateur pour se rendre dans les conduites, laissera descendre le gazomètre et l'aire du tuyau d'introduction augmentera, de manière à fournir aux conduites de consommation la quantité de gaz nécessaire. Cette marche, ajoute en terminant M. Clegg, n'est dérangée ni par la pression ni par la vitesse du gaz : quand la balance est une fois établie, on obtient le degré de pression désiré sans être exposé à aucune variation.

Il me serait impossible de relater les nombreux régulateurs qui ont été inventés. Je me bornerai donc à en mentionner quelques-uns, mais plutôt en raison de leur principe respectif que de leur mérite.

## GAZO-COMPENSATEUR PAUWELS

Il consiste (fig. 186) en une boîte en fonte de forme cylindrique, fermée à la partie supérieure par un couvercle amovible et fixé par des vis. Deux tubulures situées à la même hauteur et le plus ordinairement aux extrémités opposées d'un même diamètre servent à raccorder la boîte avec les deux conduites entre lesquelles elle est interposée. Le gaz arrivant de la conduite qui précède est admis dans la première tubulure A, et passe de la boîte à la conduite suivante par la tubulure opposée B. La partie inférieure de la boîte constitue une cuvette cylindrique qui se trouve plus bas que les conduites d'entrée et de sortie, et remplie d'eau jusqu'au niveau de ces conduites qui lui servent de trop-plein.

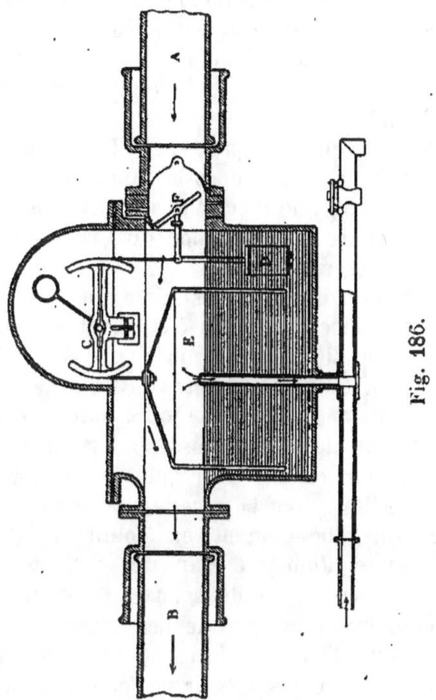

Fig. 186.

Dans l'eau qui remplit la cuve, plonge une cloche en tôle E. Cette cloche est reliée par un ruban flexible d'acier à l'un des bras d'un balancier *c*, terminé par un secteur circulaire, et porté par un axe que supporte une traverse en fer, établie à la partie supérieure de la boîte. A l'autre bras du balancier est suspendu de la même manière un contrepoids qui équilibre la cloche. On augmente ou diminue ce contrepoids suivant la pression que l'on veut donner au gaz, il est ainsi le régulateur de l'appareil. Au même bras du balancier est fixée l'extrémité d'un levier solidaire avec l'axe d'une valve tournante F logée dans la tubulure par laquelle le gaz est admis dans la boîte.

Lorsque la cloche repose sur le fond de la boîte, la valve ferme complètement la tubulure d'arrivée du gaz ; à mesure que la cloche se relève, la valve en tournant ouvre à l'admission du gaz un passage de plus en plus grand.

La boîte étant close, il est clair que le fond supérieur de la cloche est pressé de haut en bas par le gaz qui remplit la partie supérieure de la boîte et passe de là dans la conduite suivante par la tubulure d'émission qui reste toujours libre. En dessous, ce fond de la cloche est poussé de bas en haut par la pression d'une couche d'air qui occupe l'espace au-dessus de l'eau dont la cuvette est remplie ; or, cet espace est généralement en communication avec l'atmosphère ambiante par un petit tuyau qui s'élève verticalement dans l'axe de la cloche jusqu'au-dessus du niveau de l'eau, traverse le fond de la cuvette et débouche extérieurement dans une petite capacité ménagée sur ce fond. A celle-ci sont adaptés :

1° Un conduit horizontal appliqué sous le fond de la cuvette, dont elle déborde le diamètre et muni d'un robinet que l'on peut ouvrir ou fermer de l'extérieur ; ce conduit est tenu habituellement ouvert ;

2° D'une tubulure à laquelle s'adapte un petit

tuyau qui se prolonge sous le sol jusqu'aux maisons
qui bordent la rue, et va déboucher dans la partie
supérieure de la branche fermée d'un manomètre à eau
ordinaire appliqué contre le mur. La paroi de ce tuyau
est percée de plusieurs trous que l'on peut fermer
avec des vis, et qui lorsqu'ils sont ouverts, comme
cela a lieu ordinairement, donnent un libre accès à
l'air atmosphérique. Il porte en outre un robinet qui
permet d'ouvrir ou d'intercepter à volonté la communication du tuyau et par conséquent de l'espace
compris entre le niveau de l'eau et le fond supérieur
de la cloche, avec le manomètre dont nous avons
parlé. Le fond de la cloche étant ainsi pressé de haut
en bas par le gaz dont la partie supérieure de la
boîte est remplie, et poussé de bas en haut par la
pression de la couche d'air en communication avec
l'air extérieur ; si l'on veut limiter à 15 millimètres,
par exemple, l'excès de pression du gaz sur celle de
l'atmosphère, il suffira de régler le contrepoids de
telle sorte qu'une couche d'eau de 15 millimètres
d'épaisseur posée sur le fond supérieur de la cloche
établisse par l'intermédiaire du balancier, l'équilibre
entre la cloche dont les parois plongent dans l'eau et
le contrepoids. Alors, en effet, toute pression du gaz
dans la boîte qui sera supérieure à plus de 15 millimètres d'eau à la pression de l'atmosphère, déterminera l'enfoncement de la cloche et la fermeture
progressive de la tubulure d'admission par la valve
tournante jusqu'à ce que la pression du gaz soit
descendue à la limite assignée, qui résulte de la dépense des becs alimentés par la conduite de sortie de
l'appareil, et de la fermeture partielle de la tubulure
d'entrée.

On a ajouté quelques perfectionnements. Les tuyaux partant de la conduite d'entrée avant la valve, et de la conduite de sortie, sont réunis aux deux branches supérieures d'un manomètre à eau, ils donnent ainsi la différence entre la sortie et l'entrée non gênée, un tuyau partant de dessous la cloche donne la pression sous la cloche quand on supprime sa communication avec l'air extérieur. On peut donc voir ces pressions et ces différences de pressions simultanées. On verra, par exemple, que si l'appareil laisse arriver le gaz sous une pression trop faible, c'est que le contrepoids n'est pas assez fort. Si l'on ne veut pas ouvrir le gazo-compensateur pour augmenter le contrepoids, on ferme toutes les communications de la cloche avec l'atmosphère et l'on insuffle au moyen d'un soufflet de l'air sous la cloche, le manomètre donnera la mesure de l'excès de pression intérieure qu'on aura déterminé ainsi et qu'on pourra régler.

Si le gaz arrivait à une pression trop forte, ce qui indiquerait que le contrepoids est trop grand, on raréfierait l'air de la cloche avec une petite pompe jusqu'à la pression nécessaire pour le réglage.

L'expérience a montré qu'il était bon que le contrepoids ne fût pas constant, mais qu'il allât en augmentant lorsque ce contrepoids descend en soulevant la cloche, et agrandissant l'ouverture à l'admission du gaz. Pour l'obtenir, M. Pauwels a imaginé de fixer sur l'axe du balancier intermédiaire entre la cloche et le contrepoids, une tige de fer qui est verticale, quand les bords inférieurs de la cloche appuient sur le fond de la cuvette et que la valve ferme complètement la tubulure d'entrée. Une masse

1.

plus ou moins lourde dont le centre de gravité est
sur l'axe de la tige est mobile le long de celle-ci et
peut y être fixée à telle distance que l'on veut de
l'axe du balancier. La masse, dès que le balancier
s'incline et ouvre la valve d'introduction, agit par son
poids pour soulever la cloche à mesure que la valve
s'ouvre davantage.

Ce desiderata est en effet nécessaire, car le nombre
des becs alimentés par une conduite est variable aux
différentes heures de la journée. Or plus ce nombre
est grand, plus la pression dans la boîte doit être élevée pour assurer un bon éclairage des becs branchés
sur l'extrémité la plus reculée de la conduite. Il
faudrait donc diminuer le contrepoids, qui tend à soulever la cloche et ouvrir la valve d'introduction du gaz
lorsqu'on éteint un certain nombre de becs, et ramener
en même temps la pression à être seulement suffisante pour le nombre de becs qui restent allumés.
Ce but est atteint par la tige indiquée plus haut, dont
l'action diminue à mesure que la valve d'introduction rétrécit le passage du gaz arrivant. Un certain
nombre de ces appareils, répartis judicieusement
dans les canalisations, permettront de réduire au strict
nécessaire la pression dans les conduites et de diminuer ainsi les fuites.

### AUTO-RÉGULATEUR DE M. SERVIER

Cet appareil est aussi destiné à régler la pression
aux différents points d'une canalisation (fig. 187).

A A entrée du gaz dans l'auto-régulateur, B sortie, C conduite branchée sur le périmètre. Supposons un régulateur ordinaire, c'est-à-dire une cloche

renversée sur l'eau, et munie d'un cône qui vient
obstruer en totalité ou en partie l'orifice d'un tuyau,
tandis qu'un autre tuyau débouche à gueule-bée
sous la cloche. Seulement le cône, au lieu de fonctionner dans le tuyau d'entrée, comme dans le régulateur ordinaire, fonctionne dans celui de sortie de
l'auto-régulateur, ce qui est un point essentiel.

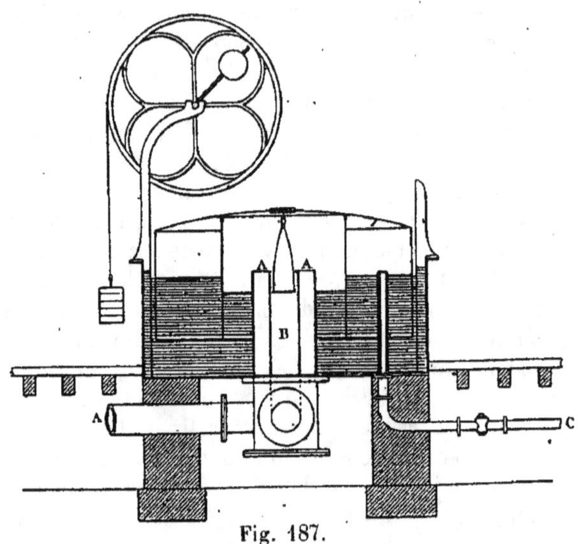

Fig. 187.

En outre, une autre cloche annulaire entoure la
première et en est dépendante, c'est-à-dire qu'elle
monte et descend avec elle. Sous cette dernière cloche
débouche un tuyau branché, par l'autre extrémité,
au point du périmètre où l'on veut maintenir une
pression constante.

Examinons maintenant le jeu de cet appareil et posons l'équation d'équilibre du système ; désignons par :

P la pression dans le tuyau d'entrée de l'auto-régulateur ;

$p$ la pression dans le tuyau qui débouche dans la cloche annulaire ;

S la surface du cercle qui a pour diamètre celui de la cloche extérieure ;

$s$ la surface du cercle qui a pour diamètre celui de la cloche centrale ;

Q le poids de tout le système mobile.

Nous avons :

$$Ps + p(S - s) = Q$$

d'où :

$$p = \frac{Q - Ps}{S - s}$$

Si l'on suppose P et Q constants, on voit que dans cette équation, toutes les quantités sont constantes, sauf $p$ et qu'il faut nécessairement que cette quantité reste constante pour que le système reste en équilibre. La double cloche montera donc ou descendra, en rétrécissant ou augmentant au moyen du cône, la section de l'orifice du tuyau de sortie du régulateur, de manière à maintenir $p$ constante.

### ÉCONOME A GAZ, DE M. MUTREL

Ce régulateur, nommé *économe à gaz*, consiste en un gazomètre mobile (fig. 188 et 189), dont un cône régulateur D suit les mouvements. — Voici la description de cet appareil, telle qu'elle a été donnée par M. Mutrel.

A, tube d'arrivée. B, tube qui conduit le gaz aux becs. C, cloche mobile, qui monte ou descend librement dans une fermeture hydraulique, sans permettre au gaz de s'échapper. D, soupape régulatrice.

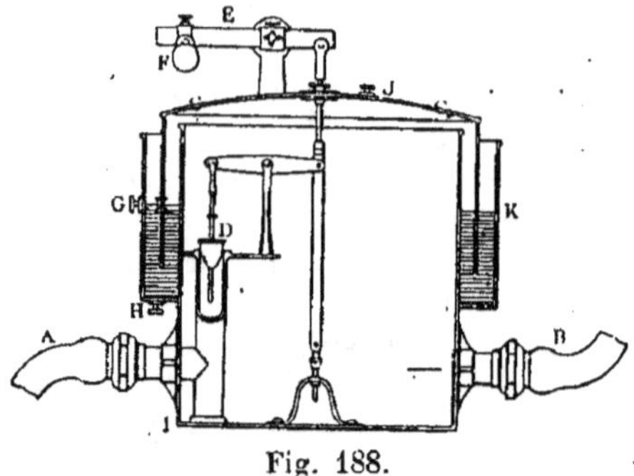

Fig. 188.

E, balancier jouant sur couteaux, qui dirige les mouvements de la cloche. F, contrepoids qui glisse

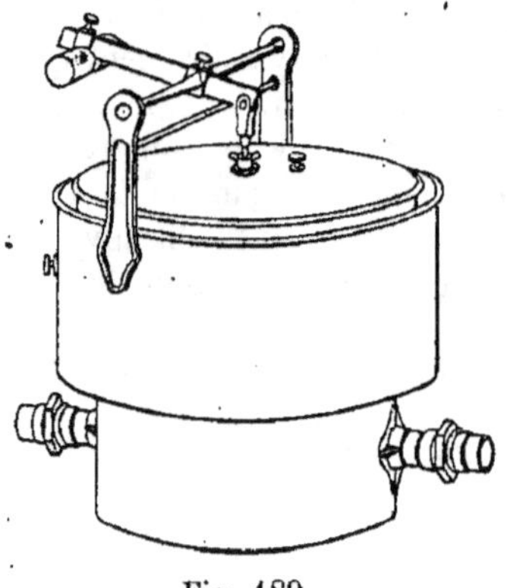

Fig. 189.

sur le balancier. G, bouton pour régler le niveau de l'eau. H, bouton pour vider et nettoyer la fermeture hydraulique. I, robinet que l'on doit ouvrir chaque quinzaine pour laisser écouler l'eau qui s'est condensée dans l'appareil et qui le détériorerait. J, bouchon que l'on dévisse jusqu'à ce qu'on voie la fente qui y est pratiquée, pour permettre à l'air d'entrer, quand on veut enlever la cloche. K, couche d'huile pour prévenir l'évaporation de l'eau.

### 1° De la pose

On doit, avant de rien changer dans l'appareillage, piquer un manomètre à eau sur le tube qui conduit vers les becs, et déterminer quelle est la plus faible pression qui peut se présenter dans toute une soirée ; et si c'est près d'un théâtre, on doit faire cette opération un jour de représentation ; le manomètre doit être placé de manière à permettre de poser l'appareil sans le déplacer.

L'économe doit être posé de niveau et immédiatement après le compteur, soit au-dessus ou à côté, en ayant bien soin de faire arriver le gaz par le tube correspondant au contrepoids, et de placer un siphon sur le tube qui réunit les deux appareils, quand ce tube est obligé de redescendre pour venir se souder au raccord de l'économe.

Quand l'appareilleur a terminé la pose, on introduit environ un litre d'huile d'olive dans la fermeture hydraulique, puis y on verse de l'eau jusqu'à ce que son niveau s'élève au-dessus du bouton G ; on dévisse celui-ci pour laisser écouler l'excédant d'eau par une fente pratiquée sur le corps de la vis, et on resserre le bouton aussitôt que les globules d'huile commencent à se montrer.

## 2° De la manière de le faire fonctionner

Supposons que la plus faible pression qui ait été trouvée à l'endroit où on veut poser un économe soit de 2 centimètres au manomètre à eau, et qu'on se propose de régler l'instrument pour cette pression. Pour y parvenir, on fait allumer tous les becs, en ouvrant entièrement les robinets de ceux qui manquent ordinairement de gaz, et on consulte le manomètre posé sur le tube qui les alimente : s'il indique une pression plus faible que 2 centimètres, on fait glisser le contrepoids F, en le ramenant vers le centre de la cloche : si la pression est trop forte, on éloigne le contrepoids : quand le manomètre indique la pression cherchée, on fixe le contrepoids et on tourne les robinets des becs pour régler la hauteur des flammes. On peut ensuite abandonner l'appareil à lui-même, jamais les flammes ne varieront.

Si forte que soit la pression d'arrivée, on ne doit généralement point régler l'appareil pour une pression de plus de deux centimètres ; et dès que la pression minima est au-dessous de celle-là, on le règle pour toute cette pression minima.

## 3° De son action

Le gaz arrivant dans l'appareil se dilate au sortir de l'orifice A pour remplir toute la cloche C, et si celle-ci était fixe, le gaz continuerait de s'y accumuler jusqu'à ce que sa pression fût égale à celle du gaz dans la conduite qui précède l'économe ; de plus, le gaz, dans la cloche, participerait à toutes les variations de pression dans cette conduite. Mais, comme cette cloche est d'une extrême mobilité, il est clair

qu'elle sera soulevée aussitôt que le gaz aura atteint
une tension suffisante pour vaincre son poids ; de
plus, il n'est pas moins évident que le gaz ne pourra
jamais s'y accumuler de manière à y prendre une
tension plus forte que celle qui fait équilibre à ce
poids, attendu que la cloche commande les mouvements de la valve D, et que celle-ci ferme l'orifice
d'arrivée du gaz quand la cloche est parvenue au
sommet de sa course. Si, dans cette position de la
cloche, nous ouvrons les robinets des becs, le gaz
contenu dans l'appareil tendra à se dilater pour alimenter ces becs, ce qui amènerait une tension moindre que celle qui correspond au poids de la cloche ;
mais il ne pourra point en être ainsi, attendu que la
cloche descendra immédiatement pour compenser par
la diminution de sa capacité le volume du gaz écoulé,
et admettra simultanément, par l'orifice A, la quantité de gaz exigée pour le maintien de la pression qui
fait équilibre à son poids ; or, comme celui-ci ne
varie, dans les diverses positions que peut occuper la
cloche, que d'une quantité infiniment petite, la tension du gaz dans la cloche, et partant celle du gaz à
chaque bec alimenté par l'appareil, ne saurait varier
que d'une quantité insensible.

« Ainsi se trouve établi que la tension du gaz
dans l'économe est distincte et indépendante de la
tension du gaz dans la conduite ; que la première
restera constante nonobstant que l'autre variera in-
cessamment ; de là :

« 1° Des flammes d'une intensité lumineuse constante ;

« 2° Plus de fumées ni d'effluves délétères ;

« 3° Une économie réelle de 15 0/0 dans la consommation.

« *N. B.* Cet appareil demande à être traité avec
intelligence ; sa pose et son entretien ne doivent être
confiés qu'à des ouvriers exercés. »

## RÉGULATEUR HYDROSTATIQUE, DE M. MAGNIER

L'idée de ce régulateur est originaire d'Ecosse.

Voici la description de celui que M. Magnier a fait
fabriquer (fig. 190).

I, introduction du gaz.
S, sortie du gaz. FF,
flotteur circulaire, à
mouvements libres, por-
tant le cône C, et for-
mant manchon autour
du tuyau I. C, cône ren-
versé, s'abaissant ou
s'élevant suivant la hau-
teur du niveau de l'eau
dans laquelle se trouve
le flotteur FF, de ma-
nière à donner moins
ou plus de passage au
gaz, suivant que la
pression exercée sur
l'éau par le gaz est
plus ou moins forte.
O, ouverture par où
l'on introduit l'eau.
M, manomètre. R, robi-
net pour retirer l'eau. A, cylindre intérieur dans
lequel s'exerce la pression. B, espace annulaire dans

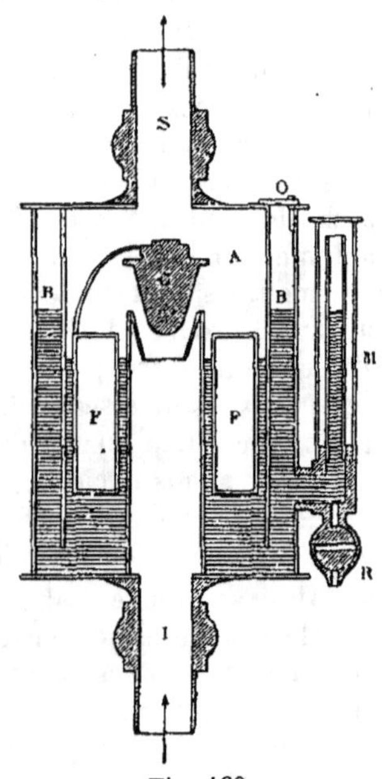

Fig. 190

lequel l'eau suit, en sens inverse, les mouvements occasionnés dans le cylindre intérieur par les changements de pression.

On comprend que pour régler cet instrument, il suffit, si l'on veut laisser un plus grand passage au gaz, d'y mettre plus d'eau, afin que le flotteur s'élève et que le cône, qui suit ses mouvements, augmente l'ouverture, ou, si l'on veut diminuer cette ouverture, de laisser écouler un peu d'eau par le petit robinet R, pour que le cône entre plus ou moins dans l'orifice du tuyau d'introduction et en diminue le passage.

On va voir maintenant que, par une action analogue à celle dont il vient d'être parlé, l'effet du plus ou moins de pression exercée dans les tuyaux de la rue, ne saurait se manifester sur les becs. Supposons que, dans la position indiquée par le dessin, le gaz brûle chez un consommateur à une pression satisfaisante ; tant que la pression extérieure sera la même, le niveau d'eau où se trouve le flotteur restera le même, et, par conséquent, le passage du gaz n'augmentera ni ne diminuera ; mais si la pression augmente, elle fera baisser le niveau de l'eau contenue dans le cylindre extérieur A, et la fera refluer dans l'espace annulaire B, qui se trouve entre ce cylindre et la cage extérieure ; alors le flotteur, en suivant ce mouvement de l'eau, s'abaissera et le cône viendra d'autant plus diminuer le passage du gaz que la pression sera plus forte. Au contraire, si la pression diminue, le niveau s'élèvera et le passage augmentera. Or, on sait très bien que l'effet de ces diminutions ou de ces augmentations de passage, suivant le plus ou moins de pression, est d'opérer une compensation dans la quantité du gaz qui arrive aux becs et par conséquent d'en régulariser la flamme.

Dans le régulateur de Clegg, à la pression de sortie agissant contre la cloche s'ajoute la pression d'entrée agissant sur la surface inférieure de l'obturateur conique ; comme celle-ci varie, il s'ensuit que la pression sous la cloche ne peut pas être constante et qu'elle varie jusqu'à ce que les différences sous le cône soient compensées. Ces variations sont proportionnelles à la surface de l'obturateur.

Pour supprimer ce défaut on a employé différentes dispositions qui, toutes, tendent à annuler la pression d'entrée sur le cône, en faisant agir la même pression d'entrée sur une section égale dont le mouvement a lieu en sens inverse. De plus, dans le régulateur de Clegg, on ne tient pas compte des variations de l'immersion différente de la cloche, dans le poids de cette dernière.

Giroud a corrigé l'erreur provenant de cette cause par des siphons qu'il adapte à la cloche et qu'il laisse pendre au-dessus du bord de l'appareil et dont la section est exactement égale à la section horizontale de la tôle immergée. L'eau, déplacée par la cloche lors de l'immersion, passe dans les siphons, et le poids de la cloche augmenté de celui des siphons, reste constant.

De plus, on a cherché à éviter l'oscillation que peut éprouver la cloche dans le régulateur de Clegg, et au lieu de faire passer le gaz directement de l'ouverture de l'obturateur sous la calotte de la cloche, on lui fait traverser d'abord une petite ouverture et on forme une sorte de réservoir de gaz au-dessous de la calotte. De même, au lieu de poids avec lesquels

on charge ordinairement la cloche, on a adapté un
réservoir d'eau et réglé la pression par l'addition ou
la diminution de l'eau dans ce réservoir. On a établi
une échelle pour le niveau d'eau, échelle formée par
un certain nombre de robinets d'évacuation disposés
obliquement les uns au-dessus des autres, chaque robinet donnant un niveau déterminé, et par suite un
poids d'eau déterminé, qui correspond à une pression
donnée sous la cloche et dans le tuyau de sortie.

### RÉGULATEUR GIROUD

La figure 191 donne la coupe d'un régulateur perfectionné par Giroud pour la consommation des abonnés. Il se compose, suivant la hauteur, de trois parties dont l'inférieure est en communication à gauche
avec le tuyau de sortie, la seconde à droite avec le
tuyau d'entrée : la supérieure, qui est la plus grande,
renferme la cloche flottant dans l'eau. La cloison
entre les deux parties inférieures porte l'ouverture
centrale, dans laquelle joue l'obturateur. La cloche
supérieure, au bord inférieur de laquelle est fixé le
réservoir d'air annulaire, a une double calotte ; dans
l'intervalle entre les deux calottes vient aboutir la
tige de l'obturateur, ouverte en haut et en bas, de
sorte que le gaz sortant de la partie inférieure de
l'appareil, arrive avec la pression de sortie par la
tige creuse de l'obturateur entre les deux calottes de
la cloche ; puis, par plusieurs trous percés dans la
calotte inférieure, il arrive sous cette dernière même.
La tige est entourée dans le compartiment supérieur
d'un fourreau fixé à sa partie inférieure sur le fond et qui
dépasse le niveau d'eau, puis d'un second fourreau

ouvert par le bas et fixé bien hermétiquement à la
partie supérieure de la cloche.

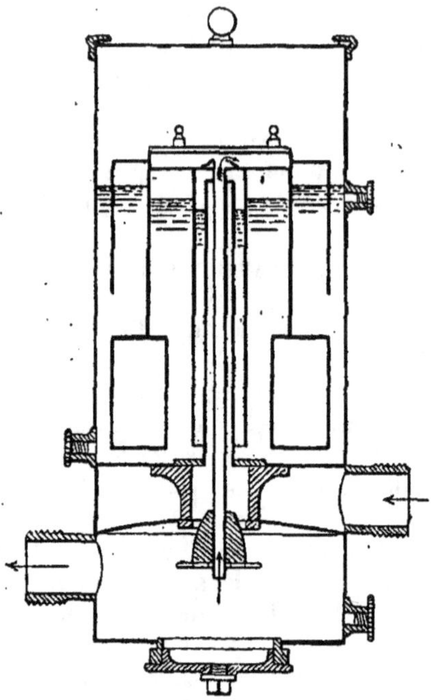

Fig. 191.

La section annulaire entre la tige de l'obturateur
et le fourreau extérieur, a exactement la même surface que la base de l'obturateur, de sorte que la
pression d'entrée, qui agit sur la soupape de haut
en bas, se trouve équilibrée sous la cloche. Le gaz,
qui arrive avec la pression de sortie entre les deux

couvercles de la cloche et de là sous le couvercle inférieur, exerce ici une pression ascendante, et cette
pression avec celle qui agit d'en bas contre le fond
de la soupape forment la force qui soulève la cloche.
Cette dernière est encore entourée d'un cylindre plus
large, fermé par en haut et ouvert en bas qui, au
moyen d'une petite ouverture, communique avec
l'atmosphère et permet d'annuler toute oscillation.

Pour les appareils de salle d'émission d'usines, on
adapte les siphons de compensation de l'immersion
de la cloche dont nous avons parlé plus haut.

Servier et Giroud ont construit des appareils qui
fonctionnaient en partie au moyen de transmission
électrique, et en partie au moyen de gaz ramené
directement de la ville, et qui étaient indépendants
de la pression de sortie de la ville. La délicatesse
de ces appareils n'a pas permis jusqu'ici leur exten-
sion. Il en est un cependant, dont les applications
ont été assez nombreuses, c'est l'appareil construit
par Giroud et qui réunit tous les perfectionnements
de cet inventeur (fig. 192).

### RÉGULATEUR GIROUD PERFECTIONNÉ

La partie inférieure de l'appareil est un cylindre
en fonte, avec fond et couvercle boulonnés et deux
raccords de tuyau sur les côtés, à gauche pour
l'entrée, à droite pour la sortie. Au couvercle est
fixé un second cylindre intérieur, venu de fonte,
avec un tuyau latéral qui communique avec le tuyau
d'entrée du cylindre extérieur. Le fond du cylindre
intérieur est formé par une plaque, dans l'ouverture
de laquelle joue le cône régulateur. Sur le couvercle

du grand cylindre est adapté un réservoir d'eau
dans lequel joue une cloche reliée à la tige de la valve régulatrice. La cloche a la même section que la base du cône régulateur, et son intérieur est en communication avec le tuyau d'entrée du gaz, par un tuyau central par lequel passe en même temps la tige pleine du cône régulateur.

La pression que le gaz exerce vers le bas sur le cône régulateur est, par conséquent, exactement égale à la pression avec laquelle le gaz agit vers le haut contre la calotte de la petite cloche et l'influence de ces deux forces s'annule. La tige de la valve, qui porte

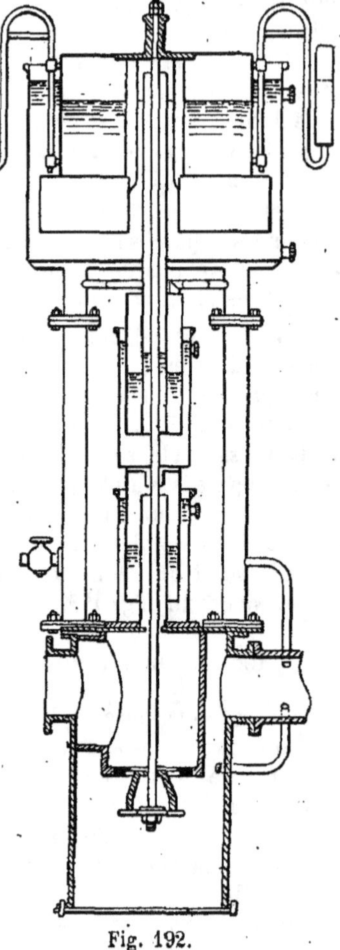

Fig. 192.

toute la partie mobile de l'appareil, passe encore par une deuxième cloche, qui est disposée au-dessus de la première..

Mais ici le réservoir dans lequel plonge la cloche est fixé à la tige de la valve et se meut avec elle en haut et en bas, tandis que la cloche même est fixe. Dans cette cloche s'annule la pression (pression de sortie) qui agit inférieurement vers le haut contre le fond de la valve. Des quatre colonnes (il n'y en a que deux visibles dans le dessin) qui relient la partie inférieure de l'appareil avec la supérieure, l'une (de droite) est mise en communication, par un tuyau coudé, avec la partie inférieure de l'appareil. Le gaz arrive donc dans ces colonnes avec la pression de sortie, de là il va par un tuyau d'embranchement dans l'intérieur de la cloche fixe précédemment décrite, et comme la section annulaire de cette cloche est exactement aussi grande que la surface intérieure du cône régulateur, la pression, qui est exercée vers le bas dans la cloche annulaire sur l'eau, et par là sur la partie mobile, compense la pression inférieure contre le fond du cône. Le tuyau intérieur de la cloche passe à travers la partie supérieure de l'appareil jusque sous la cloche flottante ; il porte à son extrémité supérieure le guidage unique pour la tige du cône. Son intérieur est relié par un petit tuyau horizontal avec la colonne de support creuse de gauche, qui communique au moyen d'un tuyau muni d'un robinet avec le tuyau de retour venant de la ville. De cette manière le gaz de la ville arrive donc sous la cloche et agit en même temps avec pression constante sur l'eau qui se trouve dans le tuyau intérieur..

La partie supérieure de l'appareil contient la cloche avec le flotteur annulaire et les deux siphons équilibreurs pour la tôle immergée. Sans chercher cette précision, un grand nombre de constructeurs ont fait des appareils régulateurs d'émission satisfaisant à peu près aux desiderata. Nous en citerons quelques-uns.

## RÉGULATEUR COWAN

C'est un régulateur (fig. 193) à simple cône (celui-

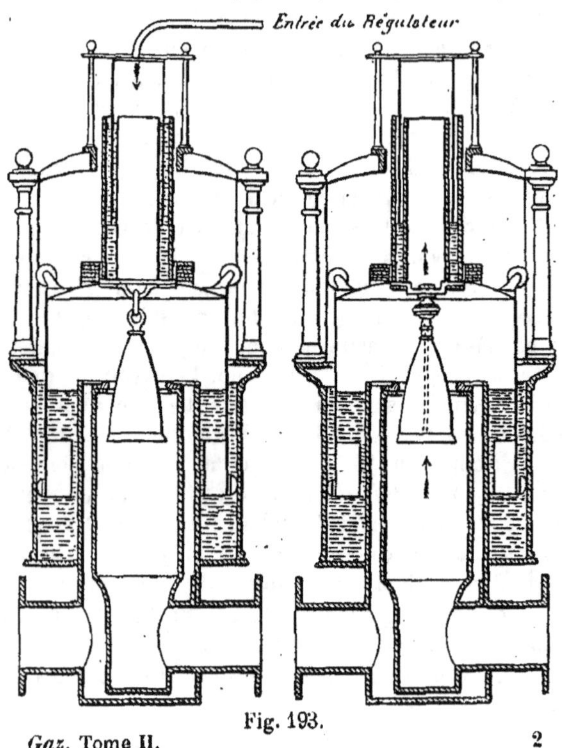


Fig. 193.

ci est remplacé par un paraboloïde de révolution, qui donne des variations de section proportionnelles aux déplacements verticaux). Le dôme de la cloche porte un réservoir annulaire dans lequel plonge une petite cloche dont le diamètre est égal à celui du cône. Le réservoir est placé sur la cloche du cône et le suit dans son mouvement.

La petite cloche, au contraire, est fixe et est portée par la traverse supérieure, elle plonge dans le liquide contenu dans le réservoir annulaire.

La pression d'entrée vient s'établir sous la petite cloche au moyen d'un tuyau extérieur, soit au moyen d'un conduit traversant la tige supportant le cône.

La pression sur la partie inférieure du cône est donc contrebalancée par cette pression en sens inverse sur la petite cloche.

Le régulateur à double cône et le régulateur à pression compensée Siry Lézard donnent de bons résultats. Ce dernier règle très bien aux faibles débits.

La Compagnie anonyme continentale fabrique également de bons régulateurs à double cône (fig. 194).

## AVERTISSEUR GIROUD POUR RÉGULARISER LA PRESSION

On a construit des appareils supprimant le tuyau de retour à l'usine. On se borne à un court tronçon branché dans le distributeur (dans la partie de la ville où l'on veut que la pression soit constante) et se rendant à un manomètre à contacts électriques d'où partent deux fils communiquant avec l'usine. Ce manomètre construit par la Maison Giroud, fonctionne comme suit : le courant ramené de

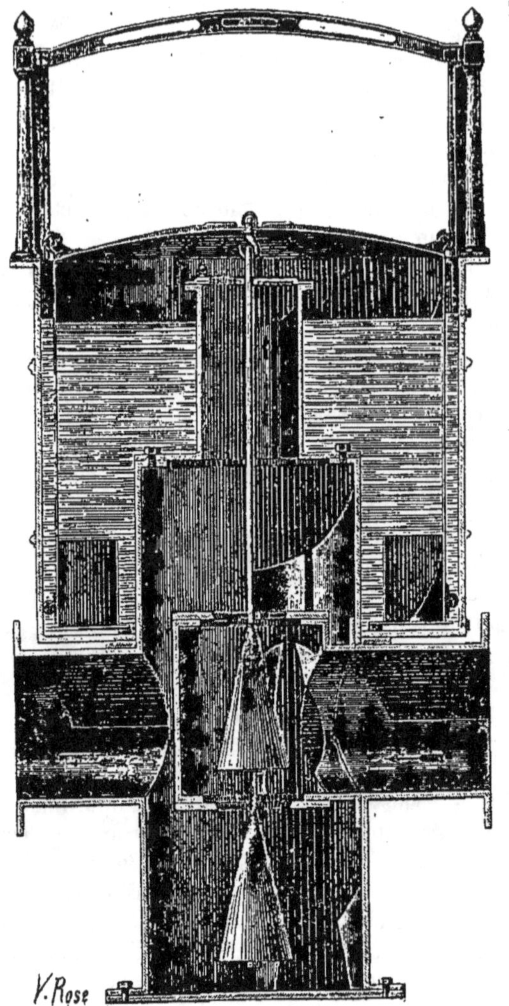


Fig. 194₁

l'usine par l'un des fils du manomètre traverse un rouage, qui ouvre ou ferme la valve d'émission selon le sens du courant. La vitesse du rouage est suffisante pour empêcher la pression de varier de plus de 2 à 3 millimètres. Si la variation atteignait une valeur plus grande, le courant serait reporté sur le second fil aboutissant à un galvanomètre et à une sonnerie. Le déplacement du courant arrête le rouage et avertit le surveillant à qui l'aiguille du galvanomètre indique le sens dans lequel doit être manœuvrée la valve.

Dans l'appareil avertisseur, il suffit d'un seul fil pour relier le manomètre à une sonnerie et à un galvanomètre posés dans la salle des valves de départ à l'usine.

### AVERTISSEUR COINDET

M. Coindet a également inventé un appareil de ce genre qui permet, en plus, de pouvoir modifier automatiquement la pression en ville à certaines heures. L'installation comprend :

1° Un poste avertisseur de ville.

Dans chacun des réseaux de distribution se trouve un poste placé dans une armoire scellée dans un mur et ouvrant sur la rue afin que l'accès en soit facile. Ce poste comprend une cloche Giroud, un appareil transmetteur à changements automatiques, un enregistreur de la pression, un téléphone avec sonnerie, un parafoudre et un bec à gaz pour éclairer et aussi pour chauffer le poste en cas de gelée.

2° Un poste récepteur d'usine.

Chaque régulateur d'émission porte un galvanomètre qui indique clairement, suivant la position de l'aiguille inclinée à droite ou à gauche, s'il faut ajouter de la pression ou en retirer.

Tous les galvanomètres sont reliés à une sonnerie commune qui se fait entendre pendant tout le temps qu'un poste avertisseur réclame, et jusqu'à ce que l'aiguille revienne au zéro, c'est-à-dire à la position verticale.

Il y a aussi dans la salle d'émission un téléphone pour communiquer avec l'un quelconque des postes de ville.

Pour utiliser le téléphone, il faut isoler l'appareil transmetteur de pression au moyen du commutateur. Le poste de ville par un bouton de sonnerie, fait un appel convenu, qui agit sur la sonnerie de l'usine et en même temps sur le galvanomètre correspondant. On isole alors le galvanomètre par un mouvement du commutateur, et on peut communiquer par téléphone avec le poste de ville.

Sur l'un des régulateurs a été installé un appareil automatique pour augmenter ou diminuer la pression suivant les appels envoyés par le poste de ville. Avec cette installation, on peut régler la pression à moins de 2 millimètres.

Ces appareils transmetteurs et recepteurs ont été imaginés et construits par M. Hayes, horloger à Rouen.

Un grand nombre d'usines, quoique possédant des régulateurs d'émission, règlent le débit au moyen de manœuvre sur la valve d'émission.

Le régulateur d'usine présente l'inconvénient suivant : quand le gaz après avoir passé par le régulateur, se trouve dans les conduites de distribution à une pression donnée pour répondre à la consommation de la quantité de becs allumés ; si un nombre sensible de becs s'éteignent simultanément à une heure

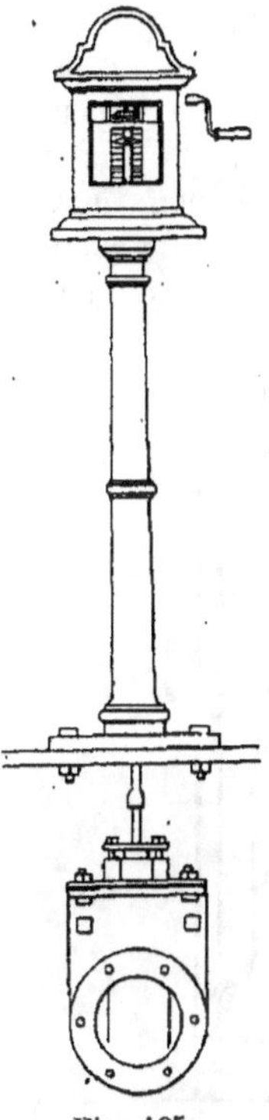

Fig. 195.

donnée de la soirée, ce qui arrive tous les jours, la pression dans les tuyaux augmente, malgré le régulateur, qui ne peut rien y faire ; et pendant un temps plus ou moins long, jusqu'à ce que la pression normale soit rétablie par la consommation des becs qui continuent à brûler, il y a excès de pression dans les conduites.

La pression donnée à l'usine doit être en rapport, à toute heure, avec la consommation qui se fait en ville. Pour obtenir ce résultat d'une manière sûre, on n'a pas d'autre moyen jusqu'à présent, que la manœuvre à la main d'une valve régulatrice, placée au départ de l'usine. On sait par expérience qu'à tel et tel moment de la soirée, dans les cas ordinaires, il faut que le manomètre qui est à proximité de la valve d'émission, indique telle ou telle pression, et l'on augmente ou l'on diminue le passage du gaz en conséquence ; il est important, relativement au gaz qui n'est pas vendu au compteur, d'éviter le moindre excès de pression (fig. 195).

## RÉGULATEURS D'ABONNÉS

Il est .de tout intérêt pour l'usine à gaz et le consommateur, d'avoir une pression constante et uniforme dans les conduites, et de se servir des appareils qui permettent de régulariser la dépense
des becs et l'allure des flammes, en les rendant
indépendants des variations de pression inévitables dans les conduites. Le régulateur d'abonnés
(fig. 196) remplit ce but; il est fondé sur le même

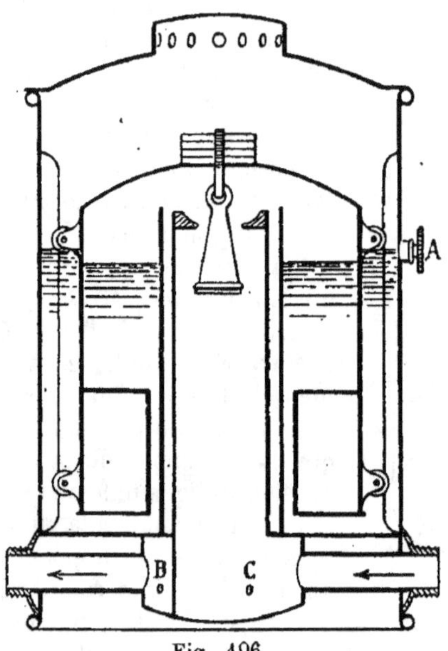

Fig. 196.

principe que celui d'émission, il permet de rendre
constante la pression à la sortie du compteur. On n'a

donc plus, dans le courant de la soirée, à s'occuper
du réglage des robinets des becs, au moment où la
pression change dans la conduite de la rue, ou lorsqu'on éteint un certain nombre de becs dans la même
maison.

Pour en assurer le bon usage, il faut régler de
temps en temps le niveau de l'eau au moyen de la
vis A, et faire écouler de temps à autre les eaux de
condensation qui viennent dans le siphon, en enle-
vant les deux vis inférieures B et C.

La maison Wenham construit des régulateurs fondés sur le principe suivant. Une cloche en tôle
plonge dans une cuve à mercure et porte à son sommet une tige verticale sur laquelle repose un levier
compensateur muni d'un contrepoids que l'on déplace à volonté. La cloche en se soulevant fait remonter un cône qui ferme plus ou moins l'arrivée
du gaz.

### RÉGULATEURS DE BECS

Les flammes des rues brûlent sans compteur. Il
est prescrit, pour ces flammes, une consommation
déterminée par heure, et la grandeur de la flamme
formait autrefois la mesure, d'après laquelle la
flamme était réglée. Il est évident qu'il n'est pas
possible de régler les milliers de flammes des rues
de telle manière que sans autre précaution elles correspondent exactement à une consommation pres-
crite ; cette consommation a été pendant longtemps une source de différends entre les usines à
gaz et les municipalités. Aussi a-t-on cherché à munir
chaque flamme d'un régulateur établi pour une pression et par suite pour une consommation déterminée,

et qui maintienne cette pression et cette consommation automatiquement constantes.

Les premiers régulateurs convenables furent établis par Sugg en 1860, à Londres.

### RÉGULATEUR SUGG

Il se compose d'une membrane de cuir préparé,
qui est pincée entre les deux moitiés de l'appareil,
dont la partie supérieure est fixée sur la partie inférieure, au moyen de trois vis.

L'espace au-dessous de la membrane se trouve
relié avec le tube de la lanterne, sur lequel tout
l'appareil est vissé, au moyen d'une ouverture dans
laquelle joue une soupape fixée à la membrane. Un
canal latéral conduit le gaz qui se trouve sous la
membrane de l'appareil dans la chandelle.

L'espace au-dessus de la membrane se trouve en
communication avec l'air extérieur par une ouverture
protégée contre la pluie et la poussière. Sur le milieu
de la membrane se trouvent deux petits disques en
tôle qui servent en partie à la consolidation de la
tige de la soupape et en partie à charger convenablement la membrane. L'appareil est en équilibre
quand le poids de la membrane, avec la soupape
qui y est fixée, correspond à l'excès de pression sous
la membrane.

Lorsque le poids est une fois réglé, le gaz arrive
toujours au bec sous la même pression et la quantité d'écoulement, c'est-à-dire la consommation de
gaz de la flamme reste constante aussi longtemps
qu'on conserve le même bec, ou un bec ayant une
ouverture égale.

Entre les pressions de 10 à 50 millimètres, le réglage de cet appareil est excellent. Cependant avec le temps la membrane s'altère, et on doit le vérifier de temps en temps.

### RÉGULATEUR HUMIDE GIROUD

Vers 1870, Giroud inventa un régulateur à cloche, plongeant dans la glycérine.

La cloche est en équilibre quand son poids est égal à la pression du gaz sous la cloche, et comme le poids de la cloche est constant, c'est-à-dire que la petite variation qu'il subit du fait de l'immersion différente peut être négligée dans la pratique, la cloche prendra toujours d'elle-même la position d'équilibre, dans laquelle le jet, la poussée, et par suite la pression du gaz est aussi constante sous la cloche. Dans le modèle représenté ici, la pression de sortie agit d'en haut à l'encontre de la pression d'entrée sous la cloche, et la position d'équilibre s'établit dès que la différence de pression est constante. Cette différence constante forme l'excès de pression sous lequel le gaz afflue par le trou pratiqué dans la cloche et arrive de l'entrée à la sortie, c'est-à-dire au bec. Ici ce n'est pas la pression de sortie qui est constante, mais la quantité de gaz qui afflue par l'ouverture dans la cloche de l'appareil et par suite la consommation de la flamme, que l'orifice du bec soit juste aussi grand ou plus grand que le trou de la cloche. On n'est donc pas dépendant, comme dans les régulateurs de pression décrits plus haut, du bec qu'on place ; on peut choisir un bec quelconque, pourvu que son orifice soit plus grand que le trou de la cloche. La cloche qui plonge (fig. 197) dans la glycérine n'a pas de guidage inférieur, mais seulement une pointe supérieure, qui joue dans l'ouverture de la chandelle et qui ferme cette ouverture à mesure que la pression au-dessous de la cloche augmente. Le diamètre du trou dans la cloche donne la mesure pour la consommation de la flamme et ne doit, pour des consommations égales, être choisi un peu différent qu'autant que le gaz aurait une densité différente, parce que la quantité d'écoulement dépend aussi de la densité du gaz.

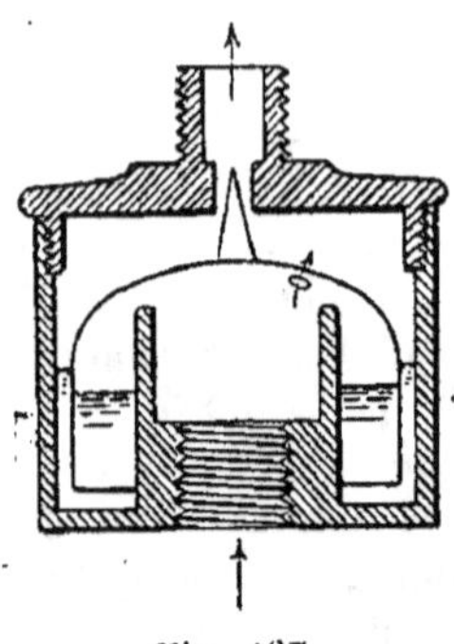

Fig. 197.

Le premier modèle s'emploie pour des becs à dépense invariable.

Au contraire, lorsqu'on a besoin d'avoir des dépenses différentes, on emploie le rhéomètre représenté figure 198, dont on ouvre plus ou moins le passage latéral au moyen de la vis E.

Le liquide employé est de l'huile d'amandes douces si le bassin n'est pas étamé, ou la glycérine pure quand le bassin est en alliage ou en cuivre étamé.

Les numéros inscrits sur la capsule et sur le bassin indiquent la dépense réelle en gaz du rhéomètre, mais pour le gaz de Paris dont la densité = 0,38 environ.

RHÉOMÈTRE SEC

Les rhéomètres secs produisent les mêmes effets que les rhéomètres humides. La figure 199 repré-

sente un type de ces appareils grandeur d'exécution.
Le petit modèle peut débiter depuis 80 litres jusqu'à
300 litres, le grand
modèle de 400 à 1,800
litres à l'heure. On
peut même établir des
modèles débitant 25
mètres cubes à l'heu-
re, leur diamètre est
alors de 0<sup>m</sup>16.

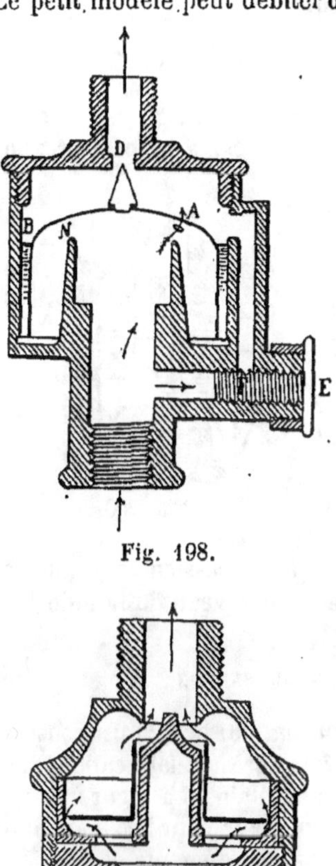

Fig. 198.

Fig. 199.

Les rhéomètres secs
diffèrent, comme on
le voit, des rhéomètres
humides, en ce que
le passage rhéométri-
que s'effectue par un
orifice percé sur une
capsule ; de là ré-
sulte l'infériorité de
ces rhéomètres secs
sur les rhéomètres
humides, car il est
difficile d'obtenir en
fabrication, et sans tâ-
tonnements, des vides
annulaires ayant ri-
goureusement la sec-
tion propre à effectuer
exactement le débit
voulu.

De plus, dans les pe-
tits rhéomètres, l'es-
pace annulaire étant

très petit, la moindre impureté du gaz peut compromettre la liberté du disque.

### RÉGULATEUR PARCY-DERVAL

Le *régulateur Parcy-Derval* (fig. 200) est un régulateur humide dans lequel le gaz exerce sa pression sur un bain d'huile renfermé dans deux vases communiquants C P concentriques. Le vase intérieur contient un flotteur F sur lequel agit également la pression du gaz qu'on laisse pénétrer dans ce vase en donnant plus ou moins d'ouverture à l'orifice latéral O par lequel il pénètre.

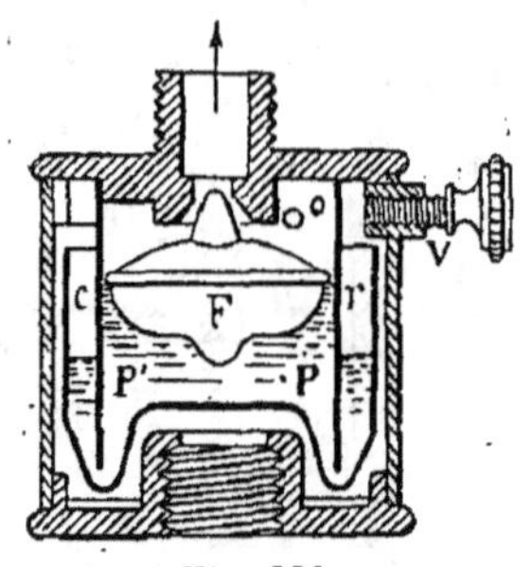

Fig. 200.

Le gaz s'échappe donc à la pression constante représentée par la différence du niveau du liquide dans les deux vases.

### RÉGULATEUR BABLON

Le *régulateur Bablon* (fig. 201 et 202) est construit tout en laiton et recouvert après sa fabrication d'une couche galvanoplastique d'étain. La figure 201 représente la coupe du régulateur pour bec à air libre, la figure 202 montre l'appareil démonté et les pièces séparées. Le réglage de l'appareil, pour un débit déterminé, est établi par l'enfoncement convenable de la capsule de réglage H dans le bas du tube D, et si c'est nécessaire, par un orifice additionnel percé dans le piston P. Plus on enfonce la capsule H, plus on diminue le débit.

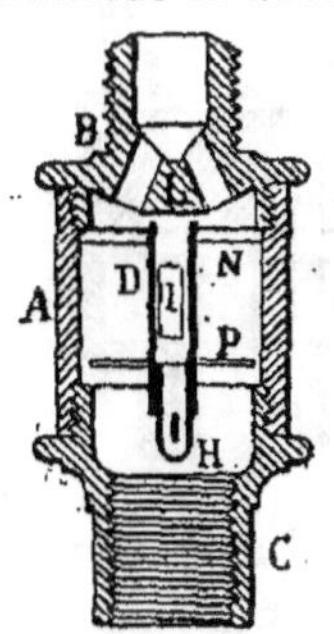

Fig. 201.

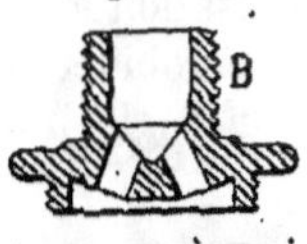

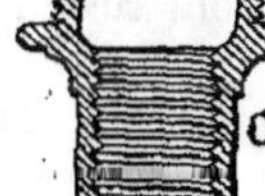

Fig 202.

Le bon fonctionnement de l'appareil demande qu'on y adapte un bec en stéatite et non en fer, ce dernier transmettant trop facilement la chaleur du bec au régulateur. Il résulte de cet échauffement une dilatation du gaz et des pièces du régulateur nuisible à la régularité du débit.

Pour les lampes à récupération, dont l'alimentation a presque toujours lieu par le haut, le courant arrive de haut en bas, contrairement à ce qui a lieu pour les autres becs.

Les régulateurs ordinaires ne sont donc pas applicables dans ce cas, à moins d'employer des dispositifs spéciaux consistant à faire descendre le gaz pour le faire remonter et redescendre ensuite à la lampe. On dispose alors le régulateur sur la colonne ascendante.

Mais ces dispositifs sont une complication. Aussi a-t-on cherché des régulateurs pouvant être utilisés sur une colonne descendante. Le régulateur Bablon renversé remplit ce but. La figure 203 donne la coupe verticale d'un régulateur Bablon, grandeur d'exécution, pour un débit

de 200 litres à l'heure. La figure permet de se
rendre compte facilement du fonctionnement de la vis latérale servant au réglage.

Les dispositifs employés par la
Compagnie Wenham, pour les
lampes suspendues, obvient à cet
inconvénient, quelquefois reproché
aux régulateurs renversés, que
leurs pas de vis ne sont pas assez
résistants pour supporter le poids
de la lampe.

Le robinet obturateur (fig. 204)
s'emploie toutes les fois que les

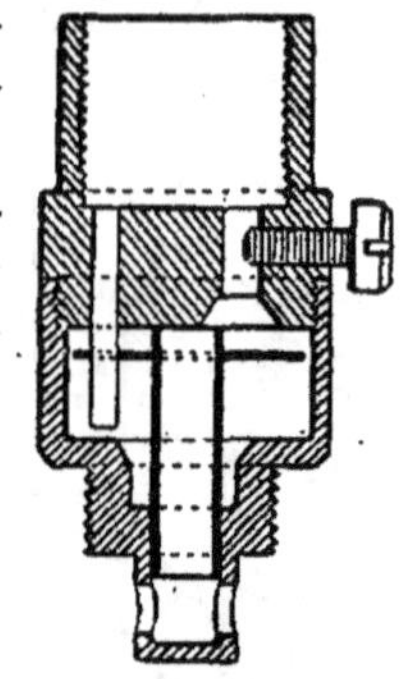

Fig. 203.

lampes sont desservies par une canalisation déjà
réglée par un régulateur. Au-dessous du robinet se
trouve une vis obturatrice avec laquelle on règle, une
fois pour tout, le débit de gaz.

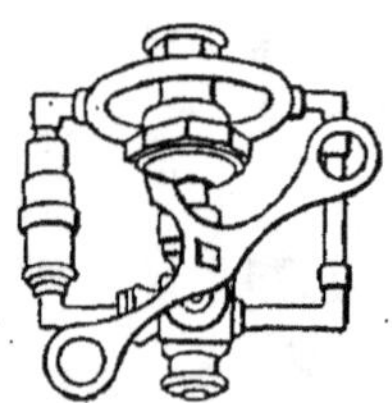

Fig. 204.  Fig. 205.  Fig. 206.

La sauterelle (fig. 205) permet l'emploi d'un régulateur ordinaire. Le robinet étant ouvert, le gaz
passe dans la partie de droite, traverse le régulateur
et redescend dans la partie de gauche pour revenir
dans le tube central.

La lyre carrée, représentée par la figure 206, est

construite sur le même principe. Elle comporte une
boule à rodage permettant à l'appareil d'osciller dans
tous les sens. Elle se fait sur deux modèles ; celui
représenté ici s'emploie partout où la hauteur du
plafond est faible et ne permet pas l'emploi de l'autre
modèle dont la hauteur est le double de celui-ci.

## RHÉOMÈTRE A FERMETURE

Le *rhéomètre à fermeture*, système *Serment*, construit à Paris par la Compagnie pour la fabrication
des compteurs, se compose d'un rhéomètre ordinaire

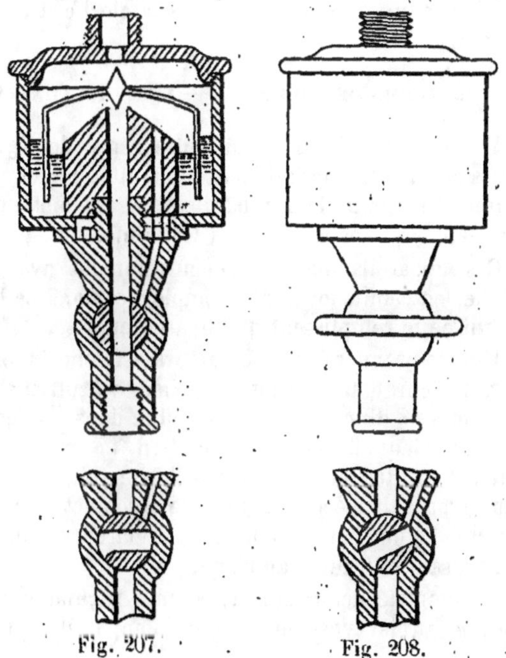

Fig. 207.  ·  Fig. 208.

à la glycérine et d'un robinet spécial (fig. 207) en coupe et en élévation (fig. 208).

On voit que la capsule porte une « goutte de suif » qui vient boucher l'orifice d'arrivée du gaz ; dès que celui-ci vient à manquer, la cloche retombe. Mais lorsque le gaz reviendra, la surface de la goutte de suif étant la seule sur laquelle il puisse agir, il en résultera que la cloche ne bougera pas et qu'il n'y aura pas de gaz au brûleur. Pour l'y faire arriver, il faut fermer puis ouvrir le robinet. Lorsqu'il sera dans la position représentée figure 208, le gaz arrivera par le conduit latéral jusque sous la cloche et la soulèvera.

### RÉGULATEURS DE COURANT. — ANTIFLUCTUATEURS

Il nous reste à parler d'un autre genre de régulateurs construits spécialement pour atténuer et supprimer les fluctuations produites par les moteurs à gaz dans les canalisations qui les alimentent.

Ces appareils agissent concurremment avec les poches en caoutchouc, déjà employées dans ce but, et qui ne le remplissent qu'imparfaitement.

Un des premiers antifluctuateurs est celui imaginé par M. Schrabetz, ingénieur à Vienne (Autriche). Il se compose d'une cloche suspendue dans un réservoir sous laquelle se fait l'aspiration. La pression du gaz fait monter ou descendre la cloche qui, au moyen d'un dispositif spécial, commande le robinet d'arrivée du gaz. Le fonctionnement de cet appareil n'était pas satisfaisant et il fut abandonné.

On emploie actuellement, comme régulateurs de courant, trois types principaux d'appareils qui se disposent sur la canalisation un peu avant les poches en caoutchouc :

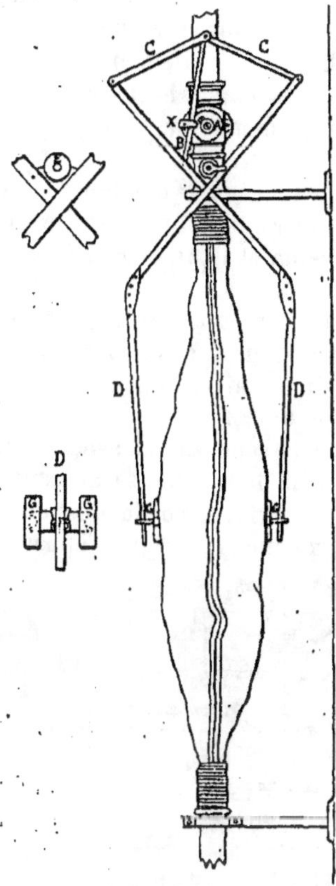

Fig. 209.

1° La soupape de poche, construite par la maison Bizot et Akar, est un robinet spécial commandé par les mouvements de la cloche.

La figure 209 donne la vue de cet appareil.

Le papillon du robinet est commandé par une roue dentée A fixée sur son axe et actionnée par une crémaillère B mise en mouvement par un levier articulé C à deux branches D D'.

Les deux branches D et D' du levier sont réunies sur un pivot E et l'extrémité de chacune d'elles est engagée dans la bague F d'une agrafe G attachée de chaque côté de la poche.

Les deux branches suivent les mouvements de la poche dans son gonflement et son dégonflement. Elles font manœuvrer alternativement le papillon pour ne donner au gaz qu'un passage suffisant.

D'autre part, les extrémités des branches du levier ont assez de jeu dans les agrafes pour laisser à la poche la palpitation nécessaire. Dans un autre ordre d'idées, cet appareil est basé sur le même principe que l'antifluctuateur Schrabetz ; seulement, ici, c'est la poche qui commande directement l'arrivée du gaz.

Cette soupape se fait pour moteur à gaz de 1/2 cheval à 20 chevaux.

La Compagnie Continentale des Compteurs à gaz construit deux modèles de régulateurs, l'un se disposant dans la poche même et l'autre en dehors de la poche.

Le premier modèle se compose d'une poche en caoutchouc et d'un régulateur à cône fonctionnant comme un régulateur d'émission ; le tout est enfermé dans une boîte en tôle plombée.

Dans le second modèle, le cône est suspendu, dans un tube traversant la poche dans toute sa hauteur, à une membrane qui suit les variations de la pression du gaz et que l'on charge à volonté pour régler l'appareil.

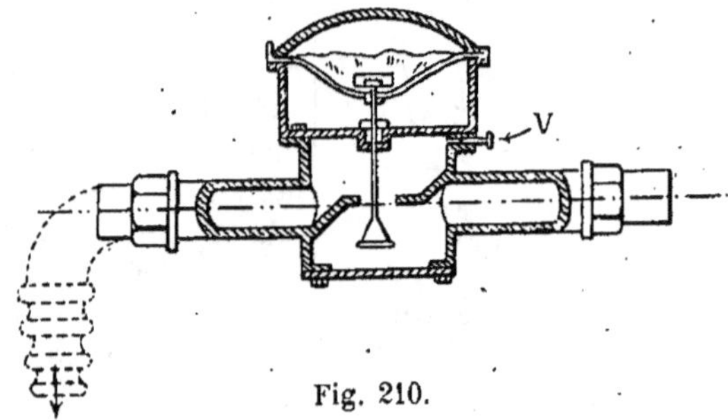


Fig. 210.

Le fonctionnement est facile à saisir par la figure 210, qui donne la coupe du modèle destiné à utiliser

les poches existantes. On conçoit que, par ce seul fait
de la présence du régulateur, les variations brusques
de pression soient supprimées et que les variations
ne se fassent sentir que dans la poche.

La membrane est logée dans une chambre qui ne
communique avec la sortie que par un orifice pouvant
être réduit à volonté au moyen de la vis micro-
métrique V. Cette disposition a pour effet de diminuer sur la membrane les effets des variations de
pression.

### RÉGULATEUR DE COURANT

La Compagnie Parisienne emploie aussi un régulateur de courant construit dans ses ateliers.

Il se compose, comme l'indique la figure 211,
d'une boîte cylindrique creuse A avec une tubulure
latérale C à la partie supérieure. La boîte est en
deux parties vissées l'une sur l'autre. La partie inférieure renferme une soupape mobile très légère B,
composée d'une plaque horizontale surmontée d'un
tube B. Ce tube présente un évidement circulaire.

Le gaz, pénétrant dans l'appareil par sa base, agit
sur la soupape, qui subit ainsi toutes les variations
de la pression traduites par l'ascension ou la descente de la soupape dans la boîte.

Le tube vertical pénètre dans un autre tube fermé,
fixé à la cloison séparative des deux parties de la
boîte, et présentant également un ou plusieurs orifices circulaires D.

Le gaz, pénétrant par l'orifice E dans le tube B,
monte dans ce tube et s'échappe par les vides D dans
la tubulure de sortie C.

Les mouvements de la soupape ont pour effet de

fermer plus ou moins les orifices de sortie D, et la section de ces orifices est d'autant plus réduite que la pression est plus forte. En d'autres termes, les sections sont en raison inverse des pressions.

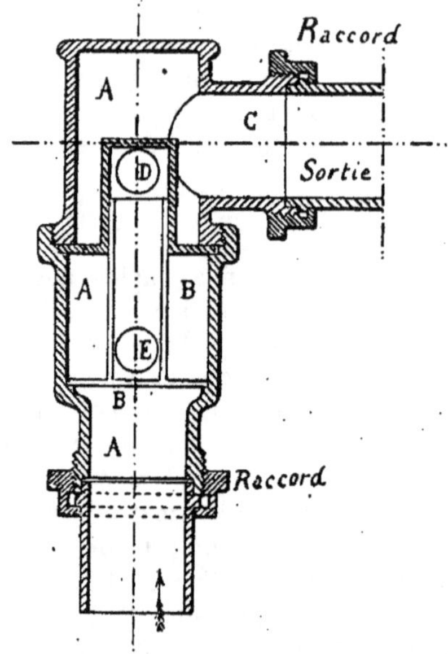


Fig. 211.

L'appareil se place sur le tuyau d'arrivée du gaz, s'installe facilement et ne demande ni entretien ni réglage. On fait des modèles pour moteur à gaz de 1 à 30 chevaux.

## MANOMÈTRES ET INDICATEUR DE PRESSION

La pression ou la force élastique du gaz contenu dans un appareil fermé ou dans un tuyau se mesure

3.

avec un manomètre. Un simple tube recourbé en **U** (fig. 212), dans lequel on a mis de l'eau, fait un manomètre.

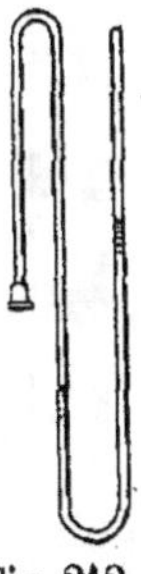

L'excès de la force élastique du gaz sur celle de l'air atmosphérique détermine une ascension du liquide dans la branche qui se trouve à droite, et la différence de niveau des deux surfaces de l'eau dans les deux branches fait connaître le nombre de millimètres de la pression en eau que l'on veut mesurer.

On sait que, quel que soit le diamètre ou la position de chacune des branches qui

Fig. 212.

communiquent par leurs parties inférieures, la surface du liquide, si la pression est égale dans l'une ou l'autre branche, sera de niveau dans les deux branches, et que la pression sera aussi bien indiquée que si ces branches étaient égales et dans une position semblable. Ainsi (fig. 213), l'une des branches peut être verticale A,

Fig. 213

et l'autre, d'un diamètre plus ou moins grand, peut être inclinée B sans que les surfaces *a b* cessent d'être au même niveau, à pressions égales. On utilise ce principe dans le manomètre amplificateur (fig. 214) ; l'une des branches est verticale, et l'autre (beaucoup plus longue), est inclinée ; les divisions qui sont faites sur la branche verticale correspondent aux divisions de la branche inclinée. Mais, naturellement, dans cette dernière, les divisions sont amplifiées de manière à permettre de les distinguer beaucoup plus facilement.

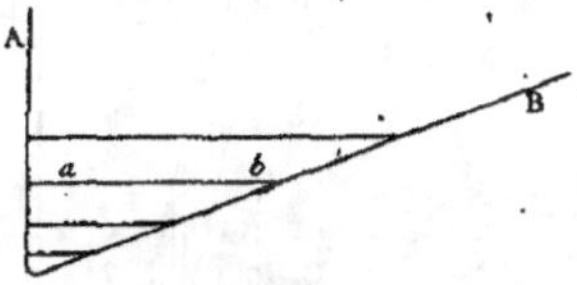

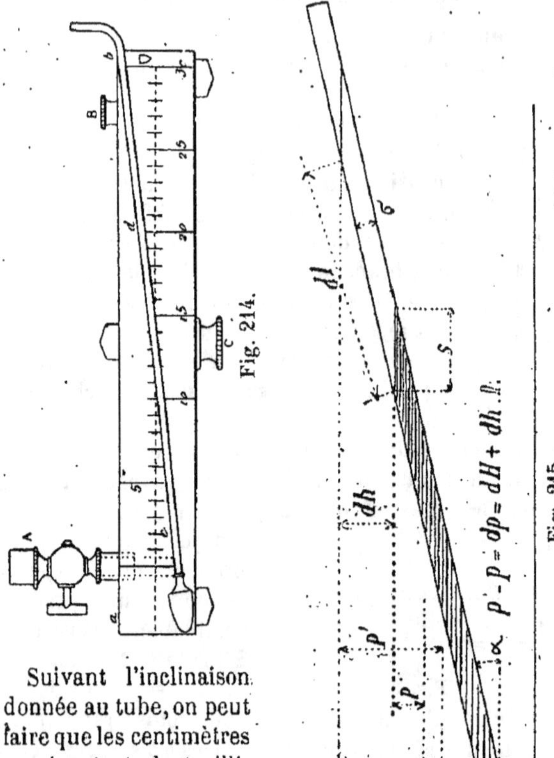

Fig. 214.

Fig. 215.

Suivant l'inclinaison
donnée au tube, on peut
faire que les centimètres
représentent des milli-
mètres et les décimètres
des centimètres seule-
ment. Ce manomètre
indique donc les plus
petites variations avec
une grande précision.

Description de la figure 214 :

A, tuyau d'entrée du gaz dans le manomètre ; B, vis pour l'introduction de l'eau ; C, vis pour l'écoulement de l'eau. La ligne $a\,b$ doit être bien horizontale ; le tube $c\,d$ est exactement incliné au dixième par rapport à $a\,b$, en sorte que les divisions en centimètres de l'échelle inclinée n'indiquent réellement que des millimètres pour une échelle qui serait verticale ; on admet que la section du réservoir est infinie par rapport à la section du tube, ce qui est sensiblement vrai.

Ce manomètre permet d'apprécier facilement des différences de $1/10^e$ de millimètre de pression.

Il est aisé de démontrer que la variation de niveau dans le réservoir n'empêche pas la proportionnalité entre le mouvement de l'eau dans le tube et la variation de pression (fig. 215).

En effet, soit :

S, la section horizontale du réservoir ;

$s$, la section horizontale du tube ;

$dp$, un accroissement de pression quelconque ;

$dH$, la variation de niveau dans le réservoir ;

$dh$, la variation verticale de niveau dans le tube ;

$\alpha$, l'angle d'inclinaison du tube sur l'horizontale.

On a évidemment :

$$S\,dH = s\,dh \qquad (1)$$
$$dH + dh = dp \qquad (2)$$

On tire en éliminant $dH$ :

$$dh = dp\,\frac{S}{S + s} \qquad (3)$$

Soit $dl$ le mouvement le long du tube et, par conséquent, suivant la graduation de l'échelle :

$$dl = \frac{dh}{\operatorname{Sin} \alpha}$$

donc :
$$dl = dp \frac{S}{(S + s) \sin \alpha} \qquad (4)$$

Si l'on veut exprimer ce mouvement en fonction de la section droite du tube, que nous appellerons $\sigma$, nous remarquerons que :

$$s = \frac{\sigma}{s \sin \alpha}$$

et l'équation (4) devient :

$$dl = dp \ \frac{S}{\sigma + s \sin \alpha}.$$

Il y a un grand nombre d'espèces de manomètres à deux tubes.

Le modèle à patère se dispose contre un mur ou sur les appareils (fig. 216).

Le manomètre de poche, dit d'inspecteur.

Les manomètres à châssis, de petites dimensions, sont surtout destinés au contrôle des pressions sur les becs.

Les robinets dont ils sont munis permettent, une fois fermés, de conserver la pression et de la lire facilement après l'expérience, ce qui est surtout avantageux pour les essais sur les becs publics.

Les manomètres à simple et double siphon (fig. 217) sont les plus simples, ils sont formés d'un seul tube de verre recourbé.

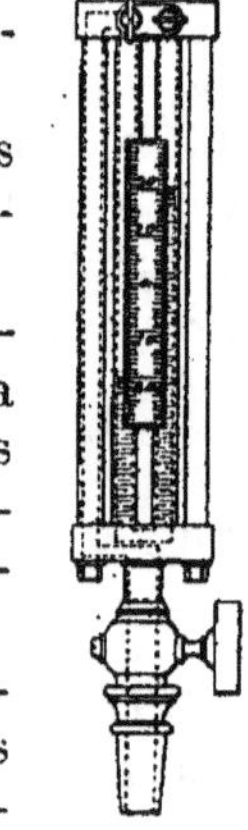

Fig. 216.

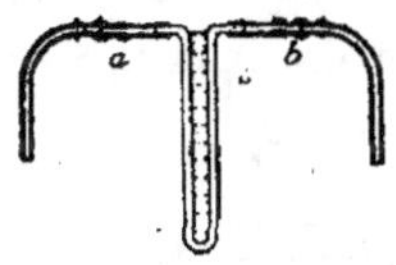

Fig. 217.

Le manomètre de précision porte deux aiguilles mobiles que l'on peut, au moyen de deux vis, fixer exactement au niveau de l'eau dans les deux branches, ce qui permet la lecture des indications avec une grande justesse.

Le manomètre à haute pression est surtout utile pour l'essai de l'étanchéité d'une conduite fermée ou d'un appareil ; on établit dans le tronçon de conduite ou dans l'appareil en question la pression maxima du manomètre au moyen d'une pompe de compression quelconque ; et l'on voit, par le maintien ou l'abaissement plus ou moins rapide de la colonne liquide, s'il y a des fuites et quelle est leur importance.

## MANOMÈTRE A CADRAN

M. Scholefield a inventé un manomètre à cadran représenté en coupe verticale et en vue de face (fig. 218 et 219).

Sur le devant du soubassement carré se trouve un bouchon à vis pour l'air.

Un cadran à aiguille est divisé en dix parties égales représentant chacune 1 millimètre d'eau.

Les subdivisions permettent d'apprécier facilement les plus petites variations de pression.

On voit que l'appareil (fig. 219) consiste en deux cylindres concentriques A B. Le cylindre intérieur B est ouvert aux deux bouts.

Le bas ne touche pas le fond de l'enveloppe extérieure, afin que l'eau puisse aller et venir librement de l'un à l'autre vase, comme elle passe d'une branche à l'autre d'un manomètre en verre suivant la pression. Ici la pression du gaz s'exerce sur la sur-face du liquide con-tenu dans l'espace *cc* qui se trouve entre les deux vases, et fait remonter en pro-portion, le niveau de l'eau dans le vase in-térieur.

Dans le cylindre B se trouve un flotteur DD guidé dans ses mouvements par deux petits galets *ee* glis-sant sur deux points guides *ff* de métal soudés aux parois du cylindre.

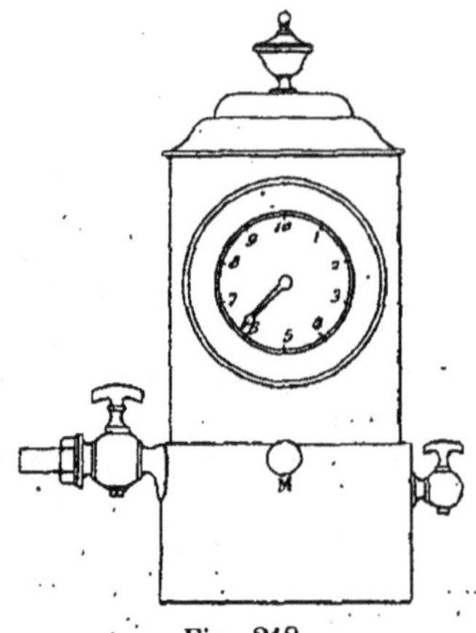

Fig. 218.

Ce flotteur porte une crémaillère G qui en-grène avec une roue dentée. Cette roue dentée H est portée par une traverse, ainsi qu'une pointe I qui, s'ajustant à frot-tement infiniment doux contre la partie lisse et évidée de la crémaillère, empêche celle-ci de dévier et de marcher sans

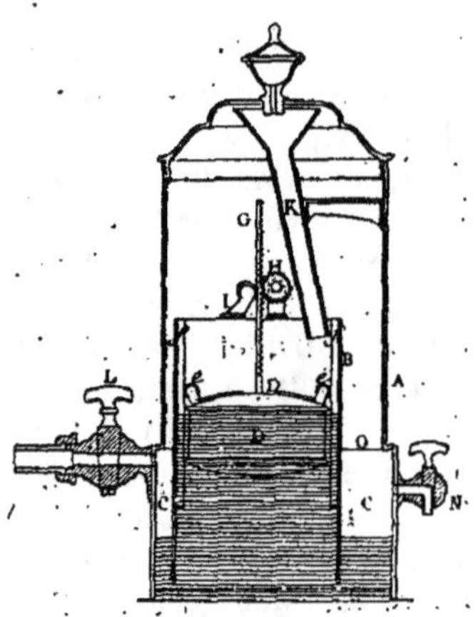

Fig. 219.

mettre en mouvement la roue dentée H. L'axe de la roue dentée correspond au point central du cadran extérieur. K. conduit terminé en entonnoir pour l'introduction de l'eau. Le petit vase qui surmonte l'appareil n'est qu'une espèce d'ornement. Pour faire fonctionner l'appareil, on le prépare (le robinet d'arrivée du gaz étant fermé) en ouvrant le bouchon à vis M ; puis, par le petit vase supérieur, on introduit la quantité voulue d'eau, ce qui se voit à ce que, aucune pression autre que celle de l'atmosphère ne s'exerçant dans l'appareil, l'aiguille marque 10.

Si l'aiguille dépasse ce chiffre, on ouvre le petit robinet de trop plein N, et on laisse couler assez d'eau pour que l'aiguille soit ramenée juste à 10. Le manomètre ainsi préparé, on referme le robinet de trop plein N, le bouchon à vis M et on ouvre le robinet d'arrivée du gaz L comme on le voit sur la fig. 219. Le gaz a libre accès dans le compartiment C. Il ne peut s'introduire dans la partie supérieure, la cloison hermétique O les séparant, il presse la surface de l'eau en C et produit une élévation du niveau dans le cylindre B, et du flotteur.

Les ascensions du flotteur mettent en jeu la roue dentée, dont l'axe qui porte une aiguille, suit tous les mouvements, et cette aiguille marque la pression sur le cadran. On peut amplifier les indications par l'augmentation de diamètre du cadran. Un calcul fort simple montre que bien qu'inégaux, si les sections sont elles-mêmes inégales, et en tous cas de sens contraire, les mouvements de l'eau dans le cylindre intérieur et dans l'annéau cylindrique sont toujours l'un et l'autre proportionnels aux varia tions de la pression; les indications de l'aiguille varient donc aussi dans le même rapport.

Soient S la section horizontale du cylindre intérieur; $d$H la variation du niveau dans ce cylindre, $s$ la section de la couronne cylindrique, $dh$ la variation de pression exprimée en millimètres d'eau, comme H et $dh$, on a :

$$d\text{H} = dp\,\frac{s}{\text{S} + s}$$

$$dh = dp\,\frac{\text{S}}{\text{S} + s}.$$

Si par exemple les sections sont égales, le mouvement du flotteur représentera la moitié de la variation de pression; et si dans ces conditions le rayon de l'aiguille est dix fois celui du pignon denté, sa pointe donnera pour la pression des indications amplifiées dans le rapport de 1 à 5.

Avec un manomètre à grand cadran l'amplification est suffisante pour que les indications puissent être lues à grande distance, et le relevé des pressions en est singulièrement facilité.

Placé dans la salle d'émission et relié à la conduite de sortie, ce manomètre permet à l'employé de régler sa pression sans quitter la cloche du régulateur, ou le volant de la vanne régulatrice et évite ainsi bien des hésitations. Ces manomètres se font en plusieurs modèles et donnent les pressions, les uns jusqu'à 108 millimètres, les autres 150 et même 250 millimètres.

### MANOMÈTRE ELSTER

Un autre indicateur de pression très sensible est celui d'Elster. Il se compose (fig. 220) de deux réservoirs,

dans l'un desquels se trouve un flotteur creux en fer
blanc, de la forme d'un demi-cylindre, et dont l'axe

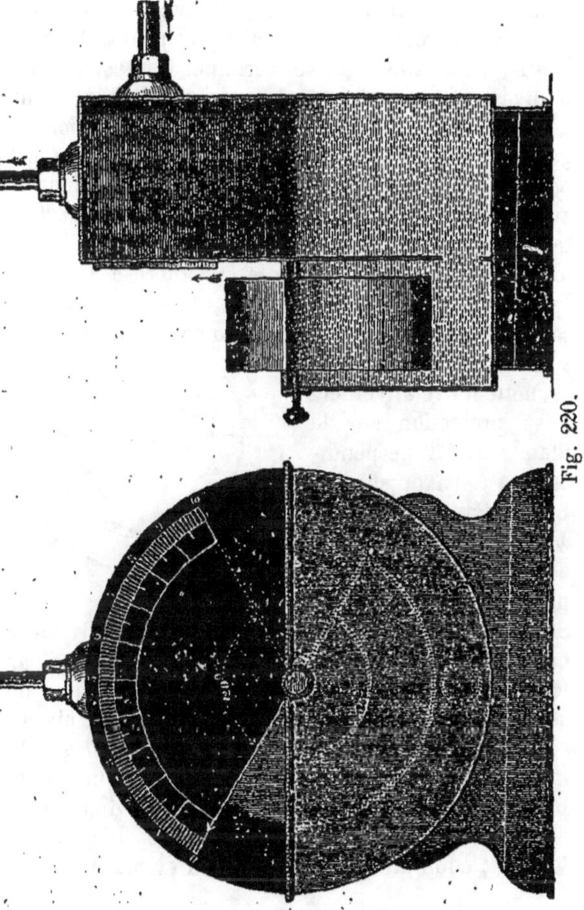

Fig. 220.

d'oscillation se trouve au niveau de l'eau. Le cylindre est construit en fer blanc et de manière à former un corps homogène d'un poids spécifique de 0,5. Sous cette condition il a la propriété de maintenir comme plongeur le niveau d'eau constant, lorsque la quantité d'eau varie dans certaines limites. Comme le niveau passe par l'axe, alors, en cas d'arrivée plus forte de l'eau, c'est-à-dire lorsque par la pression du gaz dans le vase postérieur une partie de l'eau est poussée hors de ce dernier dans le vase antérieur et au-dessus de celui-ci, une plus grande partie du flotteur sort de l'eau; lorsque l'eau s'abaisse, il s'enfonce davantage, tandis que le niveau reste toujours le même. L'eau peut varier du volume du flotteur sans qu'un changement de niveau se produise.

Soit CBB'A (fig. 221) le flotteur relativement à sa projection sur le plan vertical perpendiculaire à l'axe, sa surface latérale rectangulaire serait alors inclinée sous un angle quelconque par rapport à l'horizon.

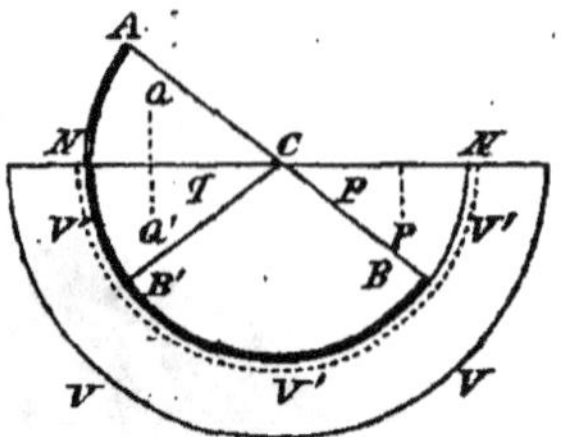

Fig. 221.

Soit V le vase qui l'entoure, empli jusqu'au niveau N qui passe par l'axe. Supposons maintenant que par la disposition indiquée il y ait équilibre, celui-ci ne sera pas troublé. En entourant le flotteur, le niveau restant le même, avec l'étroite boîte cylindrique V' qui doit le contenir. Comme on peut se figurer cette boîte cylindrique située infiniment proche du flotteur, on voit que la condition d'équilibre est que le flotteur soit équilibré par le secteur du cylindre BCN —

secteur composé d'eau. On peut en supposer la masse concentrée dans son centre de gravité P. Si maintenant par l'axe C on tire un plan C'B qui forme, avec le plan vertical le même angle que CB, le secteur BCB' se trouvera par lui-même en équilibre, et le secteur d'eau P n'a donc besoin que de faire équilibre au secteur ACB' (deux fois aussi grand que lui) du flotteur.

Qu'on se figure maintenant ce secteur décomposé par le plan horizontal CN en deux secteurs égaux avec les masses Q et Q' ou $Q = Q'$, alors on verra qu'il y a équilibre quand $P = 2Q$. Et comme cette condition est remplie chaque fois que le flotteur se comporte comme un corps homogène du poids spécifique de 0.5, il se trouvera toujours en équilibre chaque fois que le niveau d'eau passera par l'axe. Si l'on désigne par $w$ le volume de la quantité minima d'eau que le vase doit contenir, afin que cette dernière condition soit remplie, alors en général le volume du flotteur qui sort du liquide sera $W = w$, si l'on désigne par W le volume total d'eau contenue dans le vase. On ne mesure donc d'abord avec l'instrument d'Elster que les quantités d'eau qui sortent du vase de derrière pour entrer dans celui de devant, et comme les parois latérales dans le milieu du vase, en tant qu'elles sont touchées par les variations de niveau, doivent être considérées comme verticales, il sert ainsi comme indicateur de pression, dont la sensibilité peut être augmentée à volonté par l'agrandissement de la section du réservoir.

## INDICATEUR AUTOMATIQUE DE PRESSION

L'indicateur de pression est le complément indispensable du régulateur d'émission. Si ce dernier permet au directeur d'usine de modifier à son gré la pression de sortie et de la maintenir constante pendant le temps qu'il juge nécessaire, il ne lui indique pas quel résultat produit en ville, à un moment donné, la première qu'il a jugé convenable à l'usine. De là la nécessité d'établir à l'usine et généralement en un ou plusieurs points du réseau, un appareil qui enregistre à chaque instant la pression.

Tel est le rôle de l'indicateur de pression. Ce n'est que par une comparaison attentive des pressions simultanément observées à l'émission et aux principaux centres de consommation, par un rapprochement de ces pressions et de la dépense aux heures correspondantes, enfin par l'observation minutieuse des habitudes des consommateurs que l'on arrive à être approximativement fixé, pour un jour déterminé, sur les pressions qu'il faut successivement donner à l'émission aux différentes heures de la journée.

La figure 222 représente un indicateur pouvant marquer 120 millimètres de pression. Le

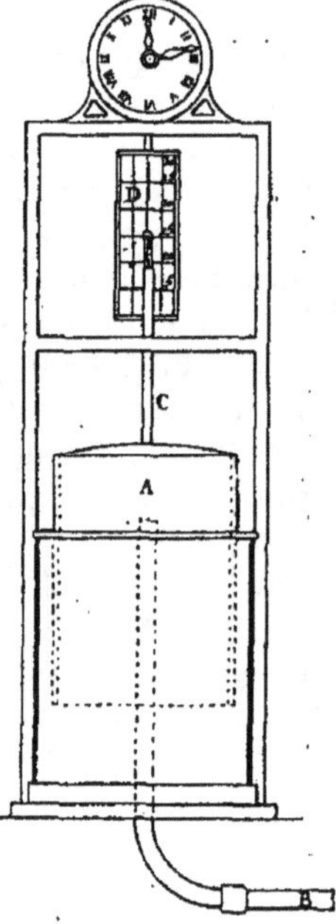

Fig. 222.

gaz arrive sous une cloche qui plonge dans une cuve pleine d'eau, et qui est construite de façon que toute variation de pression se traduise en un mouvement ascendant ou descendant proportionnel à l'accroissement ou à la diminution de pression. Sur la calotte de la cloche est fixée une tige verticale qui porte à son extrémité supérieure un crayon placé horizontalement et pressé légèrement par un ressort contre une feuille de papier enroulée sur un cylindre vertical : une petite vis permet de régler cette pression. Une horloge communique au cylindre un mouvement de rotation tel qu'il fait un tour entier en vingt-quatre heures. Cette communication est obtenue au moyen d'une petite douille munie de deux vis de serrage, dans laquelle s'engagent à la fois le tourillon supérieur du cylindre et le bout de l'arbre de commande de l'horloge.

Le papier étant divisé en vingt-quatre parties égales par autant de lignes verticales numérotées comme les heures, on conçoit qu'au bout de chaque heure une nouvelle ligne passe devant le crayon, et la trace qu'il laisse sur elle indiquera ultérieurement la position qu'il occupait dans sa course à l'heure indiquée sur la ligne.

Dans le sens de la hauteur, la feuille de papier est aussi divisée en un certain nombre de parties par des lignes horizontales équidistantes et dont l'écartement représente ordinairement l'élévation de la cloche pour une augmentation de pression de 2 millimètres. Ces nouvelles lignes sont numérotées de 2 en 2 millimètres à partir de la ligne qui correspond à la hauteur du crayon quand la pression manométrique sous la cloche est nulle.

Nous avons admis au début de cette description que grâce à la disposition de la cloche, les mouvements ascendants et descendants du crayon étaient proportionnels aux variations de la pression dans l'un ou l'autre sens; nous ajouterons que, pour la même cause, le niveau extérieur de l'eau reste constant, malgré ces variations. La démonstration de ces faits sera donnée ultérieurement.

La cloche, outre sa paroi cylindrique extérieure, en porte une seconde concentrique à la première et de diamètre moindre régnant comme elle sur toute la hauteur et constituant, grâce au fond horizontal qui la termine, un véritable flotteur. Le gaz pénètre dans la cloche par un tuyau coudé qui traverse le fond de la cuve et s'élève verticalement jusqu'au-dessus du niveau de l'eau.

Un robinet placé sur le tuyau qui relie l'appareil à la conduite, permet de supprimer l'arrivée du gaz : un tube communiquant avec le tuyau intérieur, et formé par un bouchon à vis, donne au besoin accès à l'air sous la cloche, lorsqu'on veut y établir la pression atmosphérique et sert en même temps de siphon; enfin, une vis de niveau, placée latéralement sur la paroi de la cuve, sert à régler l'appareil en y introduisant la quantité d'eau nécessaire.

Le poids de la partie mobile de l'appareil, combiné avec les dimensions du flotteur et la section de la cloche, est tel que cette dernière est en équilibre dans la position la plus basse de sa course, lorsque l'intérieur est à la pression atmosphérique; dans ces conditions le niveau est évidemment le même à l'intérieur et à l'extérieur de la cloche, et le crayon est sur la ligne horizontale zéro, au droit de la ligne verticale qui indique l'heure du moment. Si l'on introduit alors le gaz sous la cloche, l'équilibre est rompu, et pour qu'il se rétablisse, il faut que la cloche s'élève jusqu'à ce que l'augmentation de poids produite par son émersion contrebalance l'accroissement de poussée de bas en haut dû à la pression du gaz.

En ce qui concerne le déplacement de l'eau, deux effets tendent à se produire :

1° L'émersion d'une partie du flotteur tend à abaisser l'eau à l'intérieur et à l'extérieur de la cloche ;

2° L'augmentation de la pression sous la cloche tend à abaisser l'eau à l'intérieur et à l'élever à l'extérieur dans le rapport inverse des sections.

On voit que, pour le niveau extérieur, les deux effets sont de sens contraire, un calcul fort simple montre qu'ils sont de valeur égale et que le niveau extérieur reste constant (suivant la construction de l'appareil).

La variation de niveau due à l'augmentation de pression et à l'émersion se fait donc sentir uniquement à l'intérieur de la cloche, ou les deux effets s'ajoutent, et elle est, par conséquent, égale à la variation de pression elle-même mesurée au manomètre.

Quant au mouvement de la cloche, tout accroissement de pression se traduit en un effort de bas en haut que représente le produit de cet accroissement par la section intérieure de la cloche ; toute élévation du flotteur donne lieu au contraire à une augmentation de poids de la cloche égale au produit de cette élévation par la section du flotteur. Pour que l'équilibre se rétablisse, il faut que ces deux produits soient de même valeur. Les mouvements de la cloche et les accroissements de pression sont donc toujours dans un rapport constant, celui de la section intérieure de la cloche à la section du flotteur. En d'autres termes, si la section intérieure est double par exemple de celle du flotteur, 1 millimètre d'augmentation de pression produira sur la cloche une élévation de 2 millimètres.

Pour mettre l'appareil en service, après l'avoir installé sur un socle de niveau, et relié à la conduite dont on veut connaître les pressions, on enlève le bouchon d'introduction de l'eau, le bouchon de niveau d'eau et le bouchon du siphon. On verse de l'eau dans la cuve jusqu'à hauteur du niveau, on visse les deux premiers bouchons.

On met en place le cylindre muni de sa feuille

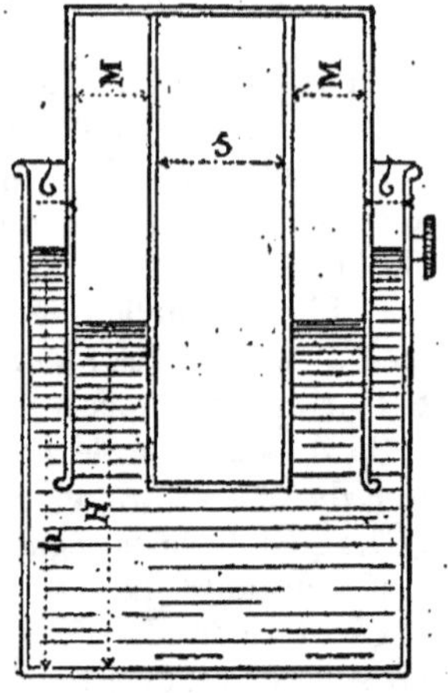

Fig. 223.

de papier, la ligne zéro correspondant à la pointe du crayon, et l'on amène devant lui la ligne des heures correspondant à l'instant où se fait l'opération ; on fixe le cylindre, et on le rend solidaire de l'horloge au moyen de la petite douille supérieure. On règle la pression du crayon ; on remet le bouchon du siphon, on ouvre le robinet du gaz : la cloche s'élève et l'appareil fonctionne.

On change tous les jours la feuille de papier.

### Calcul relatif à cet indicateur

Soient (fig. 223) :

$\Sigma$ la section annulaire des deux cylindres ;

S    —    du flotteur ;

$\sigma$    —    annulaire entre la cloche et la cuve ;

$dp$ un accroissement quelconque de pression ;

$dv$ la portion du flotteur émergée correspondante ;

$dh$ la variation supposée du niveau sur la section $\sigma$ ;

$dH$ la variation supposée du niveau sur la section $\Sigma$.

Considérons d'abord l'action de l'émersion seule ; la pression restant constante sous la cloche, le niveau de l'eau sera abaissé à l'extérieur et à l'intérieur de la même quantité ; l'abaissement sera de :

$$(1) \qquad dh = dH = \frac{dV}{\Sigma + \sigma}$$

L'effet de l'augmentation de pression est de remonter le niveau extérieur et d'abaisser le niveau intérieur dans le rapport inverse des sections ; on aura donc pour l'élévation du niveau extérieur :

$$(2) \qquad d'h = dp\,\frac{\Sigma}{\Sigma + \sigma}$$

Et pour l'intérieur un abaissement de :

$$(3) \qquad dH = dp\,\frac{\sigma}{\Sigma + \sigma}$$

Si on observe que :

$dp\,\Sigma$ est l'augmentation de poussée de bas en haut et qu'elle est équilibrée par la portion $dV$ émergée, on a $dV = dp\,\Sigma$, et l'équation (2) devient :

$$d'h = \frac{dV}{\Sigma + \sigma} = dh$$

On a également :

$$dH + d'H = \frac{dp\,\Sigma}{\Sigma + \sigma} + \frac{dp\,\sigma}{\Sigma + \sigma} = dp$$

Donc l'effet de l'accroissement de pression se fait uniquement sentir sur le niveau intérieur de la cloche.

Soit maintenant $dz$, l'élévation de la cloche correspondante à l'augmentation de pression $dp$ on a $sdz = dV$; l'équilibre du mouvement peut s'écrire :

$$\Sigma\,dp = sdz, \qquad \text{d'où} \quad dz = dp\,\frac{\Sigma}{s}$$

Donc les mouvements de la cloche sont proportionnels aux variations de pression.

## INDICATEUR DE VIDE ET DE PRESSION

On construit des indicateurs fondés sur le même principe, pour enregistrer la marche des extracteurs. Ils diffèrent du précédent par le lestage de la cloche, combiné de telle façon que le crayon se trouve à moitié de la hauteur de la feuille de papier lorsque la pression manométrique est nulle.

On fait également de petits indicateurs de pression portatif, modèle réduit de celui indiqué plus haut.

On leur donne quelquefois d'autres formes. On construit un appareil fondé sur le même principe que les précédents, il n'en diffère que par la manière dont sont inscrites les indications et par les dimensions beaucoup plus restreintes.

Le mouvement d'horlogerie ne porte pas de cadran. Il reçoit un disque de papier auquel il fait faire un tour en 24 heures. Les pressions sont mesurées par l'écartement de lignes circulaires concentriques ; les heures par l'écartement angulaire des rayons.

Les appareils précédents peuvent être disposés pour servir d'avertisseur d'alarme de pression, il suffit de disposer, aux deux limites des pressions entre lesquelles on doit se tenir, des contacts qui font sonner une sonnerie électrique à ces moments-là. On a fait aussi des appareils dans lesquels l'élévation de la pression au-dessus d'une certaine limite, détermine l'élévation d'un flotteur qui produit le déclanchement d'une pièce actionnant un timbre mû par un contrepoids (Heeren).

On établit un contact électrique entre deux pièces, et on fait sonner un timbre (Evans).

MM. Coindet et Giroud ont établi des appareils dont il a été parlé au chapitre des régulateurs d'émission.

---

# CHAPITRE XIII

## ROBINETS ET VALVES

---

Pour l'entrée et la sortie des divers appareils on a besoin de robinets, de valves ou de vannes.

Les uns opèrent la fermeture au moyen de plaques de métal dressées glissant l'une sur l'autre, les autres par l'emploi de l'eau ou d'un autre liquide.

Les robinets en métal proprement dits ont ordinairement un boisseau conique (fig. 224 et 225) perpendiculaire à l'axe du tuyau à fermer et dans lequel se meut une clé, percée d'un canal de même diamètre que le tuyau. Ils ne s'exécutent généralement qu'en

petites dimensions, et s'emploient rarement pour
des tuyaux d'un diamètre supérieur à 10 centimètres.
Ils servent surtout pour les branchements d'abonnés
et sont enfermés dans des boîtes en fonte.

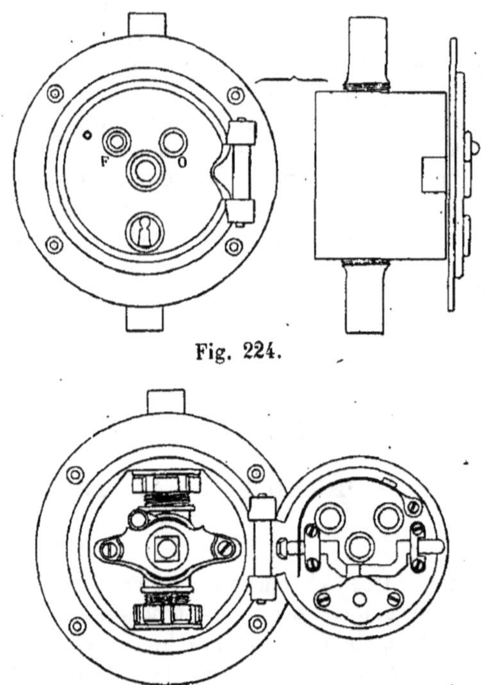

Fig. 224.

Fig. 225.

Ertel, à Munich, construit cependant un genre de
robinet pour des tuyaux de diamètre allant jusqu'à
40 centimètres. Le boisseau ou chambre du robinet

4.

est formé par un cylindre parfaitement alésé, qui est
venu de fonte avec les tuyaux d'entrée et de sortie.
Le fond en est fermé et muni à son centre d'une cra-
paudine destinée à recevoir l'extrémité de l'axe de la
clé ; l'ouverture supérieure est fermée après coup par
un couvercle maintenu par des vis.

L'obturation de la communication entre l'entrée et
la sortie a lieu au moyen d'une plaque de cuivre
courbée en forme de cylindre, dont la surface extérieure correspond exactement à celle du boisseau et
qui est de grandeur suffisante pour bien couvrir
l'orifice à barrer. Dans l'axe du robinet se trouve un
tourillon mobile qui porte deux plaques servant à
conduire l'obturateur ; l'une de ces plaques se trouve
en haut sous le couvercle, et l'autre en bas près du
fond. Un ressort, situé derrière l'obturateur, applique
ce dernier fortement contre la chambre du robinet.

### VALVES A VIS DESCENDANTE

La fermeture est obtenue (figures 226 et 227), au
moyen d'une plaque fortement appliquée contre le
bord saillant d'un tuyau ; on introduit quelquefois
dans la plaque un anneau de plomb pour avoir une
meilleure fermeture, mais ils ferment aussi bien sans
cet anneau.

### VANNE A PLATEAU

Elle consiste en des valves glissantes (fig. 228,
229, 230), dans lesquelles une plaque de métal située
sur le siège de soupape, glisse d'un côté à l'autre. Le
mouvement de la plaque glissante a lieu la plupart
du temps au moyen de tiges à écrou et à vis, ou par
pignon et crémaillère.

On fait des vannes à une seule plaque. La plaque
et la chambre ont des bords et des rails saillants, qui
sont exactement dressés l'un sur l'autre. Le dos de la

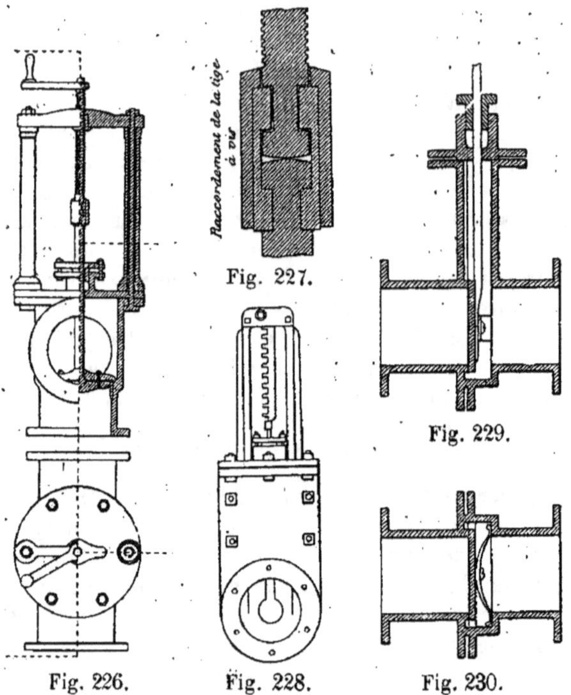


Fig. 227.

Fig. 229.

Fig. 226.　　Fig. 228.　　Fig. 230.

palette porte deux écrous au travers desquels passe
une vis, qui sort du couvercle de la chambre à travers une boîte à étoupes, et dont le mouvement soit
à droite, soit à gauche, fait monter ou descendre la
plaque. Pour presser la plaque contre le siège, on
emploie des ressorts placés derrière elle, ou des cales

qui pressent la plaque lors de la fermeture. La fermeture unilatérale ne donne pas toujours une étanchéité absolue, par suite du fonctionnement incertain des ressorts.

On emploie souvent des vannes à deux plateaux, on fait également les plaques en forme de coin ou de cale qui s'applique sur des cercles d'étanchéité. Pour éviter également la déformation des tiges résultant de la difficulté du glissement venant de dépôts de goudron sur les sièges, on place la tige filetée dans la chambre et on fixe l'écrou à la plaque de soupape.

Dans la vanne glissante de Donkins, on emploie des crémaillères intérieures. La crémaillère se trouve au dos de la plaque, et la tige sur laquelle est fixée le pignon d'engrenage, sort horizontalement dans une enveloppe spéciale à travers un stuffing-box.

L'ascension ou la descente de la plaque s'effectue au moyen d'une clé que l'on adapte sur la tête carrée de la tige, soit au moyen d'une manivelle, ou de préférence au moyen d'une roue à main. Souvent aussi l'appareil est relié avec un indicateur qui permet de reconnaître de l'extérieur la position du disque de la valve (comme on l'a vu pour les vannes d'émission).

Dans l'*indicateur de Walker* employé pour les vannes d'émission, la position de la palette même est présentée sous une forme sensible, à une petite échelle, par un disque qui se meut au dessus d'une ouverture circulaire ; en même temps que ce disque, se meut un double index qui indique sur l'échelle de gauche la section de l'ouverture de la valve, et sur l'échelle de droite, le diamètre du tuyau dont la section correspond à l'ouverture de la valve. Deux manomètres y sont adaptés, dont l'un indique la pres-

sion dans l'usine, et l'autre celle dans la conduite de
ville (fig. 231).

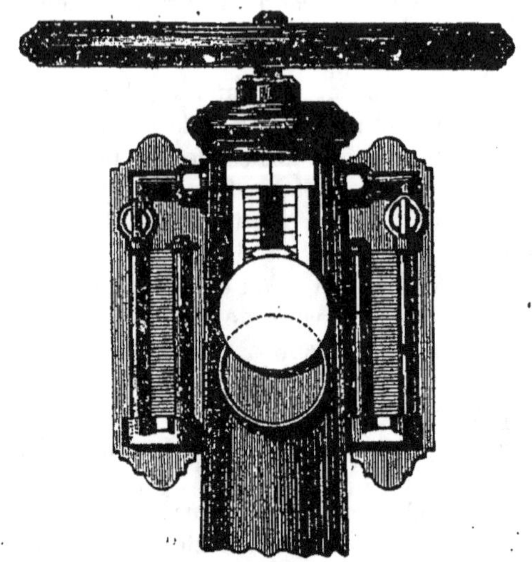

Fig. 231.

## VANNES HYDRAULIQUES

. La *vanne hydraulique simple* se compose d'une
chambre cylindrique en fonte sur le fond de laquelle
repose une cuvette dont le bord s'élève presque jusqu'au bord inférieur d'un tuyau adapté sur le côté
en haut à droite. Ce tuyau peut être enveloppé par
la cloche dite de fermeture, qui est fixée à une tige
passant par une boîte à étoupe placée au centre du
couvercle de la chambre. La partie supérieure de cette
tige est filetée sur une longueur suffisante, ou porte une
crémaillère pour pouvoir lever la cuvette au-dessus

du tuyau, et passe par un écrou qu'on tourne au
moyen d'une roue à main. La chambre de la valve
porte souvent, à sa partie supérieure, un trou

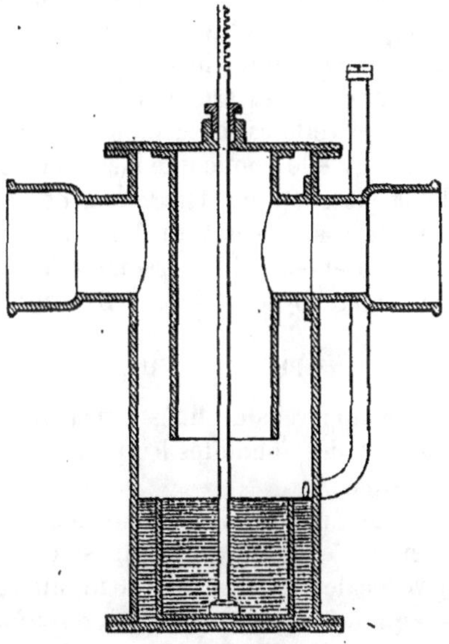

Fig. 232.

d'homme, par lequel on peut visiter l'intérieur.
Dans le montage de cet appareil, on se conserve
la possibilité de visiter la boîte à étoupe : dans la
tige est fixée un indicateur de position de la cuvette,
qui se déplace devant une échelle graduée *ad hoc*.
Il y a d'autres dispositions qui se comprennent facilement sur la fig. 232,

## VALVE HYDRAULIQUE JOUANNE

Elle se compose d'une pièce cylindrique en fonte, partagée par une cloison verticale qui ne descend pas jusqu'au fond. La pièce cylindrique plonge dans une cuvette remplie d'eau, et mobile, qui peut être manœuvrée au moyen d'un levier auquel elle est suspendue par une anse extérieure et une chaîne.

Lorsque la cuvette est descendue à sa limite inférieure, l'eau qu'elle contient bouche la partie inférieure de la pièce et empêche le gaz de s'échapper au dehors, mais la cloison étant hors de l'eau le gaz peut passer librement. Si l'on remonte la cuvette, la cloison se trouve noyée et le gaz ne peut plus passer.

## SIPHON DE VILLE

Ce sont des appareils destinés à recueillir et à évacuer au dehors des conduites les produits de la condensation du gaz.

Il y a de nombreuses dispositions pour cela.

Quelquefois l'appareil se compose d'une simple tubulure verticale d'environ 50 à 60 millimètres, plongeant dans une cuvette en maçonnerie ou en fonte. Cette cuvette est remplie d'eau ou de goudron et le trop plein s'échappe dans une conduite aboutissant à la citerne aux goudrons.

Dans les usines on met des siphons à tous les appareils, et en de nombreux points de la canalisation, on leur donne des formes analogues aux siphons des barillets, mais on les fait souvent avec un simple tuyau de plomb recourbé.

Pour les conduites de villes on emploie (siphon de ville) une disposition différente.

Le siphon se compose d'un réservoir cylindrique en fonte, avec deux tubulures à emboîtement près du bord supérieur, et fermé en haut par un couvercle à brides en fonte.

Par le couvercle et dans un renforcement en forme d'emboîtement où il a été coulé du plomb, passe un tuyau échancré en bas qui descend jusqu'au fond du réservoir et de l'autre côté arrive jusqu'au sol de la rue, et par lequel on peut pomper les condensations qui se sont réunies en bas. On donne à ce tuyau un diamètre de 50 millimètres, de sorte qu'il ne sert, à proprement parler, que de fourreau pour le tuyau en fer forgé, qu'on visse à la pompe même et que l'on introduit dans le siphon.

La fermeture du tuyau du siphon au niveau du sol consiste ordinairement en un court tuyau, de même diamètre que celui du siphon et scellé au plomb dans l'emboîtement de ce dernier; il est muni à sa partie supérieure d'un pas de vis extérieur. Sur ce pas de vis on vient visser un couvercle en fonte portant deux poignées extérieures : un disque de cuir assure la fermeture hermétique. Un deuxième tuyau passe par le couvercle du siphon mais ne va pas tout à fait jusqu'au bord inférieur des tubulures latérales ; il est relié par le haut à la lanterne publique la plus voisine. Lorsque le liquide monte trop haut dans le siphon et rentre dans les tuyaux, l'embouchure inférieure du tuyau de sûreté est fermée et la lanterne-signal s'éteint. L'échancrure du tuyau n'est pas obtuse, mais inclinée en biais afin que l'extinction de la lanterne n'ait pas lieu brusquement, mais s'annonce auparavant par un vacillement de la flamme. Les siphons sont enfermés dans des regards en maçonnerie dont les parois s'élèvent jusqu'au pavé de la rue et qui sont fermés en haut par une plaque de fonte.

Il y a des dispositions variées de cet appareil (fig. 233 et 234). Il est utile de visiter et de pomper régulièrement les siphons, à des époques plus ou moins éloignées en rapport avec

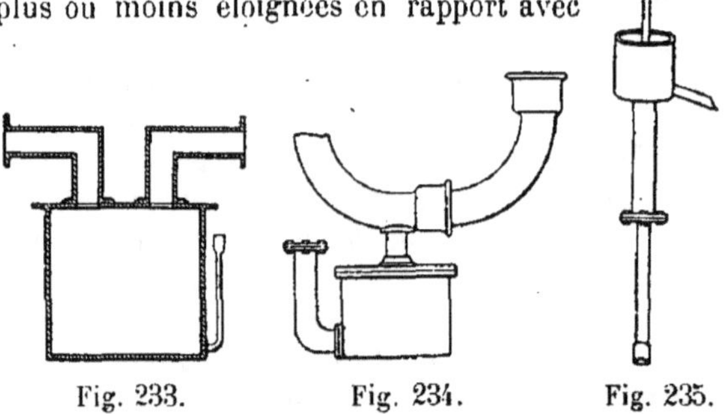

Fig. 233.                Fig. 234.                Fig. 235.

leurs distances à l'usine, les plus près donnant beaucoup par suite de la condensation de l'eau du gaz qui sort saturé des gazomètres à la température extérieure, et dont la température du sol abaisse la tension de condensation. La figure 235 représente la pompe employée à cet usage.

Au début de l'industrie du gaz on a employé pour les conduites de gaz, des tuyaux en terre cuite ou en bois goudronné. Les nombreuses fuites qu'ils donnaient, les uns par leur fragilité, les autres par leur porosité, les ont fait abandonner malgré leur bas prix.

Aujourd'hui on ne se sert plus que de tuyaux en fonte, ou de tuyaux en tôle bitumée dits tuyaux Chameroy, du nom de leur inventeur.

## TUYAUX EN FONTE

On est arrivé à faire très bien ces tuyaux et en grande longueur. En France, on emploie les fontes de l'Est, bien qu'une teneur un peu élevée en phosphore les rende un peu cassantes. On les fabrique généralement avec de la fonte de seconde fusion. Ils sont fondus debout, on obtient ainsi des tuyaux de plus grande longueur et plus homogènes. Après fabrication, on les essaye avec de l'air dans une cuve d'eau sous une pression de deux atmosphères, pour vérifier leur étanchéité. Ces tuyaux sont goudronnés à chaud avant leur emploi, pour les préserver de la rouille ; cette opération est faite dans les fonderies.

Les tuyaux les plus employés sont à emboîtement, c'est-à-dire des tuyaux qui sont munis à l'une de leurs extrémités d'un manchon élargi, dans lequel vient s'emboîter le tuyau suivant, après quoi on fait le joint.

Lorsque le joint est fait, comme d'ordinaire, avec de la corde goudronnée et du plomb, on donne au manchon une largeur suffisante pour l'introduction entre lui et le tuyau de la matière formant joint.

Pour que l'extrémité du tuyau à introduire se trouve exactement au centre de l'emboîtement, et pour éviter que la corde goudronnée ne puisse être introduite ou poussée dans le tuyau même, on donne à l'emboîtement, à son extrémité postérieure, un court arrêt central d'un diamètre tel que le bout uni du tuyau à introduire s'adapte exactement dans cette partie plus étroite, ou bien on donne de préférence au bout à introduire un cordon extérieur d'une épaisseur telle que ce dernier (fig. 236) s'applique contre la paroi intérieure de l'emboîtement uni. Cette dernière disposition permet de dévier un peu l'axe des tuyaux pour suivre de petites courbes sans l'emploi de pièces spéciales.

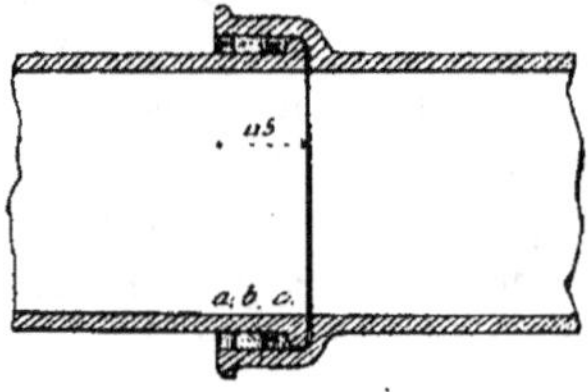

Fig. 236.

L'épaisseur de la paroi de l'emboîtement est généralement plus forte que celle du tuyau, parce que lors de la fabrication du joint, il se produit une tension un peu élevée qui pourrait rompre cette pièce.

On fait particulièrement épaisse l'extrémité antérieure de l'emboîtement, d'abord parce que c'est là que la tension produite par le matage du plomb est la plus forte et aussi parce que c'est la surface antérieure qui souffre le plus des chocs et des coups extérieurs.

Pour faire ce joint, le tuyau suivant étant poussé à fond dans l'emboîtement, on fait entrer de la corde goudronnée qu'on refoule au fond au moyen d'un matoir et qu'on tasse fortement.

On fait ensuite tout autour de l'entrée du joint un bourrelet en terre glaise, le plus commode est de prendre une corde que l'on couvre de terre glaise, on entoure le joint et on laisse à la partie supérieure une sorte de petite cuvette qui sert à faire couler du plomb fondu dans le joint.

On met dans cette coupe un peu de suif qui diminue beaucoup les projections du plomb quand le tuyau n'est pas sec.

Le plomb en se solidifiant, éprouvant une contraction, il est donc nécessaire de le mater avec soin tout autour et jusqu'à refus pour rendre le joint bien étanche.

Ce système de canalisation présente encore une certaine rigidité ; toutefois les joints au plomb peuvent céder dans une certaine mesure au tassement, mais au détriment de l'étanchéité du joint le plus souvent. Il permet aussi une certaine dilatation.

Nous donnerons ci-contre un tableau de renseignements variés sur les tuyaux à emboîtement.

Nous indiquerons simplement par des figures schématiques les pièces spéciales employées dans les canalisations (fig. 237).

Dans les usines et dans des conditions spéciales, on emploie les tuyaux à brides. Les joints se font au moyen de feuilles de carton enduit d'un mastic spécial et serré par des boulons. Ce système ne peut être employé dans les canalisations de ville à cause de sa rigidité presque absolue, les tassements du sol devant amener inévitablement des ruptures des tuyaux ou des brides.

En Angleterre et dans quelques villes d'Allemagne, on emploie les tuyaux avec emboîtements alésés et bouts mâles, tournés en forme de cône.

## TUYAUX EN FONTE

| DIAMÈTRE intérieur | LONGUEUR UTILE en mètre | PROFONDEUR d'emboîtement | ÉPAISSEUR du tuyau | ÉPAISSEUR du joint | ÉPAISSEUR MOYENNE de l'emboîtement | POIDS DU TUYAU | POIDS DU PLOMB pour joints | COÛT DE LA MAIN-D'ŒUVRE pour la pose par mètre courant |
|---|---|---|---|---|---|---|---|---|
| en millim. | en mètres | en millim | en millim | en millim | en millim | en kilos | en kilos | |
| 40 | 2 | 70 | 6 | 9 | 14,5 | 18 | 1 | 0ᶠ41 |
| 50 | » | » | 6.5 | 10 | » | 24 | 1,40 | 0,42 |
| 60 | 3 | 75 | » | » | » | 44 | 2 | 0,44 |
| 70 | » | 80 | 7 | » | 15 | 53 | 2 | 0,47 |
| 80 | » | 90 | 8 | » | 15.5 | 61 | 2.2 | 0,50 |
| 90 | » | » | 8.5 | » | » | 66 | 2.38 | 0,55 |
| 100 | » | 100 | 9 | » | 16.5 | 75 | 2.60 | 0,61 |
| 110 | » | » | 9.5 | » | 17 | 81 | 2.85 | 0,67 |
| 120 | » | 110 | 10 | » | 17,5 | 90 | 3 | 0,72 |
| 130 | » | » | 10.5 | » | 18 | 99 | 3.28 | 0,77 |
| 140 | » | » | » | 11 | 18.5 | 112 | 3.50 | 0,82 |
| 150 | » | » | » | » | 19 | 120 | 3.60 | 0,87 |
| 200 | » | 115 | 11 | » | 22 | 174 | 4.85 | 1.18 |
| 250 | » | » | 11.5 | » | 23 | 234 | 6.20 | 1.50 |
| 300 | 4 | 120 | 12 | 12 | 25.5 | 390 | 7.60 | 1·64 |
| 350 | » | » | 13 | » | 29 | 475 | 9.10 | 1.80 |
| 400 | » | » | 15 | » | 29.5 | 580 | 10.68 | 2.00 |
| 500 | » | 125 | 16 | » | 30 | 780 | 14.12 | 2.35 |
| 600 | » | » | 17 | » | 31 | 1.000 | 17,80 | 2.70 |
| 700 | » | » | 19 | » | 32 | 1.268 | 23.22 | 3.08 |
| 800 | » | » | 20 | » | 34 | 1.600 | 30.54 | 3.50 |
| 900 | » | » | 21 | » | 36 | 1.900 | 38.75 | 4.00 |
| 1000 | » | » | 22 | » | 39 | 2.180 | 50.25 | 4.60 |

| 0m,250 | 0m,200 | 0m,162 |
|---|---|---|
| 133k | 99k | 72k |
| 124 | 93 | 68 |
| 121 | 90 | 66 |
| 112 | 83 | 62 |
| 112 | 83 | 62 |
| 102 | 77 | 58 |
| 134 | 103 | 79 |
| 52 | 37 | 29 |
| 43 | 31 | 24 |
| 42 | 31 | 24 |
| 74 | 51 | 40 |
| 64 | 44 | 33 |
| 56 | 38 | 32 |
| 82 | 58 | 44 |
| 69 | 51 | 38 |
| 63 | 47 | 37 |
| 19 | 13 | 11 |

*Poids du mètre courant des corps de tuyaux &*

| | 0,250 | 0,200 | 0,162 |
|---|---|---|---|
| Corps des tuyaux | 77k | 58k | 43k |
| Tubulures | 20 | 14 | 11 |
| Épaisseur des Tuyaux | 13mm | 12mm | 11mm |
| Longueur utile | 4m | 4m | 4m |

Fig. 237.

Ces surfaces doivent être exemptes de rouille; avant la pose on les essuie avec soin, et on applique sur chacune, avec un pinceau, une mince couche de minium (deux parties) et de blanc de céruse (une partie), puis on enfonce le bout mâle dans l'emboîtement avec un maillet de bois jusqu'à complète fixité.

Les conduites ainsi assemblées manquent de flexi-
bilité, le moindre retrait occasionne une fuite. Les
tassements occasionnent des fractures à l'endroit des
emboîtements.

On a cherché aussi à combiner ce joint avec un
joint en plomb, en adaptant deux rainures correspondantes, l'une dans l'emboîtement, l'autre dans le
bout tourné du tuyau. Il faut que lors de l'introduction du tuyau, ces rainures soient exactement l'une
au-dessus de l'autre. Par un trou supérieur, on remplit alors l'espace creux avec du plomb, et de cette
manière en forme un cercle de plomb, qui tient
moitié dans l'emboîtement, moitié dans le bout tourné
du tuyau.

On fait également des joints de caoutchouc.

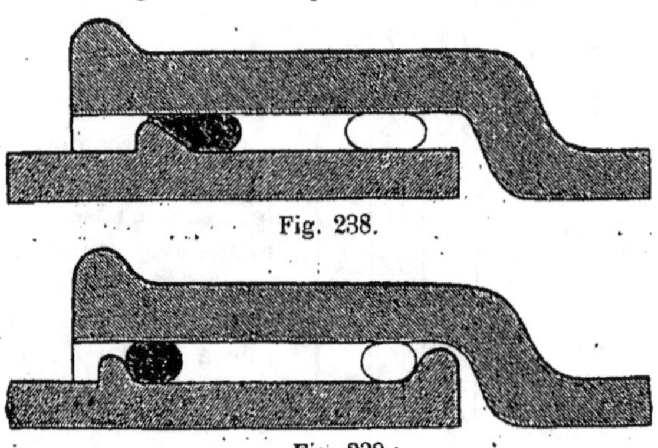

Fig. 238.

Fig. 239.

La figure 238 donne une disposition.

La figure 239 donne une autre disposition.

La seconde est préférable, elle permet plus de
mobilité au joint.

Les résultats ont été très différents suivant les villes ; dans les unes les joints de caoutchouc se sont rapidement détériorés, dans d'autres ils se sont bien conservés.

En fait, on ne connaît pas exactement les conditions que doit remplir le caoutchouc pour résister tout à la fois à l'action du gaz et de l'humidité du terrain ; on a remarqné que le caoutchouc vulcanisé altéré adhérait fortement à la fonte et augmentait l'étanchéité du joint. Depuis quelque temps, ce genre de joint tend beaucoup à se développer.

M. Somzée a exécuté toute la canalisation de Bruxelles avec ce système qui a donné toute satisfaction. Il est composé d'un bout mâle conique et muni à son extrémité de deux bourrelets ; dans la rigole qui existe entre ces deux bourrelets, on place la bague en caoutchouc.

L'extrémité antérieure de l'emboîtement est taillée en biseau, et derrière cette partie inclinée se trouve une rainure plate. Par là, on obtient que le cercle de caoutchouc, lors de l'introduction du bout mâle, s'enroule sur celui-ci et remplit finalement complètement l'intervalle dans l'emboîtement.

Le deuxième type où la partie conique est remplacée par l'alternation des saillies et des creux est bien préférable.

*Système Petit.* — Les tuyaux portent à leurs extrémités des oreilles venues de fonte ; l'une des extrémités porte un emboîtement très court, et l'autre un petit épaulement contre lequel on met une petite rondelle de caoutchouc. Les deux tuyaux sont réunis au moyen de pattes et de clavettes en fer.

Ce système a l'inconvénient de donner un serrage

limité par la longueur des pattes, qui ne permet
pas de corriger les irrégularités inévitables de la fabrication, dans le perçage des trous des oreilles.

## TUYAUX EN TÔLE, DITS CHAMEROY

Ces tuyaux sont fabriqués avec de la tôle plombée,
d'une longueur de deux mètres, les bords en anneau
sont rivés avec des rivets étamés, et soudés en im-
mergeant tout le joint dans un bain de plomb. Puis
les tronçons de deux mètres sont rivés pour former
des longueurs de quatre mètres. On emploie maintenant de la tôle d'acier. Ces tuyaux sont plombés extérieurement et intérieurement ; avant de les bitumer
ils ont été essayés à la pression de huit atmosphères,
puis enveloppés d'étoupe et entourés d'un fourreau
d'asphalte, en les plaçant alternativement dans un
bain d'asphalte en fusion et les roulant dans le sable.
Lorsque le fourreau a une épaisseur de 6 à 13 millimètres, suivant les dimensions, on les roule encore
finalement sur une table, dans du sable fin.

Les tuyaux se font à joints à vis ou à joints précis.
Dans les tuyaux à vis, chaque extrémité est munie
d'un manchon adhérent à la tôle extérieur d'un bout,
et intérieur de l'autre, et formé d'un alliage de plomb
et d'antimoine. Le bout mâle porte un pas de vis
extérieur, le bout femelle un pas de vis intérieur.
Ces tuyaux sont légèrement coniques, de façon à
recevoir à l'intérieur d'un bout, à l'extérieur de
l'autre, la partie en plomb qui doit former le joint.
Pour assembler ces tuyaux, on enduit le bout mâle
d'un mélange de saindoux et de plombagine, et on
visse le bout mâle dans le bout femelle jusqu'à ser-

rage complet. On fait l'opération au moyen d'un levier creusé en forme de segment et appliqué sur le tuyau, et d'une corde dont on tient l'un des bouts, l'autre étant fixé au levier ; on fait tourner celui-ci dans le sens de la vis.

Pour se reprendre, on lâche légèrement la corde, puis on serre de nouveau, jusqu'au serrage complet. Pour les tuyaux à joints précis, les manchons en plomb sont tournés de façon que le bout mâle entre exactement et à frottement dans le bout femelle. Le bout mâle porte une rainure dans laquelle on enroule pour faire le joint de la ficelle non tordue et suifée. On le graisse comme précédemment et on le fait entrer alors dans le bout femelle.

Pour enfoncer la partie mâle dans la partie femelle, on se sert d'un tampon en bois placé à l'extrémité du tuyau à emboîter, et sur lequel on frappe avec une masse ou un bélier, jusqu'à ce que le collet dudit tuyau serre la garniture.

Toutes les soudures pour embranchements se font à l'aide de soudure d'étain et de résine, en évitant de se servir d'esprit de sel ou de chlorure de zinc.

Pour les tuyaux Chameroy, il n'existe pas de pièces spéciales, manchons, coudes, etc. La Compagnie Parisienne a établi des raccords en plomb à la tôle, dans lesquels une rondelle de caoutchouc introduite sous le collet, entre le plomb et la tôle, assure la durée de l'étanchéité. Ce joint, placé à l'extrémité des conduites exposées à des variations considérables de température, constitue, pour ces canalisations, des boîtes de dilatations dont l'efficacité est certaine.

Pour les petits et moyens diamètres, on se sert de pièces de raccord en plomb avec soudure autogène ; pour les grands diamètres, on a substitué aux pièces en plomb des pièces en fonte réunies à la tôle par de courtes tubulures en plomb.

Pour l'emboîtement des tuyaux de grands diamètres, lorsqu'il s'agit de la pose du dernier tuyau, en revenant vers une canalisation déjà existante, on se sert d'une presse qui agit au moyen de vis et d'écrous, par l'écartement de deux châssis dont l'un s'applique contre l'extrémité immobile de la canalisation à laquelle on veut se raccorder, tandis que l'autre repousse le dernier tuyau à poser jusqu'au fond de son emboîtement.

On a fait quelquefois aux tuyaux en tôle et bitume le reproche d'être détériorés par l'action oxydante de l'acide carbonique, de l'eau et de l'oxygène. Il se produit d'abord un carbonate de fer avec dégagement d'hydrogène. Ce carbonate se décompose en présence de l'eau et de l'oxygène et produit de la rouille ; en fait cette action est lente, car la Compagnie Parisienne possède des canalisations posées depuis près de vingt ans et qui sont encore trouvées dans un état satisfaisant, quand, pour une cause ou pour une autre, on doit en déplacer.

Dans les terrains riches en sulfate de chaux et matières organiques, comme à Paris, il se produit d'autres détériorations.

Les matières organiques en décomposition, agissant sur les plâtres, donnent naissance à du sulfure de calcium qui, avec l'acide carbonique du sol, donne de l'hydrogène sulfuré. On a ainsi du sulfure de fer et même quelquefois du soufre natif.

Les pièces en fer sont rapidement rongées, le sulfure de fer se transformant en sulfate de fer soluble dans l'eau.

Les tuyaux Chameroy sont généralement protégés efficacement contre ces actions chimiques, à l'intérieur par la couche de plomb qui les recouvre, à l'extérieur par l'enveloppe en bitume.

### POSE

Les canalisations de gaz sont posées dans des tranchées de 0<sup>m</sup>90 à 1 mètre de profondeur minimum, dont le fond est parfaitement dressé suivant la pente adoptée pour l'exécution du travail.

Il est avantageux d'avoir la plus grande profondeur possible, 1<sup>m</sup>5 si cela se peut, pour éviter à la fois les variations de température et les détériorations résultant du tassage produit par le passage des voitures, etc.

Lorsqu'une certaine longueur de tuyau a été placée et la tranchée non remblayée, on ferme les extrémités avec des tampons, et on refoule de l'air à la pression de 30 centimètres de mercure. Si cette pression ne diminue pas après la fermeture du robinet de la pompe, c'est qu'il n'y a pas de fuites. S'il y en a, on les découvre par le sifflement de l'air qui s'échappe, et au besoin avec de l'eau de savon bien mousseuse dont on badigeonne les joints, et avec laquelle les fuites produisent des bulles.

La canalisation est considérée comme bonne si les fuites accusées par un compteur branché sur la canalisation isolée n'atteignent pas un demi-litre par heure et par mètre carré de conduite sous une pression manométrique de 25 à 30 millimètres d'eau.

Pour remplir de gaz une conduite achevée, on laisse échapper l'air par une ouverture faite à l'extrémité opposée au côté de l'arrivée du gaz. On prend soin dans cette opération d'empêcher dans le voisinage de cet orifice l'approche d'une flamme, lanterne, becs, ou fumeurs ; des explosions nombreuses, souvent suivies de mort d'hommes, ayant été produites par l'oubli de cette précaution.

Lorsqu'on veut mettre immédiatement le gaz dans une conduite au fur et à mesure de la pose, ce qui est quelquefois nécessaire, par exemple lorsqu'on remplace une conduite mauvaise ou insuffisante, sur laquelle sont branchés de nombreux becs dont on ne peut interrompre le fonctionnement que pendant quelques heures, on se sert d'un piston que l'on tire après soi au fur et à mesure de la pose.

Ce piston est formé de feuilles de caoutchouc serrées entre des plaques de tôle et assez long pour rester parallèle à l'axe du tuyau. Par ce moyen, la conduite se trouve immédiatement remplie de gaz au fur et à mesure de la pose ; on peut de suite raccorder les branchements des abonnés.

Pour isoler des parties de conduites ou pour faire un branchement, on se sert de ballons en caoutchouc. On perce un trou dans le tuyau, on y introduit un ballon de caoutchouc vide portant un robinet, le diamètre de ce ballon est plus grand que celui de la conduite, pour pouvoir faire serrage sur les parois. Le ballon introduit dans le tuyau est gonflé par le tube de son robinet au moyen d'un soufflet ou de la bouche ; il obture le tuyau et reste gonflé après la fermeture du robinet.

La fermeture produite par ces ballons n'est pas

absolument étanche, mais suffisante pour que la
perte de gaz n'occasionne pas de gêne dans les travaux.

Lorsqu'on veut faire cesser la fermeture ou l'isole-
ment, on ouvre le robinet du ballon, il se vide, on le
retire et on bouche l'orifice par lequel on l'avait
introduit, au moyen d'une plaque en fer posée à
joint de mastic et serrée avec un collier muni de
boulons.

Les conduites sous les chaussées doivent être posées
à 1 mètre environ de profondeur, pour les mettre le
plus possible à l'abri des variations de la température
et des trépidations des voitures dont le résultat est un
tassage du terrain et, par suite, une cause de fuite des
tuyaux. De plus, lorsqu'ils sont trop peu profonds, il
est difficile d'établir les branchements en plomb avec
une pente suffisante, et ils sont exposés plus vive-
ment aux actions oxydantes de l'eau de pluie et de
l'air, et aux détériorations qui peuvent provenir des
réfections de pavage, bitume, etc., de la surface.

Il est bon que les tuyaux soient placés de façon à
avoir au-dessus d'eux 80 à 90 centimètres de terre,
plus si c'est possible.

La largeur des tranchées est variable avec le diamètre du tuyau, mais doit toujours être suffisante
pour permettre un travail facile. Le fond de la tranchée doit être bien réglé, et, lorsqu'on remblaie, il
faut avoir soin que la terre soit pilonnée fortement
par couches de 10 à 15 centimètres.

C'est nécessaire pour éviter le tassement des tuyaux
et de la surface du terrain.

En général, on pose les tuyaux de canalisation
d'un côté des chaussées, à 70 ou 80 centimètres des

trottoirs, de façon à permettre, lors de l'ouverture de tranchées, le passage des voitures d'un côté de là voie publique.

### Détails supplémentaires

*Tranchées.* — Si le terrain n'est pas très solide, les parois doivent avoir un talus convenable ou être maintenues par des planches. On doit régler avec soin le fond des tranchées pour donner une pente bien nette, et établir aux points bas des siphons. L'intérieur des tuyaux doit être bien nettoyé avant la pose. Les extrémités ouvertes de la conduite doivent être fermées avec des tampons coniques pour empêcher l'entrée de la poussière et des saletés.

La pente des tuyaux doit être de 5 à 8 millimètres par mètre de longueur. On doit vérifier les emboîtements après le matage pour s'assurer qu'ils ne sont pas fendus.

Lorsque le tuyau rencontre un égout, et qu'il passe en dessus ou en dessous, il ne faut pas qu'il le touche pour éviter la rupture en cas de tassement. S'il le traverse, il doit le faire dans un tuyau beaucoup plus grand, un manchon dans lequel il puisse se mouvoir.

Sur les ponts en pierre, si l'épaisseur de la terre est suffisante, on les pose à la manière ordinaire ; sinon, on place les tuyaux sur le côté du pont, sur des supports en fer forgé, et on les entoure de boîtes solides en bois qu'on remplit avec des cendres, des copeaux ou autres corps mauvais conducteur de la chaleur. On entoure aussi ces tuyaux avec des tresses en paille.

## Dimensions des tuyaux Chameroy

| Diamètre intérieur en millimètres | Epaisseur de tôle en millimètres | Poids par mètre Kilog. |
|---|---|---|
| 35 | 0.9 | 4.0 |
| 42 | » | 5.0 |
| 54 | » | 6.0 |
| 68 | » | 7.5 |
| 81 | 1.0 | 8.5 |
| 108 | 1.1 | 11.0 |
| 135 | 1.2 | 14.0 |
| 162 | 1.3 | 17.0 |
| 189 | 1.4 | 22.0 |
| 216 | 1.5 | 25.0 |
| 244 | 1.6 | 28.0 |
| 271 | 1.7 | 33.0 |
| 297 | 1.8 | 39.0 |
| 324 | 2.1 | 45.0 |
| 350 | 2.3 | 52.0 |
| 400 | 2.5 | 70.0 |
| 450 | 2.7 | 78.0 |
| 500 | 2.9 | 90.0 |
| 550 | 3.2 | 95.0 |
| 600 | 3.4 | 100.0 |
| 700 | 4.0 | 125.0 |
| 800 | 4.4 | 155.0 |
| 1.000 | 5.0 | 210.0 |

### FUITES

Les fuites sont considérées comme acceptables lorsqu'elles sont comprises entre 100 à 200 litres par kilomètre. Comme pourcentage, on peut considérer la canalisation comme satisfaisante quand la différence du gaz vendu et dépensé aux lanternes pu-

bliques au gaz produit est inférieur à 10 0/0. Beaucoup d'usines ont des différences de 15 à 20 0/0.

Les fuites proviennent de plusieurs causes :

Tuyaux rouillés et percés ;

Joints défectueux ;

Prises de branchement mal faites ;

Fuites sur les branchements mêmes.

L'emploi du compteur, pour constater les fuites,
consiste à isoler, au moyen de ballons obstructeurs,
la conduite que l'on veut essayer.

### Recherche des fuites sur une canalisation en service

Dès qu'une odeur de gaz est signalée, on doit immédiatement chercher à se rendre compte de son
origine. Après avoir vérifié l'étanchéité des appareils
extérieurs voisins, on procédera à la recherche des
fuites souterraines, en portant tout d'abord son attention sur les jonctions des conduites entre elles ou
avec les branchements. Les renseignements que l'on
a pu se procurer sur les divers travaux de voirie
exécutés récemment dans le voisinage des conduites,
facilitent dans beaucoup de cas la découverte du
point faible.

La recherche des fuites souterraines peut être
notablement abrégée par l'emploi d'une petite sonde
qu'on enfonce dans la chaussée, ou dans l'intervalle de deux pavés, de distance en distance dans
le voisinage immédiat de la conduite suspecte. Dans
le trou de sonde ainsi pratiqué, on glisse un tube de
fer assez long pour qu'il s'élève à $1^m30$ ou $1^m40$ au-
dessus du sol : en approchant le nez de l'orifice supérieur du tube, on vérifie aisément s'il se dégage

une odeur de gaz, et on arrive assez rapidement
à déterminer les points où il y a lieu d'ouvrir une
tranchée.

Lorsqu'on se trouve en présence d'une canalisation pour laquelle le chiffre des fuites dépasse la
limite qu'on peut considérer comme admissible, il
faut procéder à un essai complet de la canalisation,
d'abord dans son ensemble, puis par fractions successives, de façon à rétrécir le champ des recherches en proportion de l'importance du mal et de la
difficulté de trouver les points défectueux.

On opère au moyen d'un compteur, comme il a été
dit pour l'essai des canalisations neuves. Pour conduire à bonne fin ces recherches, il est nécessaire de
posséder un plan détaillé de la canalisation, donnant
le diamètre et la profondeur du tuyau qui s'y trouve
pour chaque rue, ainsi que sa position exacte et celle
de tous les raccordements au moyen d'un repérage
précis. Ce plan devra également indiquer la situation des branchements.

M. Schauffler a proposé comme réactif pour la recherche des fuites, le papier imprégné d'une dissolution de chlorure de palladium ($3^{gr}75$) et de chlorure
d'or ($1^{gr}25$) dans un litre d'eau distillée.

Les tubes de sondage par lesquels on aspire les gaz
du sol, sont terminés par un petit tube de verre contenant ledit papier.

S'il y a fuite, le papier se colore en noir ou brun
foncé, provenant de la réduction des chlorures par
l'oxyde de carbone ; il ne faut pas tenir compte d'une
coloration rose qui est due à une réduction d'or métallique provoquée par la lumière.

Il faut conserver ces papiers, coupés à l'avance, à

l'abri de toute-atmosphère contenant du gaz, et contrôler de temps à autre leur sensibilité.

## BRANCHEMENTS

Lorsqu'on veut faire un branchement sur une canalisation, on perce un trou. On se sert d'une disposition représentée figure 240.

La pince à forêt se compose d'une tige en T renversé sur lequel sont articulées deux mâchoires courbes D qui doivent embrasser le tuyau que l'on veut percer. On ouvre ces mâchoires, on engage le tuyau entre elles, puis à l'aide d'une tige filetée E, qui fonctionne dans des écrous taraudés en laiton H, on serre la pince sur le tuyau. Ces écrous sont en forme de noix et roulent dans des cavités circulaires découpées dans les branches des mâchoires, de façon que, quelque inclinaison

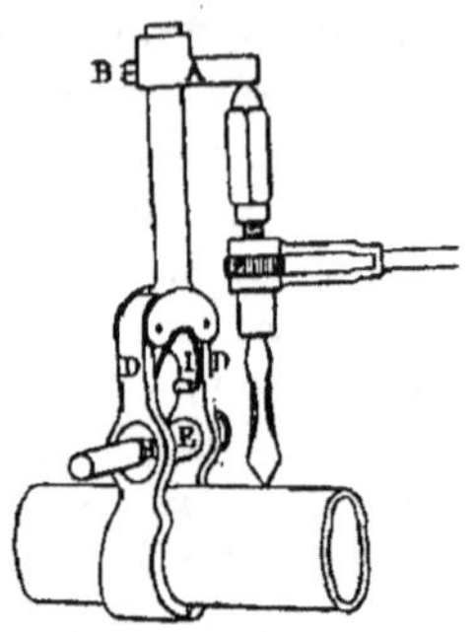

Fig. 240.

que prennent celles-ci, la tige filetée porte carrément dans tous les trous taraudés de ces écrous. Un ressort I ouvre les mâchoires lorsqu'elles cessent d'être retenues par la vis. Une tête A qu'on arrête à hauteur, à l'aide d'une vis B, est disposée dans le bout de la tige et sert de butement au drill à rochet qu'on peut ainsi arrêter et descendre en tel point de la hauteur de la tige qu'on désire.

Cet appareil ne peut servir pour percer des trous dont le diamètre est trop différent de celui que peut embrasser assez exactement la courbure des mâchoires.

Il y a aussi des appareils à foret avec lesquels (fig. 241) on évite presque totalement les fuites de gaz.

### Appareil à percer, tarauder et tamponner les conduites principales à gaz

Pour percer et tarauder les conduites à gaz afin d'y brancher des tuyaux de service, M. Upward a proposé un appareil dans la construction duquel il a cherché : 1° à prévenir les accidents dus à la fuite du gaz, quelle que soit la dimension ou la position de la conduite ; 2° à permettre à un ouvrier ordinaire de percer un trou circulaire taraudé correctement pour y piquer un tube d'un diamètre quelconque dans un temps qui n'est pas plus prolongé qu'avec les machines communément en usage ; 3° à s'opposer à ce que les ouvriers employés à ce service ou les personnes dans le voisinage puissent être incommodés ou blessés.

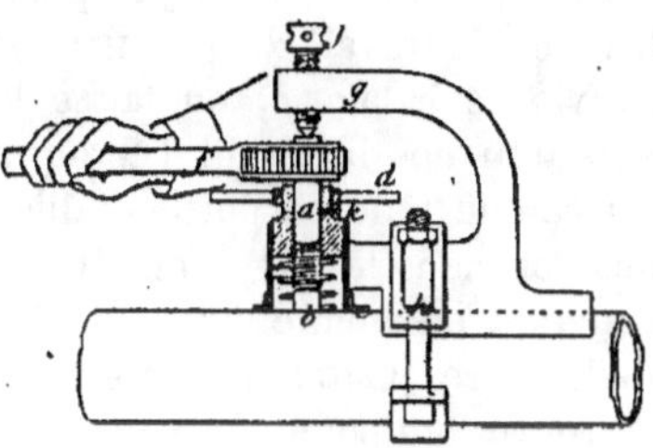

Fig. 241.

*a*, taraud ; *b*, petit foret fixé sur le taraud ; *c*, ressort qui s'oppose à ce que le taraud et le foret tombent quand le trou est percé ; *d*, poignée et écrou pour presser sur le ressort ; *e*, rondelle en caoutchouc qui, par sa forme, s'applique exactement sur la partie supérieure de la surface convexe de la conduite afin de prévenir toute fuite de gaz ; *f*, levier à rochet ordinaire ; *g*, bâti et guide ; *k*, vis de calage pour empêcher l'écrou *d* de tourner sur le taraud.

Voici maintenant la manière de se servir de cet appareil.

On fixe le bâti *g* sur la conduite au moyen de mâchoires et de boulons *h*, en ayant soin, lorsqu'on serre l'un ou l'autre de ces boulons, que le taraud ainsi que l'écrou et les poignées *d* puissent être tournés aisément à la main. On fait alors fonctionner le levier à rochet *f*, et le travail du forage commence, avec l'attention de ne faire descendre le foret que très légèrement à mesure que le trou s'approfondit, de peur qu'il ne casse, car il n'y a pas de poinçon au centre. Lorsque le taraud et le foret ont traversé le métal de la conduite, il est nécessaire de lâcher les poignées *d* en les faisant revenir en arrière d'un quart de tour environ, de manière que le ressort puisse tenir suspendus le taraud et le foret pour que les rebarbes de chaque côté du trou sur le tuyau puissent être coupées. Lorsque le travail du perçage est terminé, on lâche la vis de calage *k*, on laisse le taraud tomber dans le trou en dévissant l'écrou et les poignées *h* jusqu'à ce que toute sa portion taillée traverse le trou, puis tournant la vis *j*, on l'y fait descendre en manœuvrant en même temps le levier *f* jusqu'à ce qu'il entre juste ; on enlève le bâti *g*, et le trou se trouve tamponné à la manière ordinaire.

Afin d'éviter autant que possible toute fuite de gaz en piquant le tuyau, on prend un petit bout du tuyau avec l'extrémité qui doit être vissée sur la conduite bouchée par une rondelle composée de cire et de suif, de façon que quand le taraud est retiré le tube puisse instantanément être introduit à sa place. L'union intime et les assemblages sont alors exécutés à loisir, et quand tout est terminé, un peu de chaleur appliquée au bout du tuyau fait fondre la rondelle et établit la communication entre la conduite principale et l'endroit où l'on veut introduire le gaz.

M. Upward dit que cet appareil s'applique aussi avec succès aux conduites d'eau.

Un manchon à selle est vissé sur le tuyau au moyen d'un étrier en fer forgé, de telle manière que l'axe du manchon se trouve dans l'axe du tuyau à forer. L'on peut, ou après le perçage, tarauder le trou pour y visser une tubulure après l'enlèvement du manchon ; ou bien le manchon est de suite fixé définitivement sur le tuyau et dans lequel on soude directement avec du plomb le branchement en fonte après forage. L'appareil se compose d'un manchon avec boîte à étoupes à travers laquelle passe la tige du foret. A la partie d'en haut, une vis sert à presser le foret contre le tuyau.

On fait des branchements en fonte, en fer, en plomb :

1° Celui en plomb se pose facilement et a une durée illimitée. Bien que susceptible d'être percé accidentellement par un coup de pioche maladroit, ou par les rats qui s'y attaquent, il mérite la préférence dont il jouit, surtout pour les petits diamètres ;

2° Celui en fer ne présente pas ces inconvénients, mais sa durée est faible à cause de l'oxydation rapide dans le sol ; le plus souvent elle ne dépasse pas cinq à six ans, dix ans au maximum. De là une cause de fuites importantes ;

3° Celui en fonte coûte plus cher que celui en fer, mais a une plus grande durée.

La fonte et la tôle bitumée sont préférables au plomb pour des branchements de forts diamètres et de grande longueur sans changements de direction nombreux.

Si la matière de branchement a de l'importance, le mode de jonction sur la conduite principale n'en a pas moins. Il est préférable d'écarter les systèmes dans lesquels intervient le fer forgé sous forme de colliers, brides, et même de boulons, car ces pièces sont rapidement détruites par l'oxydation.

Les branchements sur tuyaux Chameroy se font par simple soudure du plomb sur la tôle plombée ; on rebitume avec soin la partie de la tôle mise à nu pour ce travail.

## Calcul des conduites

Dès qu'il fallut envoyer le gaz à une grande distance de l'usine, il fut utile de calculer les diamètres convenables des tuyaux pour obtenir les débits voulus.

En 1827, d'Aubuisson avait trouvé par le calcul le débit d'une conduite avec, dans la formule, un coefficient à déterminer par l'expérience. Il partait des principes suivants : 1° que le frottement est indépendant de la pression hydrostatique sous laquelle se trouve le gaz ; 2° qu'il est proportionnel à la surface de frottement, à la densité du gaz et au carré de la vitesse. Il arrivait à la formule :

$$Q = K \sqrt{\frac{H D^5}{L \delta}}$$

Q désignant le débit en mètres cubes à l'heure ;

H la perte de pression en millimètres d'eau ;

L la longueur de la conduite en mètres ;

$\delta$ la densité de gaz ;

K un coefficient à déterminer par expérience.

On fit à cette époque un certain nombre d'expériences ; le gaz avait des petites vitesses comparables à celles qui existent dans les tuyaux de distribution.

Mais des expériences ultérieures faites avec des vitesses assez grandes montrèrent que les résultats de l'expérience ne pouvaient être représentés par cette formule.

**M.** Arson, ingénieur en chef de la Compagnie Parisienne du gaz, dans un mémoire présenté à la Société des Ingénieurs civils en 1867, indique les résultats des expériences nombreuses faites à l'Usine de la Villette, et donne des formules qui peuvent servir à ces calculs.

Il montre qu'il est nécessaire de tenir compte de la vitesse et qu'il faut l'introduire dans la formule sous la forme : $a u + b u^2$, $a$ et $b$ étant des coefficients variables avec les diamètres, et à déterminer pour chacun d'eux.

Il trouve que ces coefficients sont constants pour un même diamètre, avec toutes les vitesses, jusqu'à 12 mètres à la seconde.

Les valeurs successives de $a$ et $b$ n'éprouvèrent d'un diamètre à l'autre que des variations régulières qui permirent de tracer des courbes continues.

Après quelques simplifications dans les formules

exactes, mais un peu longues, que fournit le calcul,
il arrive à la formule :

$$H = \frac{4L}{D} \; \frac{1.293 \times \delta}{1.000} \; (a\,u + b\,u^2)$$

dans laquelle H représente la perte de charge et $\delta$ la
densité du fluide qui s'écoule ; les autres lettres indiquent les mêmes quantités que plus haut.

Ayant déterminé $a$ et $b$ pour chaque diamètre, on
peut construire les tables et les courbes.

Nous donnerons un tableau abrégé des résultats
obtenus par un tuyau de 0<sup>m</sup>300 :

Diamètre : 0<sup>m</sup>300. — Section : 0<sup>m2</sup>70606.
Coefficient : $a = 0,000180, \; b = 0,000332.$

| VOLUMES ÉCOULÉS en mètres cubes | | VITESSE MOYENNE en mètres par 1″ | PERTES DE CHARGE par KILOMÈTRE DE LONGUEUR en mètres de hauteur d'eau | |
|---|---|---|---|---|
| par 1″ | par heure | | AIR | GAZ |
| 0,010 | 36 | 0,141 | 0,0004 | 0,0001 |
| 0,030 | 108 | 0,424 | 0,0023 | 0,0009 |
| 0,060 | 216 | 0,849 | 0,0067 | 0,0027 |
| 0,085 | 306 | 1.202 | 0,0120 | 0,0049 |
| 0,115 | 414 | 1.627 | 0,0210 | 0,0082 |
| 0,140 | 504 | 1.980 | 0,0285 | 0,0117 |
| 0,170 | 612 | 2.405 | 0,0404 | 0,0165 |
| 0,195 | 702 | 2.758 | 0,0519 | 0,0212 |
| 0,230 | 828 | 3.354 | 0,0704 | 0,0288 |
| 0,250 | 900 | 3.536 | 0,0819 | 0,0335 |
| 0,280 | 1008 | 3.960 | 0,1016 | 0,0416 |
| 0,450 | 1620 | 6.36 | 0,2051 | 0,1025 |
| 0,600 | 2160 | 8.488 | 0,4370 | 0,1791 |

Depuis, M. Monnier, dans un livre (*Aide-Mémoire pour le calcul des conduites de distribution de gaz d'éclairage.* Paris, Baudry, 1876), adoptant la formule :

$$Q = \sqrt{\dfrac{d^5 h}{0,84\, l}}$$

dans laquelle $d$ représente le diamètre de la conduite, $l$ sa longueur, $h$ la perte de pression en millimètres de hauteur d'eau, a représenté graphiquement le

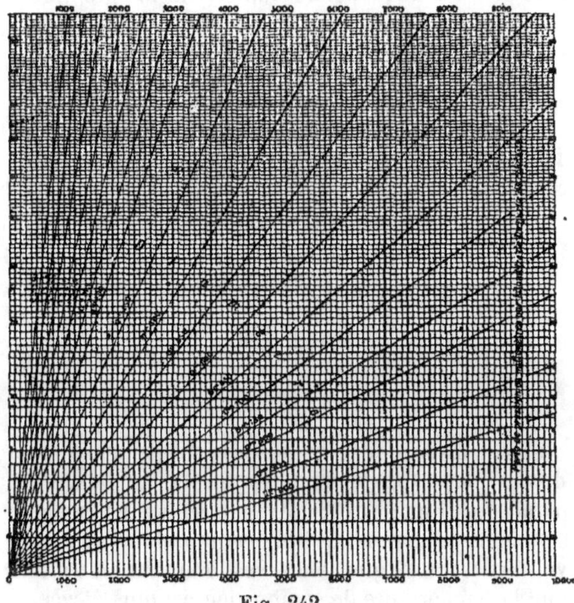

Fig. 242.

rapport de la quantité de gaz écoulé à la perte de pression par kilomètre de longueur de conduite pour différents tuyaux (fig. 242).

En posant $l = 1000$ mètres, la perte de pression par kilomètre de conduite :

$$h_k = 840 \frac{Q^2}{d^5}$$

on a :
$$\sqrt{h_k} = Q\sqrt{\frac{840}{d^5}}$$

c'est l'équation d'une ligne droite passant par l'origine et dans laquelle $h_k$ représente les ordonnées et Q les abscisses.

$$\sqrt{\frac{840}{d^5}}$$

est le coefficient angulaire de la droite ou la tangente de l'angle que la ligne forme avec l'axe des abscisses.

## CHAPITRE XIV

### BECS

Sans entrer dans les discussions auxquelles a donné lieu la théorie de Davy sur la combustion, il paraît établi que c'est le carbone solide en suspension dans la flamme, qui lui communique son pouvoir éclairant, et que celui-ci est d'autant plus grand que la température de combustion est plus élevée.

#### BEC BUNSEN

On peut d'autre part annuler le pouvoir éclairant d'une flamme, en empêchant le carbone de rester à l'état solide dans la flamme ; on mélange le gaz au-dessous de la flamme avec une quantité convenable, d'air atmosphérique qui, arrivant dans la flamme en même temps et à côté du carbone solide, le transforme avant qu'il ait atteint l'état d'ignition, en acide carbonique ; dans ce cas, le gaz brûle bleu, et sans pouvoir éclairant.

Tel est le principe du bec Bunsen employé dans les appareils de chauffage, dont la combustion bien réglée ne donne lieu à aucun dépôt de suie.

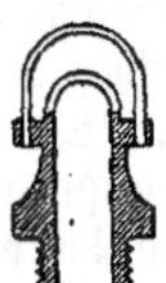

Fig. 243.

L'air atmosphérique, l'oxygène, l'acide carbonique mélangés avec le gaz, peuvent lui faire perdre son pouvoir éclairant. Et cependant à un tel gaz brûlant sans donner de pouvoir. éclairant, on peut rendre la puissance éclairante par le chauffage du tuyau du brûleur, ou d'un corps placé dans la flamme (fig. 243).

On verra plus loin l'application de ceci (nouveaux becs à incandescence).

### THÉORIE DE LA COMBUSTION

L'enveloppe extérieure, appelée aussi voile, est d'une couleur. bleue pâle ; au-dessous se trouve la. partie éclairante médiane, non transparente, dont la couleur d'un blanc éclatant, passe à mesure qu'elle se rapproche du centre, à un rouge de plus en plus vif. La partie intérieure et inférieure de la flamme

forme un cône court transparent, dont la température
est très basse.

Les résultats d'un grand nombre de recherches
sont, que dans la flamme d'un gaz venant d'un tuyau
cylindrique, aucune combustion n'a lieu dans l'intérieur de la flamme ; celle-ci ne se produit que dans
le voile et dans la partie éclairante qui le suit immédiatement, car il est impossible qu'au travers d'une
couche d'hydrogène et de carbone en ignition, il puisse
pénétrer une trace d'oxygène. Les produits de la combustion qui se retrouvent à l'intérieur y sont simplement entrés par diffusion.

Toute la chaleur de la flamme dérive donc de l'enveloppe extérieure, qui est la source de combustion ;
la température de l'intérieur de la flamme et du
manteau s'accroît naturellement à la partie supérieure, et c'est pour cette raison que la partie bril-
lante, éclairante, où le carbone est dégagé par la
chaleur, forme une très petite épaisseur autour du
cône sombre, tandis que plus haut, là où la température à laquelle les hydrogènes carbonés se décomposent en carbone et hydrogène, s'étend jusqu'au
centre, la partie éclairante remplit tout l'intérieur,
de sorte qu'on a ici une flamme éclairante compacte,
massive. Le carbone libre, en s'approchant alors de
l'enveloppe oxydante, c'est-à-dire riche en oxygène,
brûle à l'état de gaz oxyde de carbone, et c'est pendant cette combustion qu'il éclaire le plus, et d'autant plus fortement que la combustion est plus vive.

La combustion de l'oxyde de carbone et de l'hydrogène s'opère donc d'abord dans l'enveloppe ; cette
enveloppe, à la partie inférieure de la flamme, ne
forme pas encore un manteau lumineux, parce qu'en

cet endroit la masse totale des gaz intérieurs est encore trop froide pour que le carbone se dégage des hydrogènes carbonés.

Ces conclusions sont très importantes pratiquement, elles permettent de construire des brûleurs dont le rendement lumineux est le plus élevé possible.

D'après cela, nous voyons que le rendement lumineux du gaz brûlant à la sortie d'un tube ou d'un trou, doit être défectueux, puisque la combustion n'a lieu qu'à l'extérieur de la flamme et qu'elle doit fournir seule toute la chaleur nécessaire pour la décomposition des hydrogènes carbonés.

Dans la flamme massive, en forme de cercle d'abord, au-dessus du bord du brûleur, la combustion a bien lieu aussitôt dans l'enveloppe extérieure, mais la chaleur obtenue n'est pas de suite en état, à cause de la basse température du courant de gaz, d'échauffer seulement une couche sensible jusqu'à la température de décomposition.

Il faut ajouter à cela l'absorption de chaleur du tube brûleur, qui vient encore contribuer au refroidissement. La séparation du carbone et son ignition visible ne commencent à se produire qu'à une certaine hauteur au-dessus du bord du brûleur ; à partir de ce moment, l'opération se poursuit de plus en plus dans l'intérieur de la flamme, jusqu'à ce que la température nécessaire à la production de la flamme soit arrivée jusqu'au centre et que toute la coupe transversale soit enfin remplie de particules de carbone dégagées. C'est la cause du grand cône transparent non lumineux, qui forme la partie inférieure d'une telle flamme. Lorsque enfin la température dans l'intérieur de la flamme s'est aussi élevée

au point où le carbone se dégage et arrive en ignition, elle n'est cependant pas, à beaucoup près,
suffisante pour amener les particules de carbone au
degré d'ignition nécessaire à un développement de
lumière avantageux. La flamme a un aspect rouge
mat, et son pouvoir éclairant est relativement faible.

### BECS A TROU

Audouin et Bérard firent des essais sur les becs à
trous de différents diamètres. En faisant varier, par
l'augmentation de pression, la hauteur de la flamme
de 50 $^{m}/^{m}$, jusqu'à ce qu'elle commençât à fumer, ils
trouvèrent qu'à dépense égale ce genre de bec est bien
inférieur, comme pouvoir éclairant, au bec Carcel.

Ils trouvèrent comme loi générale que le pouvoir
éclairant augmente avec la largeur de l'orifice, et à
orifice égal avec la consommation, soit avec la pression, jusqu'à ce que la flamme atteigne la hauteur à
laquelle elle fume.

Pour un même gaz et un même orifice du bec, la
hauteur de la flamme d'un bec à trou unique est à
peu près directement proportionnelle à la consommation, et que pour des gaz différents et une même
hauteur de flamme, la consommation est en rapport
inverse du pouvoir éclairant.

### BEC A FENTE

Bien avant ces essais, on avait remplacé le bec à trou
par le bec à fente donnant des flammes plates. Ces
flammes présentent une surface plus grande, laissent
agir sur le gaz une plus grande quantité d'air, produisent dans la zone de combustion une plus grande quantité de chaleur, et portent ainsi à une très haute température les couches minces de l'intérieur de la flamme.

Cependant il y a certaines limites, il ne faudrait pas amincir outre mesure la flamme, parce qu'à partir d'une certaine pression, variable avec l'espèce de gaz, la séparation nécessaire du carbone ne pouvant pas se produire dans la flamme, on n'obtiendrait pas suffisamment de particules de carbone en ignition, et par suite pas assez de développement de lumière. De là la règle pratique, que dans les flammes plates on doit les amincir lorsqu'on brûle un gaz riche en carbone, et les rendre plus épaisses lorsqu'on emploie un gaz pauvre en carbone, ou, ce qui revient au même, l'ouverture du bec (fente ou trou) doit être plus étroite pour des gaz riches et plus large pour les gaz pauvres.

L'air atmosphérique, par diffusion et par le frottement du gaz contre l'air, pénètre dans la flamme, se mélange au gaz, et produit des effets préjudiciables ; il refroidit la flamme, et brûle une partie du carbone qui se dégage, avant qu'il ne soit arrivé à l'ignition. Le frottement étant en rapport avec la vitesse, et celle-ci avec la pression du gaz, il résulte que l'on a démontré par l'expérience que plus la pression est forte, plus désavantageuse est l'influence du mélange mécanique de l'air. Il est donc utile de brûler le gaz sous la pression la moindre, nécessaire seulement pour obtenir la stabilité de la flamme sous les courants d'air.

Audouin et Bérard ont fait des essais sur ces becs ; la meilleure forme est celle des becs à tête creuse ; les essais ont porté sur un des becs dont les dimensions du bouton variaient de 0,5 en 0,5$^{mm}$, depuis 4,5 jusqu'à 9 millimètres, et chaque sorte comprenait 10 pièces dont la fente variait de 0,1 en 0,1 depuis 0,1 jusqu'à 1 millimètre.

Il résulte que pour chaque gaz différent il y a une largeur de fente qui donne le pouvoir éclairant maximum. Pour Paris, la largeur de fente était 0,7 millimètre. Quant à la pression, pour obtenir le pouvoir éclairant le plus avantageux avec ce gaz et cette largeur de flamme, elle est de 2 à 3 millimètres.

On a cherché l'influence qu'exerce la largeur du tube du bec, on a trouvé qu'à chaque consommation correspond aussi un diamètre déterminé du tube du bec, avec lequel le maximum du pouvoir éclairant est obtenu.

Ils ont trouvé également que la largeur de la flamme variant, la hauteur reste presque constante, et que l'on peut élever la consommation du double sans que la hauteur de la flamme soit sensiblement changée.

### BEC MANCHESTER

Le bec à deux trous, dit bec Manchester, est percé de deux trous qui se rencontrent sous un certain angle; le gaz s'écoule d'après cela en deux jets qui se rencontrent directement au-dessus des trous et forment une flamme plate qui est perpendiculaire au plan déterminé par l'axe de ces trous.

Pour étudier ces becs, Audouin et Bérard ont employé deux becs à un trou qu'ils ont fixés sur des genouillères mobiles (fig. 244), de façon à pouvoir examiner isolément chacune des flammes et les rapprocher en les inclinant de façon à obtenir une flamme unique identique à celle fournie par le bec Manchester. Le maximum

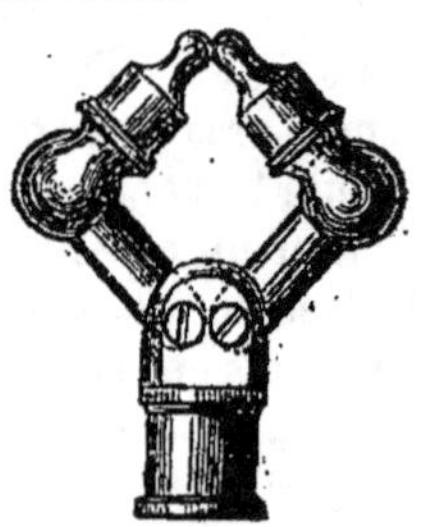

Fig. 244.

de pouvoir éclairant était obtenu avec les trous de diamètres moyens de 1,7 à 2 millimètres, avec une consommation de 200 litres à l'heure.

La pression la plus avantageuse était 3 millimètres.

Les becs fendus et de Manchester trouvent leur emploi dans l'éclairage des rues et, en général, là où ils sont exposés au vent. Pour des gaz riches en carbone, les becs à deux trous conviennent mieux que les becs fendus, dans le cas de pression variable, ils sont moins sujets que les becs fendus à une diminution de la grandeur de la flamme et de la consommation.

### BEC ARGAND

Dans ce genre de bec, la flamme a la forme d'un tuyau avec accès d'air à l'intérieur et à l'extérieur; il est formé par un anneau portant un grand nombre de trous d'où les flammes sortent et se réunissent immédiatement au-dessus des orifices pour se joindre l'une à l'autre en une seule flamme. Cette flamme est entourée extérieurement d'une cheminée en verre. La flamme monte cylindriquement, la flamme n'ayant besoin, ni de s'épanouir, ni d'avoir une stabilité propre, la pression de sortie du gaz n'est plus nécessaire, on peut en effet laisser échapper le gaz presque sans pression. Le verre formant cheminée, allonge la flamme et la protège contre les refroidissements extérieurs. L'accès d'air dans les becs Argand se fait par des ouvertures fixes, il résulte que le rendement de ce bec varie avec le gaz qu'il brûle.

S'il donne un bon rendement avec un gaz moyen, en y brûlant les gaz riches en carbone, l'oxygène n'arrive plus en quantité suffisante dans les parties inférieures de la flamme et ils fument.

Le bec Argand, formé primitivement d'un anneau percé d'un certain nombre de trous d'où sort le gaz, a subi des perfectionnements dans le but d'obtenir le meilleur rendement possible. On a cherché à diriger l'air contre la flamme, au lieu de la laisser monter verticalement entre le bec et la cheminée en verre; on a introduit un cône qui consiste en un entonnoir renversé dont le bord inférieur vient s'appliquer tout près du cylindre de verre et se rétrécit vers le haut, de manière à ce qu'entre son bord supérieur et le corps du bec il reste seulement un espace annulaire de 2 à 3 millimètres pour le passage de l'air. Tantôt le bord supérieur du cône se trouve au-dessous du bord supérieur du bec, tantôt au même niveau ou en dessous.

Ces dispositions des constructeurs ne sont quelquefois nullement justifiées.

Sugg a même divisé l'air en deux parties, une partie montant à l'intérieur de l'entonnoir et finalement horizontalement contre la partie inférieure de la flamme, l'autre partie s'élève par des trous entre le cône et le cylindre de verre et ne rencontre la flamme que plus haut. Le tirage à l'intérieur est régularisé par une pointe avec boule, de sorte qu'il ne reste pour l'air atmosphérique que l'intervalle entre cette pointe et le corps du bec, le bouton dirige l'air vers la flamme.

### BEC BENGEL

Bengel introduit, pour limiter l'accès de l'air au brûleur, un panier de porcelaine muni de trous, qui rend la flamme moins sensible aux courants d'air.

Audoin et Bérard ont étudié également divers modèles de becs Argand.

*Résultats.* — Le pouvoir éclairant d'un bec augmente avec le diamètre des trous jusqu'à 0,9 millimètre et avec la diminution de pression jusqu'à 1 millimètre. La loi est la même pour des becs à fente au lieu de trous. L'adjonction du panier donne une augmentation de 3 0/0 du pouvoir éclairant.

Le cône, par contre, le diminue; l'effet de ce cône dépendant de sa forme, ce résultat n'est pas général. Le rapport entre la quantité d'air admise à l'intérieur et à l'extérieur de la forme pour avoir le maximum de pouvoir éclairant varie avec la forme du bec. Il en est de même du rapport entre la quantité de gaz et la quantité d'air admise pour le brûler. Avec un bec donné pour le maximum de pouvoir éclairant, le premier rapport était de $\dfrac{3.5}{1}$ et le second à $\dfrac{7.5}{1}$

En résumé, plus un gaz est riche en carbone, plus devront être étroits les orifices d'écoulement. Les gaz riches en carbone doivent être brûlés avec une pression un peu plus élevée que celle employée pour les gaz pauvres. Avec le gaz riche, le bec Argand fume quelquefois, l'accès de l'air étant trop limité. Les gaz riches de Cannel doivent être brûlés avec des flammes libres.

Les becs à flamme libre donnent un pouvoir éclairant d'environ 20 à 25 0/0 moins grand que le bec Argand; avec des becs en stéatite à tête creuse, on obtient un pouvoir éclairant à peu près égal à celui du bec Argand.

Le bec Argand demande pour le gaz une pression de 2 à 3 millimètres.

Les becs à flamme libre plus de 3 millimètres.

Les becs Manchester plus de 3 à 4 millimètres.

La consommation donnant un bon rendement est pour le bec Argand ordinaire, de 100 à 125 ;

Pour les becs à flamme libre : 125 à 150 litres et au-dessus.

### BEC A RÉCUPÉRATION

S'appuyant sur les principes de la combustion indiqués par Davy, à savoir : qu'une flamme sera d'autant plus éclairante qu'elle sera plus étendue, tout en restant modérément épaisse ; on voit que les gaz riches en carbures lourds sont favorables à la production de la lumière.

La quantité de lumière émise par un corps incandescent augmente très rapidement avec la température, le rouge naissant correspondant à 500° et le blanc éblouissant à 1500°.

La relation entre les températures et les intensités lumineuses, n'est pas connue sous une forme simple, mais le fait est indéniable. On s'est demandé s'il n'y avait pas intérêt à chauffer préalablement le gaz, pour améliorer les conditions de la combustion. Mais un volume de gaz exigeant six volumes d'air pour se brûler, l'intérêt de ce chauffage est médiocre, il n'en est pas de même du chauffage de l'air.

### BEC CHAUSSENOT

Le premier bec à récupération date de 1836, il est dû à un Français, M. Chaussenot. La disposition originale du bec consistait à employer deux cheminées concentriques en verre forçant l'air qui ne peut arriver directement au bec, à circuler dans l'espace annulaire compris entre les deux cheminées, où il s'échauffe avant d'arriver au brûleur pour la combustion. On réalise ainsi une économié d'un tiers, et la flamme reste immobile, tant que. la pression dans le tuyau reste constante.

Cet appareil obtint une récompense de la Société d'encouragement ; toutefois, ce bec arrivait avant l'époque où l'on demandait un éclairage intensif et il fut abandonné.

Les becs intensifs ne furent recherchés à nouveau qu'en 1877-1878, au moment de l'apparition de la bougie Jablochkoff. On construisit alors des foyers formés de plusieurs becs papillon 6/10 conjugués, dépensant 1,400 litres et donnant la carcel pour 85 litres.

Les becs à récupération vinrent ensuite, en 1879.

### BEC SIEMENS

Frédéric Siemens présenta à cette époque un bec qui fut appliqué, en 1881, à Paris, place du Carrousel et place du Palais-Royal. Ce bec (fig. 245) est constitué par trois boîtes concentriques, A B C. Le gaz arrive par une tubulure inférieure sur laquelle se trouve un régulateur de pression F, et se répand dans la chambre A, d'où il monte jusqu'au bec

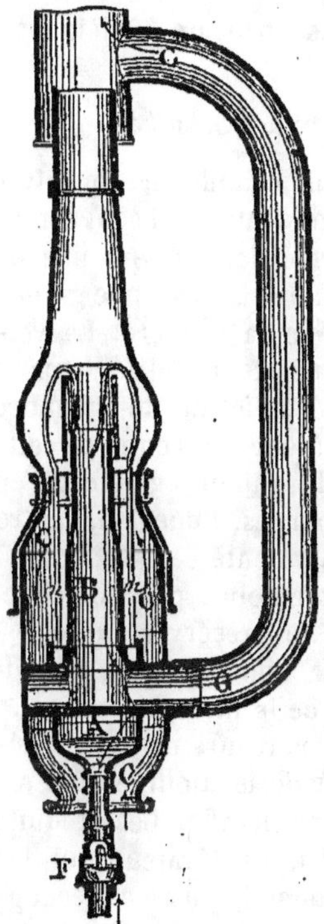

Fig. 245.

par les tubes verticaux *m*. La flamme est aspirée dans
la cheminée centrale B, et les produits de la combustion redescendent, en échauffant les parois de là
boîte C par laquelle arrive l'air extérieur. Ils s'échappent par une cheminée latérale O.

Le plus petit modèle consommait 300 litres avec
15 brûleurs, et le plus grand 2200 litres avec 32 brûleurs.

En 1883, M. Siemens a construit un modèle dit à
flammes plates.

### BEC PARISIEN (*ancien bec Schulke*)

Ce bec est constitué par un chandelier en cuivre
portant des becs papillons en stéatite qui sont conjugués. Le brûleur est enfermé dans une coupe en
cristal (fig. 246). La direction des fentes a une grande
importance au point de vue de la lumière. La verrine est surmontée d'un récupérateur, qui se compose
d'un plissé en nickel disposé en forme de cheminée
tronconique au-dessus du brûleur. Au centre de cette
cheminée, se trouve un obturateur également en
nickel G, composé de deux parties, l'une fixe, l'autre
mobile, pour être changée à volonté.

Enfin, ce récupérateur est entouré par une enveloppe d'amiante, destinée à le préserver du refroidissement et se termine par une cheminée débouchant à la partie supérieure de la lanterne.

Les flèches A indiquent le parcours de l'air pénétrant par les orifices de la galerie ajourée. Cet air
traverse le récupérateur et s'échauffe. Les produits
de la combustion rencontrent l'obturateur qui les
force à passer par les ondulations du plissé et s'échappent par la cheminée. Le courant d'air pénétrant par

B
B
B
C
D D
D D
F E
J
A
A
A
H
V
O
L M
N
Q
T S
R
S
Bec de Minuit
Ouvert
Veilleuse

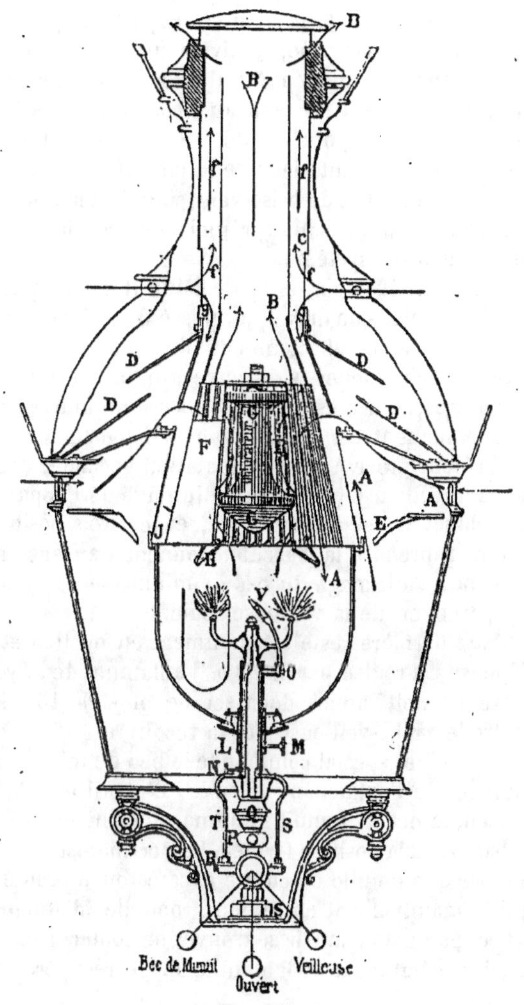

Fig. 246.

les orifices de la galerie ajourée à la partie supérieure
du dôme de la lanterne, se divise en deux courants :
l'un ascendant, augmente le tirage de la cheminée,
l'autre descendant se rend au bec. Les cônes D en
tôle plombée ont pour but de préserver de la pluie le
récupérateur et l'intérieur de la lanterne ; ils font en
même temps office de brise-vent pour éviter une arrivée d'air trop brusque préjudiciable au bon fonctionnement du système.

Enfin un réflecteur en porcelaine H est maintenu
par des crochets en nickel, au plissé du récupérateur.
E est un autre réflecteur en tôle émaillée.

Sur le chandelier se trouve un bec semblable
aux autres, ce bec est désigné « bec de minuit ». Son
fonctionnement est indépendant du fonctionnement
du brûleur grâce à une alimentation spéciale, destinée à la veilleuse qui sert à l'allumage de l'appareil.
Le robinet R est à trois voies, et les trois positions
que peut prendre la bascule, donnent lieu successivement à l'allumage du bec de minuit seul, de tout
l'appareil, ou de la veilleuse seule.

Cette dernière reste constamment en fonction et sa
dépense est réglée par la vis o. La flamme de la veilleuse ne doit jamais dépasser de plus de 15 millimètre le cache-veilleuse qui la recouvre.

Un robinet spécial commande le bec de minuit. Au
moment de l'extinction, on ouvre d'abord le robinet
spécial, le bec de minuit s'allume, on ramène ensuite
la bascule à la position fermée. La verrine est supportée par une douille en cuivre avec écrou à oreille L
qui la maintiennent entre deux rondelles d'amiante.
La coupe ne doit jamais se trouver en contact avec les
parties métalliques de la douille ou du récupérateur.

Pour nettoyer la coupe ou l'appareil, on ouvre la lanterne, on dévisse la vis de serrage M et la coupe descend le long du chandelier. Si ce dernier doit être sorti de la lanterne, il suffit de dévisser la vis de serrage M qui le maintient dans le cône de la partie fixe. Au-dessous du robinet se trouve un régulateur Giroud P, préservé de l'échauffement par un isolateur.

L'écrou S sert à fixer la lanterne sur le raccord du candélabre.

Ce bec se construisait pour des consommations de 200 à 1,000 litres à l'heure.

### BEC « L'INDUSTRIEL »

Le brûleur est analogue au précédent, ainsi que le régulateur et le robinet à trois voies. Les brûleurs sont enfermés dans une coupe en cristal presque sphérique et surmontée par le récupérateur construit entièrement en nickel. Il se compose de deux cylindres verticaux concentriques réunis par des tubes horizontaux disposés en quinconces et dont les emplacements sont alternés de façon à ce qu'ils forment chicane entre eux. Le cylindre intermédiaire est terminé à la partie supérieure par un tronc de cône. Enfin un troisième cylindre en cuivre, terminé par une partie tronconique, entoure ce cylindre intermédiaire avec lequel il est relié par deux cylindres dont les génératrices sont perpendiculaires à la surface du tronc de cône double. Il est surmonté d'une cheminée d'évacuation. Les trois cylindres intérieur, intermédiaire et extérieur sont entourés d'une enveloppe en cuivre. L'air extérieur pénétrant par les orifices des deux galeries ajourées de la lanterne, passe entre les deux enveloppes de cuivre, traverse les deux cylindres fixés au tronc de cône, arrive dans l'anneau cylindrique et descend jusqu'au bec après avoir circulé tout autour des tubes horizontaux au contact desquels il s'échauffe considérablement. Les produits de la combustion remontent dans le cylindre intérieur, passent dans l'intérieur des tubes, auxquels ils abandonnent une grande partie de leur calorique, arrivent dans le cylindre supérieur, d'où ils s'échappent par la cheminée, après avoir encore échauffé les tubes du haut autour desquels ils circulent. Un réflecteur est suspendu dans la coupe même au moyen de deux crochets attachés aux tubes horizontaux du récupérateur et un autre réflecteur relie la base du récupérateur et de la lanterne. La lanterne comporte également des cônes qui font office de brise-vent.

Ces becs se construisent pour des consommations de 350 à 1,400 litres à l'heure.

### BEC DELMAS

Le bec Delmas est un simple bec à papillon en stéatite monté sur chandelier en cuivre et enfermé dans une coupe ovale de même forme que la flamme. Cette coupe est fixée au chandelier par un joint fixe et étanche de façon à empêcher l'accès de l'air par le bas de la coupe. Celle-ci supporte le récupérateur qui est constitué par une cheminée centrale métallique d'une forme ovale et aplatie, entourée d'un plissé dont les ondulations multiplient les surfaces d'échauffement et qui s'arrête à 15 millimètres de la partie supérieure de cette cheminée. Le plissé lui-même est entouré d'une enveloppe sur toute sa hauteur, et c'est le bord inférieur de cette enveloppe qui repose sur la coupe de façon à empêcher toute ren-

trée d'air. Le tout est enveloppé d'un troisième tube
ovale qui fait saillie autour de la verrine de un centimètre environ. L'air pénètre dans l'espace annulaire
entre les enveloppes, arrive au sommet du plissé
à travers les ondulations duquel il redescend, et où il
s'échauffe avant d'arriver dans la coupe. Les produits
de la combustion remontent par la cheminée centrale, et la chaleur qu'ils communiquent aux parois
de cette cheminée se transmet au plissé et aux enveloppes successives du récupérateur. Le bec Delmas
se construit pour des consommations horaires de 90
et 140 litres.

La grosse difficulté était d'allumer ce bec sans ouvrir
la lanterne, tout en renonçant à la veilleuse. On essaya
d'abord un allumoir à insufflation d'essence enflam-
mée, mais les résultats pratiques ne permirent pas
de l'adopter. L'allumage se fait au moyen d'une étincelle électrique. Les piles et la bobine sont renfer-
mées dans une boîte que l'allumeur porte en sautoir.
Sur l'une des faces de la boîte sont fixées deux fiches
de prise de courant.

L'homme tient à la main une perche en bambou
à l'intérieur de laquelle passent deux fils conducteurs
qui montent le long des petits bois de la partie vitrée
et viennent aboutir à deux fils de platine montés sur
une pièce en bronze au-dessus de la cheminée centrale du bec.

Pour faire l'allumage, on relie d'abord les extrémités inférieures des fiches aux fiches de prise de
courant; on ouvre, au moyen d'un crochet transver-
sal de la perche, la bascule du robinet de gaz; on
introduit la douille de la perche dans la cloche en
porcelaine. En appuyant sur le bouton situé sur la

face supérieure de la boîte, le courant s'établit et l'étincelle qui se produit entre les fils de platine, à la partie supérieure de la cheminée centrale du récupérateur, détermine l'allumage.

### LAMPE CROMARTIE

Le brûleur (fig. 247) est constitué par un bouton en stéatite d'environ 10 millimètres de diamètre moyen ; il est fixé à l'extrémité d'un tube central F qui traverse la lampe dans toute sa hauteur et par lequel arrive le gaz. Le tube est fixé dans l'axe du récupérateur. Celui-ci se compose d'un cylindre en fonte A, percé à sa partie supérieure de 10 orifices circulaires latéraux, et autour duquel sont rangés dix tubes verticaux également en fonte B. Au dessus du récupérateur se trouve une embase surmontée d'une cheminée métallique. Les tubes verticaux sont enclavés à chacune de leurs extrémités entre deux plaques de fonte. La partie inférieure sert de base à un cylindre vertical C concentrique au cylindre A. Enfin l'extrémité inférieure du cylindre A est munie d'une rondelle réfractaire. Le cylindre extérieur C est enclavé dans une couronne en fonte qui est percée de trente-deux trous de 4 millimètres 1/2 de diamètre et qui supporte le porte-verrine avec la charnière et le levier de manœuvre. La coupe est cylindrique et terminée par une demi-sphère. La rondelle réfractaire, outre qu'elle préserve la partie inférieure du cylindre, assure la répartition des produits de la combustion sous les tubes verticaux du récupérateur. Enfin l'air pénétrant dans les trous de la couronne en fonte descend dans la verrine qu'il rafraîchit et dont il empêche la casse par suite d'une température

7.

trop élevée. L'air extérieur pénètre dans la lampe
par les orifices de l'enveloppe métallique extérieure,
passe dans les vides laissés entre eux par les cylin-

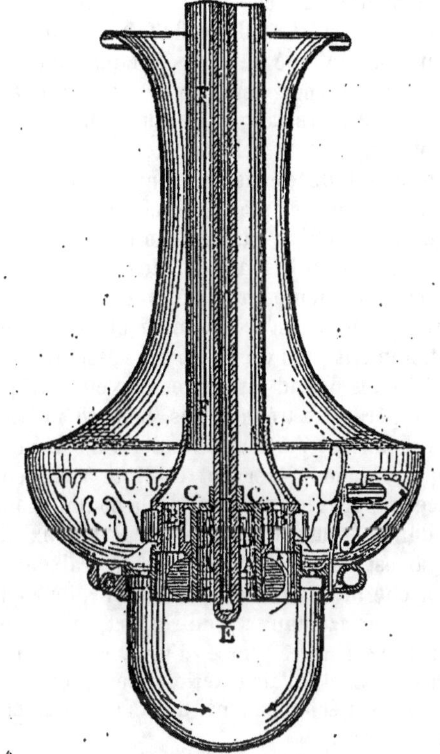

Fig. 247.

dres verticaux, et descend dans la chambre centrale A
par les orifices de la partie supérieure de cette cham-

bre. Il arrive ainsi considérablement chauffé au brûleur, par son passage au contact des différents organes que les produits de la combustion, remontant
dans la cheminée en traversant les tubes C, portent
à une température élevée.

Cette lampe a été modifiée heureusement. Le récupérateur est composé de deux cloches concentriques
en fonte réunies par deux conduits horizontaux de
section presque rectangulaire dans laquelle passe
l'air froid arrivant du dehors. Les produits de la combustion, avant de s'échapper par la cheminée qui
surmonte la cloche extérieure, circulent autour des
conduits horizontaux qu'ils échauffent, et l'air pénétrant par ces tubes arrive ainsi dans la cloche
intérieure à une température élevée.

Ce récupérateur est très simple et très robuste. Il
est entièrement venu de fonte, sans assemblages toujours difficiles quand les pièces doivent être portées
à des températures très élevées. Le bord inférieur du
cylindre intérieur porte une rondelle en terre réfractaire qui tout en préservant la fonte à laquelle elle
est fixée, répartit les produits de la combustion et les
dirige dans l'espace annulaire entre les deux cloches.

Le gaz est amené par un tube central dans l'axe
de la cloche intérieure jusqu'à un brûleur en stéatite à jets horizontaux ; d'autre part, le cercle supportant la verrine est percé d'un certain nombre de
trous permettant à l'air extérieur de descendre dans
la verrine. On échappe ainsi à un échauffement trop
grand du verre.

### LAMPE WENHAM

Le brûleur des lampes Wenham est un brûleur
Argand à double courant d'air. Les trous sont au

nombre de 50 et leur diamètre est de 1 millìmètre 1/2.
La figure 248, qui donne la coupe verticale d'une

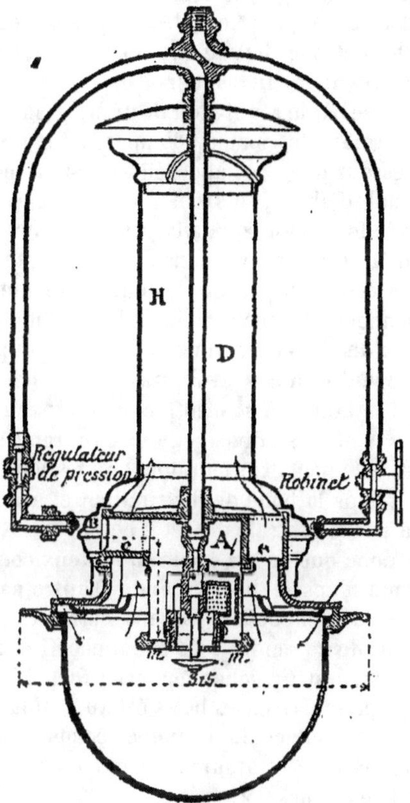


Fig. 248.

lampe Wenham, montre la disposition de ce brûleur A
avec la boîte de distribution B de l'air chaud et du

gaz. Ce dernier est amené au brûleur par un conduit central D qui sert en même temps de suspension pour les modèles de grosse consommation autres que ceux en forme de lyre. Les tôles perforées J sont en nickel ; elles ont pour but de tamiser l'air et d'assurer son arrivée régulière au brûleur.

Le gaz passe par le régulateur destiné à assurer une pression normale de gaz dans l'appareil. Le gaz arrivant en dessous dans cet appareil, il est nécessaire qu'il descende d'abord, puis remonte pour redescendre une seconde fois avant son arrivée au brûleur.

Le brûleur est enclavé dans le récupérateur C. Celui-ci est constitué par un cylindre en fonte dans lequel viennent déboucher six tubes cylindriques horizontaux disposés en rayons. L'air extérieur arrive dans les cylindres après avoir traversé la tôle perforée I qui le tamise à son entrée et se répand dans le cylindre A où il se divise en deux courants : l'un descend directement extérieurement au brûleur, l'autre se rend dans la boîte de distribution et arrive au bec par la partie centrale de cette boîte.

On voit donc que le gaz brûle entre deux courants d'air comme dans le bec Argand. D'autre part les produits de la combustion passant entre les cylindres C avant de se rendre à la cheminée H qui surmonte le récupérateur, échauffent ces tubes. L'air qui les traverse pour arriver au bec s'échauffe ainsi notablement à leur contact. La bonne direction des courants d'évacuation est assurée au moyen des enveloppes en tôle de nickel J.

La partie inférieure de la boîte B, soumise continuellement à l'action de la flamme, est protégée par un anneau de porcelaine blanche très dure et très résistante. Enfin à un centimètre environ au-dessous du brûleur se trouve fixé à la tige centrale un petit disque perforé en nickel légèrement bombé et qui a pour but d'épanouir la flamme. Le récupérateur, qui est tout en fonte, supporte le porte-verrine, et pour assurer l'étanchéité de ce joint on place entre le verre et la fonte un cordon d'amiante.

Sur le bord extérieur du porte-verrine sont ménagés vingt-deux trous de 3 millimètres de diamètre par lesquels arrive l'air extérieur dans la verrine afin de la garantir contre une trop grande élévation de température. Enfin un réflecteur en fonte ou tôle émaillée blanc est fixé à la base du récupérateur.

Ce modèle a été modifié et il est maintenant beaucoup plus simple et plus robuste. Le brûleur est un bouton en stéatite, formé de deux calottes sphériques juxtaposées et dont la couronne est percée d'un certain nombre de trous. Ce brûleur est vissé à l'extrémité de la tige d'arrivée du gaz qui sert en même temps à suspendre l'appareil.

La boîte de distribution est supprimée, et le récupérateur entièrement venu de fonte, se compose de deux cylindres concentriques réunis par des conduits parallélipipédiques de section presque carrée, inclinés sur l'axe des cylindres. Ces conduits remplacent les tubes cylindriques qui existaient dans le modèle précédent.

Le fonctionnement du récupérateur est le même. Le brûleur est placé dans l'axe un peu au-dessous du bord inférieur du récupérateur, et de plus le cylindre inférieur est fermé par une tôle perforée de façon à amener une arrivée régulière de l'air chaud.

L'enveloppe extérieure de la lampe peut être

nickelée, bronzée ou recouverte de céramique dé-
corée.

Il y a un modèle dit « l'Etoile », qui est disposé
de façon à être vissé sur un appareil quelconque.

Les lampes Grégoire et Godde, Sée, Ezmos se
rapprochent beaucoup comme disposition des lampes
Wenham, nous n'en dirons pas plus long.

### LAMPE DANISCHEWSKY

Le modèle primitif fut une des premières lampes
à récupération de construction française.

Elle est caractérisée par l'absence de tout bec. Le
brûleur est un tube vertical à l'extrémité duquel le
gaz vient déboucher à gueule bée, et où il rencontre une tige faisant partie du récupérateur et qui
fait épanouir la flamme. La verrine, que traverse le
tube d'arrivée du gaz, est supportée par une petite
colonne métallique reposant sur un ressort à boudin
entourant le tube vertical et soutenu par une sur-
épaisseur du chandelier d'où partent deux tiges cin-
trées supportant un cercle sur lequel vient poser le
récupérateur. Celui-ci est constitué par un tube ou
chambre centrale, dans lequel viennent déboucher
huit canaux horizontaux, affectant la forme de caissons parallélipipédiques plats, disposés en rayons. Il
est entouré d'une enveloppe extérieure en tôle de
cuivre, comme tout le récupérateur, surmontée d'une
cheminée en verre.

L'air froid pénétrant par les orifices circulaires ménagés à la partie supérieure de la boîte extérieure,
pénètre dans les conduits affectant comme il vient
d'être dit la forme de caissons parallélipipédiques
plats, ouverts sur toute leur hauteur, et se divise en

deux courants. L'un descend dans la chambre centrale, et de là se rend au brûleur; l'autre revient dans l'espace annulaire entre les caissons et l'enveloppe extérieure, et descend dans la coupe, où il se répand sous la flamme. Les produits de la combustion remontent par les secteurs que laissent entre eux les conduits, autour desquels ils circulent et qu'ils échauffent considérablement. La coupe en terre réfractaire, fixée à l'extrémité inférieure de la chambre centrale, a pour but de répartir les produits de combustion, et, de plus, la terre réfractaire rapidement portée au rouge contribue encore à augmenter le rendement lumineux de la lampe.

La lampe Danischewsky a été modifiée pour être placée dans une lanterne de ville en vue de son application à l'éclairage public. Le modèle décrit plus haut a été également, tout en conservant le même principe, simplifié. Nous ne pouvons le décrire faute de place.

### BECS DITS INVERSEURS RÉCUPÉRATEURS

Les inverseurs récupérateurs de M. Baudrept ont été étudiés en partant de ce principe qu'il est nécessaire pour obtenir le maximum de pouvoir éclairant que le gaz sorte avec une très faible vitesse et que la combustion s'opère au repos relatif. Il faut en même temps procéder à un échauffement préalable de l'air avant son introduction dans la flamme. Dans ce but, on peut renverser les courants d'air d'alimentation et annuler par frottement la poussée de bas en haut inhérente aux appareils en usage.

L'inverseur se compose (fig. 249) en principe d'un ajutage tronconique A s'adaptant sur la prise d'air

intérieure d'un bec Argand par exemple. L'ajutage
est recouvert par un chapeau plissé C qui renverse
le courant d'air appelé au centre de la flamme et le

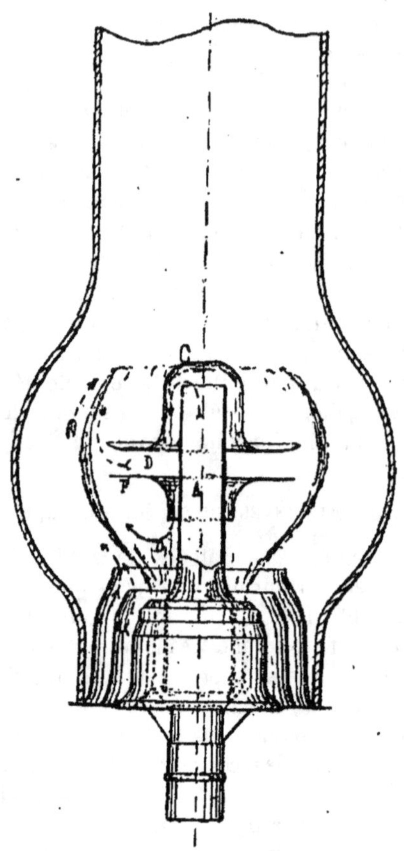

Fig. 249,

dirige de haut en bas sur la nappe en ignition. Ce courant s'oppose au mouvement ascensionnel du gaz,

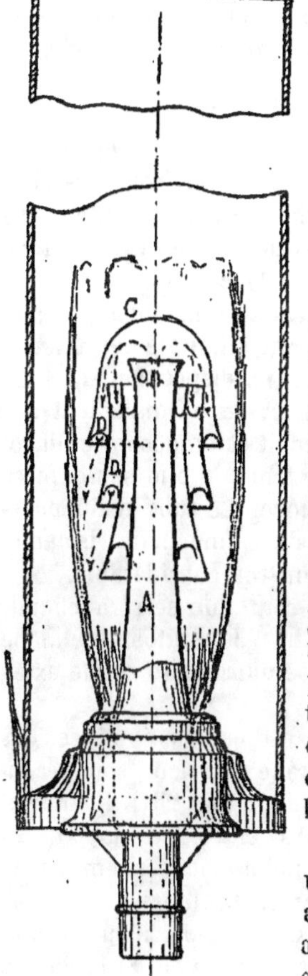

Fig. 250.

et les mouvements de l'air et du gaz se faisant en sens inverse, la combustion se fait à la plus basse pression possible. Il suffit de placer le chapeau à la hauteur convenable pour que l'air, en descendant, traverse toute la flamme.

En dessous du chapeau C se trouvent plusieurs compartiments concentriques formés également par des plissés, et par lesquels l'air, débouchant en O, se distribue en quantités déterminées suivant le régime de combustion adopté dans chaque cas et d'après les conditions de maximum de rendement pour les différentes hauteurs. On diminue l'étendue de la zone bleue ou de préparation au profit de la zone éclairante.

La figure 250 montre une disposition d'inverseur appliqué à un bec droit avec flamme en tulipe. Le chapeau C est à ailes droites et légèrement relevées à leur extrémité, et formant avec le double F un canal annulaire D, par lequel l'air chaud débouche dans la flamme qui l'entraîne à la partie supérieure où la combustion se poursuit en fournissant une lumière très blanche.

## LAMPE GASO-MULTIPLEX

Cette lampe est représentée fig. 251; le rayon d'intensité maximum est relevé à 54° environ vers l'horizon, la flamme est en forme de tulipe. Cette configuration de la flamme est due à la position relative du brûleur qui est à une distance assez grande de l'orifice de la tubulure centrale amenant l'air extérieur. D'autre part la toile métallique émerge fortement de la tuyère centrale. La disposition du tube d'arrivée de l'air fait qu'il arrive normalement sur la nappe lumineuse, l'infléchit et empêche le filage.

Le récupérateur est en fonte, d'une seule pièce et fait corps avec la cheminée. Le tube d'alimentation du gaz est enfermé dans une gaine isolante, pour éviter un échauffement trop considérable.

Le brûleur, le réflecteur sont l'un serré à chaud, l'autre vissé sur le bord du récupérateur. Le globe repose librement sur l'assise tournée du cercle extérieur.

L'armature de la lampe est en tôle émaillée. Les lampes destinées à l'éclairage extérieur sont recouvertes d'un fourreau métallique (fig. 251). L'air froid entre par le vide annulaire O entre l'enveloppe B et la capuche H. Les flèches indiquent le chemin parcouru par l'air pour arriver au brûleur.

Si la vitesse de l'air est très grande, il suit le chemin des flèches côté gauche de la coupe. Si la vitesse est faible, il suit le tracé des flèches côté droit. Les produits de la combustion sortent par les orifices dentelés O' du chapiteau D.

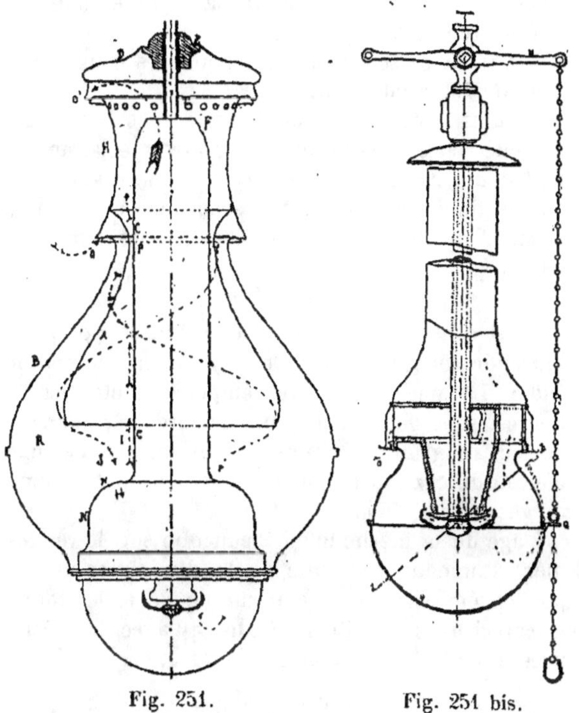

Fig. 251.      Fig. 251 bis.

La fig. 251 bis représente une lampe Gaso-Multiplex à globe suspendu oscillant. La coupe est suspendue par deux pivots vissés dans le réflecteur bombé et permettant à la coupe de basculer pour s'ouvrir comme le montre la ligne pointillée $xx'$ quand on veut faire l'allumage. Ce mouvement de bascule s'obtient du même coup que l'ouverture du robinet à gaz en tirant sur la chaînette S, qui actionne le bras du levier M et saisit au passage le taquet Q fixé au rebord de la coupe.

Les modèles se construisent pour des consommations de 160 à 600 litres.

Il nous reste maintenant à parler des becs dits à incandescence dans lesquels le pouvoir éclairant de la flamme est obtenu au moyen d'une matière incombustible portée à l'incandescence par une flamme à gaz. Nous trouvons dans ce genre les becs suivants.

### BEC SELLON

Il est constitué par un brûleur Bunsen portant à l'incandescence une mèche en toile de fils de platine iridié. La mèche doit être remplacée toutes les 50 heures, sans quoi la flamme d'abord très blanche devient rougeâtre. De plus il faut que le mélange d'air et de gaz soit toujours exactement de 1 volume de gaz pour 5,7 d'air.

L'âge de la mèche influe beaucoup sur le rendement lumineux par suite de la diminution de son pouvoir émissif: avec une mèche neuve, le bec donne la carcel avec 75 litres, tandis qu'avec la mèche usée, il faut 130 litres pour l'obtenir.

### BEC CLAMOND

L'ancien type Clamond se composait d'un bec circulaire à trous et à double courant d'air, dont la flamme portait à l'incandescence un panier P de magnésie filée posé sur le bec.

Cet appareil, enfermé dans un verre formant cheminée, entouré d'une deuxième verrine fermée par le bas. L'air, avant d'arriver au brûleur, était forcé de passer entre les deux verrines au contact desquelles il s'échauffait. Ce genre d'appareils ne se construit plus depuis 1889. La société l'Energie remplaça le bec à double courant d'air, par une double série de petits brûleurs de Bunsen enfermés dans une boîte cylindrique sur laquelle repose la mèche.

On construisit également un bec à récupération de chaleur et à flamme renversée dans lequel le brûleur était encore une série de tubes de Bunsen alimentés par de l'air ayant traversé le récupérateur de chaleur.

La corbeille est suspendue sous le récupérateur et elle brûle dans une verrine analogue à celle des lampes à récupération ordinaires.

### BEC AUER

Ce bec, imaginé en 1885 par le docteur Auer von Welsbach, se compose d'un bec Bunsen portant à l'incandescence un manchon formé d'oxyde de thorium et d'yttrium. Pour obtenir cette mèche, on la construit d'abord en mailles de coton ou en tulle et on la trempe dans une solution de nitrate desdits oxydes. Ensuite on y met le feu après lui avoir donné la forme désirée au moyen d'un manchon en bois. Le coton brûle et il reste un manchon de matières incombustibles ayant l'aspect d'une gaze légère.

Ce mode de fabrication explique la fragilité des manchons, mais la fabrication actuelle a augmenté beaucoup leur solidité. Dans le bec Auer l'air est mélangé au gaz dans la proportion de 50 à 60 0/0. Le manchon est suspendu à un anneau fixé à un support métallique au-dessus de la flamme et entouré d'un verre pour produire le tirage nécessaire.

L'appareil est représenté figure 252. Le manchon peut brûler de 600 à 1,000 heures. La dépense moyenne est de 20 à 21 litres par carcel pour le type n° 1 qui brûle 80 à 85 litres ; et de 19 à 20 litres par carcel pour le n° 2 qui consomme 115 à 120 litres.

Quelques inventeurs ont eu l'idée d'appliquer le principe de l'incandescence aux becs à flamme plate brûlant à l'air libre ; pour cela ils suspendent dans la flamme qui brûle, une matière irradiante constituée par des fils végétaux imprégnés d'oxydes éclairants et sertie entre deux fils de platine tordus. Ces essais n'ont pas donné lieu jusqu'ici à des becs bien pratiques.

Les becs à incandescence sont employés maintenant pour l'éclairage public. Pour l'éclairage, on emploie des dispositifs spéciaux,

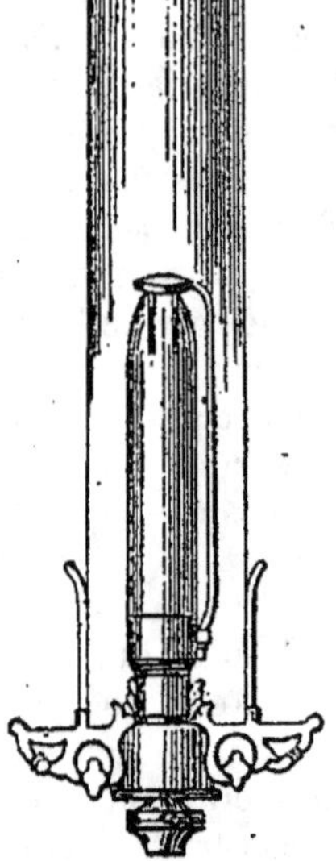

Fig. 252.

entr'autres la cuillère, qui consiste en un conduit qui fait communiquer le haut de la lanterne avec l'extérieur et qui se termine de ce côté par un évasement sous lequel on applique l'allumoir.

M. Brouardel a inventé un système d'allumage électrique très ingénieux.

### BEC A INCANDESCENCE AVEC INSUFFLATION D'AIR

M. Denayrouse a appliqué au bec Auer, le système qui constituait le bec Clamond. Dans un bec on employait de l'air à une pression de plusieurs mètres d'eau venant d'une canalisation spéciale. M. Denayrouse se contente aujourd'hui de pousser de l'air dans le bec sous une pression insignifiante au moyen d'un ventilateur de toutes petites dimensions installé sous le bec lui-même.

Ce ventilateur est actionné par un tout petit moteur électrique, qui ne demande qu'un courant insignifiant. La dépense d'électricité pour un bec de 40 carcels est de 0,13 watts, et la dépense en gaz par carcel est d'environ 8 litres. M. Denayrouse ajoute encore d'autres avantages à son bec :

1° L'allumage automatique au moyen du courant qui actionne le petit moteur ; 2° la suppression de la cheminée en verre, qui constitue une économie sérieuse et une simplification sensibles ; 3° inaltérabilité du manchon sous la pluie.

Depuis, M. Denayrouse a trouvé une disposition spéciale des ajustages d'arrivée de l'air, qui forment trompe et opèrent le mélange d'air et de gaz ; il a pu supprimer le moteur électrique et rendre pratique l'emploi de ce bec.

### BEC L'ALBO CARBON

Il est constitué par un bec à trou, dit Manchester, brûlant devant une boule métallique à laquelle est relié le tuyau d'alimentation du gaz et qu'on remplit aux deux tiers environ avec des cristaux de naphtaline épurée désignée sous le nom Albo Carbon.

Le gaz, avant d'arriver au bec, traverse la boule et se charge de vapeurs de naphtaline. Le bec échauffe une petite plaque horizontale qui transmet par conductibilité, à la boule, une certaine quantité de chaleur destinée à faire fondre la naphtaline qui fond à 80°.

De plus, cette plaque est mobile horizontalement autour d'un axe vertical, ce qui permet d'augmenter ou de diminuer à volonté la surface soumise à l'action de la flamme et par suite la quantité de chaleur transmise à la naphtaline.

Il est en effet nécessaire de pouvoir régler la carburation, qui dépend beaucoup de la température de la boule et qui varie avec la température extérieure, le nombre d'heures du fonctionnement du bec, etc.

Pour diminuer la main-d'œuvre importante nécessitée par l'allumage des becs de ville, on a imaginé un grand nombre de systèmes.

Quelques-uns sont fondés sur les différences de pression que l'on donne au gaz au moment de l'allumage et au moment de l'extinction.

Le système Flurscheim se compose d'une cloche de gazomètre qui se meut dans une cuve en fer pleine de mercure.

Cette cloche se soulève sous une différence de pression de trois centimètres, et porte un cylindre creux qui la suit dans son mouvement ; ce cylindre porte des ouvertures qui se déplacent devant d'autres ouvertures d'un manchon qui l'entoure.

Il forme une sorte de tiroir. On règle la pression nécessaire pour ces manœuvres à l'aide de leviers et de contrepoids mobiles. Il y a constamment un petit bec veilleuse qui brûle et met le feu au gaz, au moment où celui-ci sort par le bec ; le bec veilleuse s'éteint alors et est rallumé au moment où le bec va s'éteindre.

On s'est servi aussi de l'électricité pour allumer les lanternes publiques, pour éviter l'usage des perches portant des lampes qui s'éteignent souvent. La perche contient une petite pile au chlorure d'argent, et lors de l'introduction de l'extrémité de la perche dans la lanterne, l'allumeur presse sur un bouton et fait rougir un fil de platine qui allume le gaz.

Dans un autre système, le boisseau du robinet est percé d'un petit trou, qui laisse échapper une petite quantité de gaz, lorsque le robinet est à moitié ouvert. Dans cette même position du robinet, le conflagrateur, placé dans la cavité où débouche ce trou, est mis en action par un courant électrique, la petite quantité de gaz qui s'échappe du trou, s'enflamme et vient allumer le véritable bec qui est au-dessus et qui est, à ce moment, légèrement ouvert.

En ouvrant davantage le robinet, le trou se trouve bouché et le conflagrateur cesse de fonctionner.

L'ouverture et l'interruption du courant se produisent au moyen d'une came fixée à l'extrémité de la clef du robinet et tournant avec elle. Elle est légèrement biaise, comme une aile d'hélice, de manière à prendre à droite ou à gauche un ressort de cuivre, selon qu'on ouvre ou qu'on ferme le robinet.

En ouvrant, la came chasse le ressort contre l'extrémité d'un des conducteurs du conflagrateur, et ce ressort étant en communication avec l'un des pôles d'une pile, le courant passe et va au fil de platine qui rougit, l'autre pôle étant constamment en communication avec un crochet isolé de la masse. Lorsqu'on ferme le gaz, le ressort est pressé en sens inverse, et la pile ne fonctionne pas.

# CHAPITRE XV

## COMPTEURS A GAZ POUR ABONNÉS

S. Clegg, en 1815, fit breveter un compteur qui se composait de deux petits gazomètres, reliés à une espèce de fléau de balance, de telle sorte que, lorsque le gaz soulevait par sa pression l'une des cloches sous lesquelles il arrivait, il forçait l'autre à descendre et à envoyer aux becs le gaz qu'elle contenait. Chaque cloche communiquait avec le tuyau qui amène le gaz et avec celui qui le conduit aux becs. Mais au moyen de soupapes, chacune des cloches ne pouvait être alternativement en communication qu'avec le tuyau d'arrivée ou le tuyau de départ. C'était le mouvement même des cloches qui mettait ces soupapes en mouvement.

La contenance des cloches étant connue, et chacune de leurs ascensions étant marquée sur un ou plusieurs cadrans par un mouvement d'horlogerie, le gaz se trouvait mesuré. Il résultait de ce mouvement alternatif des cloches, des oscillations dans la flamme des brûleurs et une grande irrégularité d'éclairage.

Clegg, en 1816, inventa le compteur employé aujourd'hui, et perfectionné.

Cet appareil consiste, en principe, en un récipient cylindrique, un tambour divisé en compartiments ou chambres, tourne dans l'eau, de telle manière que les chambres qui sortent au-dessus de l'eau se remplissent de gaz pour se vider ensuite en s'enfonçant dans l'eau (fig. 253 et 254).

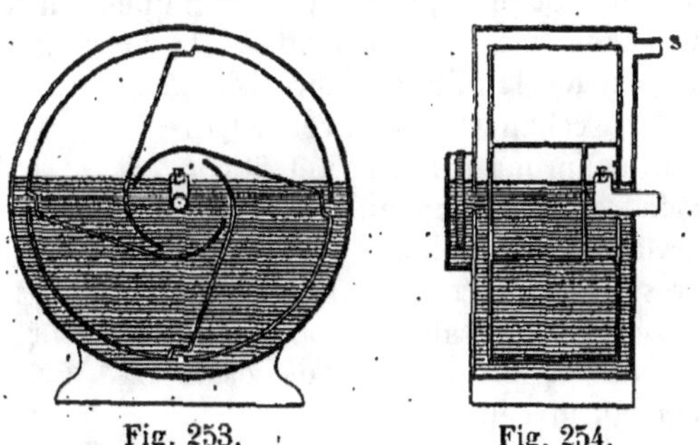

Fig. 253. Fig. 254.

Depuis, l'on a apporté à ces appareils des perfectionnements pour en obtenir un mesurage exact et pour en faciliter la fabrication, comme nous allons le voir.

### COMPTEUR CROSSLEY

Crossley fut le premier qui déplaça les ouvertures d'entrée et de sortie en forme de fentes, et les reporta sur les deux plaques de fond du tambour, ce qui conduisit à donner aux cloisons une position oblique par rapport à l'axe ; il diminua ainsi la pression nécessaire pour opérer la rotation. Le tuyau d'entrée, en forme de U (fig. 255 et suiv.) n'était plus introduit dans le tambour même, mais dans une chambre antérieure formée par un fond voûté en forme de segment sphérique.

Il ajouta l'avant-corps dans lequel débouchait l'une des branches du siphon, et qui renfermait une soupape à flotteur.

### COMPTEUR EDGE

Thomas Edge jugeant avec raison que l'orifice disposé sur le côté droit pouvait, si la vis n'était pas mise pendant la mise en charge du gaz, permettre à l'eau de s'échapper et déniveller l'appareil, supprima cet orifice et fit correspondre le niveau au point d'affleurement du siphon, et disposa un réservoir (fig. 255) pour recueillir l'eau qui envahissait le siphon sous l'influence de la pression et des oscillations du niveau de l'eau.

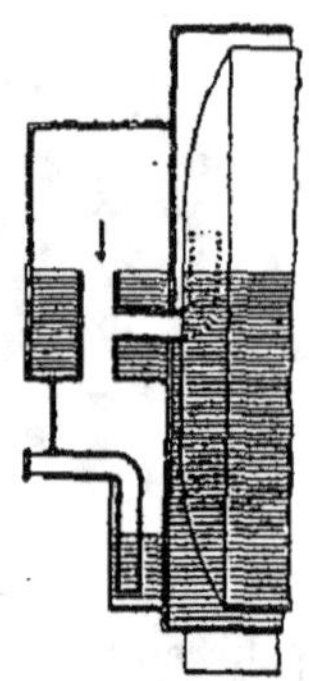

Fig. 255.

Depuis on adopta la disposition suivante pour le réglage du niveau : le régulateur de niveau est fixé provisoirement dans l'avant-corps et le niveau normal s'obtient en le faisant monter ou descendre, jusqu'à ce que l'instrument soit exact : il faut pour cela ménager à la hauteur du trop-plein une échancrure assez prononcée qui permette à l'essayeur de régler la ligne de niveau ; c'est seulement après cette opération que le disque en métal qui recouvre l'échancrure est définitivement soudé.

Au lieu d'un manchon à vis, Scholefield employa un simple tuyau en plomb recourbé et muni d'une anse en fil de fer, servant, avec l'aide d'un crochet, à le fixer à la hauteur convenable ; cette disposition est adoptée maintenant dans tous les compteurs.

### COMPTEUR HEMMING

On a cherché à avoir un niveau constant parce que le gaz qui passe à travers le compteur entraîne de

8.

l'eau. Hemming introduisit un dispositif à fontaine intermittente avec réservoir extérieur. La Compagnie Parisienne obtint le même résultat par la division de la boîte carrée en deux compartiments, l'un formant le réservoir d'alimentation, et l'autre le régulateur soumis à la pression du gaz d'arrivée; un tube flexible, analogue à celui déjà décrit, les mettait en communication et permettait le réglage lors de l'essai.

### COMPTEUR CROSSLEY ET GOLDSMITH

Crossley et Goldsmith obtenaient le même résultat en faisant alimenter le compteur au moyen de deux cuillères fixées à un arbre creux, mis en mouvement par le volant, et puisant alternativement une certaine quantité d'eau dans un réservoir spécial, qu'elles versaient ensuite dans le compteur, un tuyau de trop plein ramenait l'eau dans ledit réservoir.

D'autres dispositions ont été essayées pour rendre le mesurage indépendant du niveau d'eau. Clegg avait inventé un compteur à volant flotteur; Gilbert Sanden et Edward Donovan un compteur à flotteur compensateur, la pratique n'a pas ratifié ces dispositions, ingénieuses mais qui rendent ces appareils délicats.

On emploie aujourd'hui pratiquement les systèmes suivants:

### COMPTEUR WARNER ET COWANN

Ce volant en contient un autre à l'intérieur (fig. 256 et 257) dont la longueur est moitié moindre, les ailettes sont disposées en sens inverse et le cylindre dépasse la ligne de niveau d'environ deux centimètres. En sorte que si l'eau vient à baisser, le volant auxiliaire reçoit du gaz qu'il fait revenir dans la calotte, pour qu'il soit mesuré à nouveau par le volant principal.

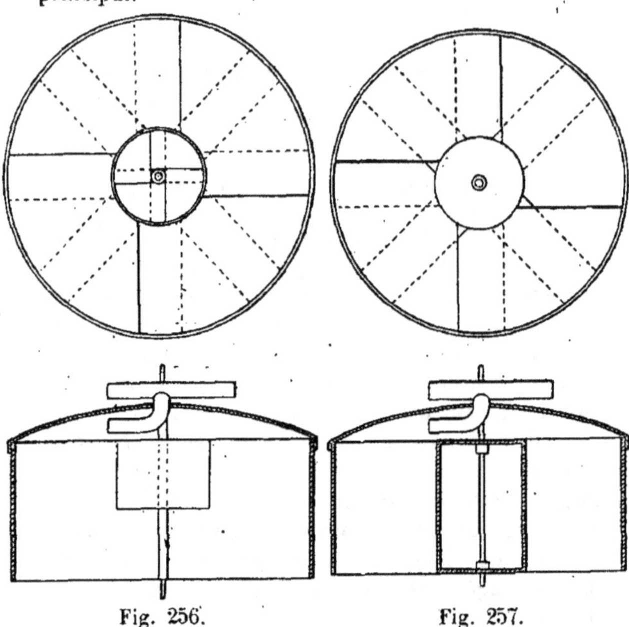

Fig. 256.          Fig. 257.

La fabrication de ce compteur est d'un prix un peu plus élevé et il absorbe un peu plus de pression que le compteur ordinaire.

## COMPTEUR SIRY-LIZARD

Cet inventeur a cherché à rendre le mesurage indépendant du niveau du compteur, entre les limites admises, fermeture de la soupape et niveau normal fixé par le trop plein. Le principe consiste à renvoyer dans un autre compartiment du volant le gaz qui se trouve en trop dans l'aube qui mesure, au lieu de l'envoyer au bec (fig. 258 et 259).

On obtient ce résultat au moyen de quatre chambres en forme de gouttières à fond plat accouplées deux à deux et faisant communiquer les aubes du volant. Les gouttières 1 et 3 accouplées ensemble font communiquer les aubes 1 et 3, la gouttière ou chambre n° 1 prenant du gaz dans l'aube n° 1 pour le conduire dans l'aube n° 3, et la gouttière n° 3 prenant du gaz dans l'aube n° 3 pour le conduire dans l'aube n° 1. Les gouttières 2 à 4 accouplées pareillement font communiquer les aubes 2 et 4 de la même manière.

Par la révolution du volant, chaque fois qu'une de ces chambres arrive à la surface de l'eau, le gaz dont elle est remplie se trouve emprisonné en quelque sorte par le plan d'eau, et se déverse par l'autre extrémité du volant, qui émerge également au-dessus de l'eau.

Il est évident que plus le niveau s'abaissera, plus cette chambre compensatrice prendra du gaz et en renverra dans l'autre compartiment ; or si le volume de gaz compris entre deux plans d'eau parallèles dans la chambre compensatrice est égal au volume compris dans les mêmes plans dans l'aube mesurante, il est clair que, quel que soit l'abaissement d'eau, la chambre compensatrice enlèvera toujours la quantité de gaz qui se trouvera en trop dans l'aube mesurante, et qu'il y aura toujours par là une exacte compensation au point de vue des mesures.

Ce compteur fonctionne très bien, et, bien fabriqué, n'absorbe pas plus de deux à trois millimètres de pression.

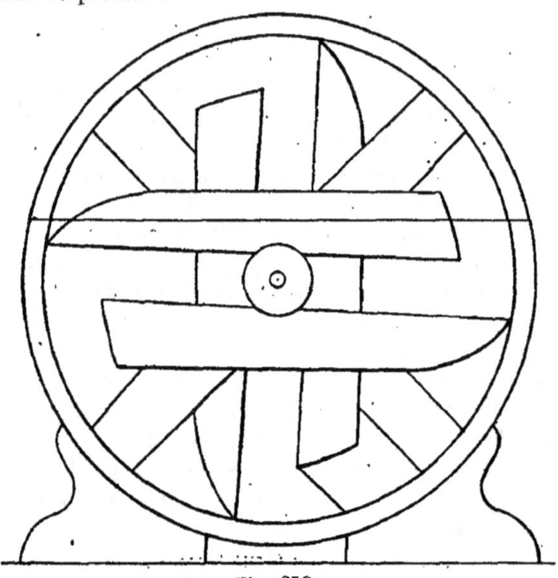

Fig. 258.

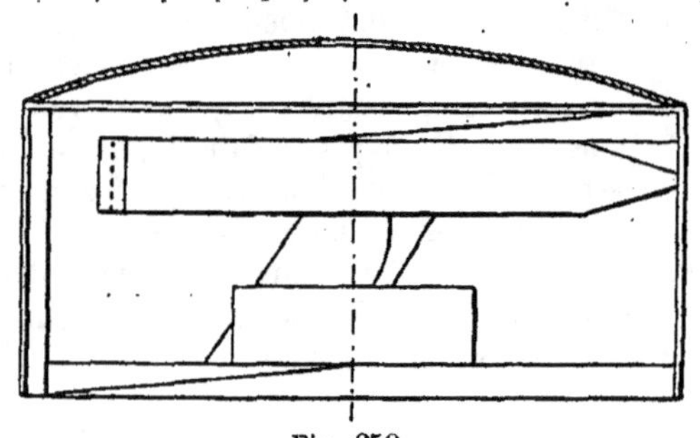

Fig. 259.

## COMPTEURS A SATURATION PRÉALABLE

Le gaz courant des conduites qui est à la température moyenne de 12°, contient de 3 à 6 grammes de vapeur d'eau par mètre cube, et son point de saturation correspond à 10 grammes environ. C'est pourquoi il emporte une certaine quantité d'eau des compteurs.

John Reed, en 1861, imagina de mettre le gaz en contact avec l'eau avant son passage dans le compteur, au moyen d'une bâche placée à la base du compteur, avec des chicanes, pour *augmenter le contact du gaz et de l'eau.*

En France, M. Rouget réédita cette disposition, mais supprima la bâche inférieure, il utilisa la boîte cylindrique du siphon et la transforma en une bâche à saturation.

En fait, ces systèmes sont peu employés.

## COMPTEUR AVEC RÉGULATEUR DE NIVEAU
### DANS LA BOÎTE DE TROP PLEIN

Le compteur poinçonné à Paris depuis l'arrêté préfectoral du 26 août 1866, n'a pas seulement l'inconvénient de soumettre le mesurage du gaz aux variations de niveau de l'eau, il a encore celui qui résulte de l'obligation d'introduire de l'eau en excès dans le compteur pour en opérer le nivéllement, et de verser cette eau lentement et par petites quantités à la fois, sous peine de produire le siphonnement de l'appareil.

M. Williams adopta la disposition suivante et réunit les tubes extrêmes du siphon et du régulateur, dans la même boîte du trop plein. Cette disposition permettait de procéder au remplissage du compteur sans qu'il fût besoin pour garnir les gardes hydrauliques d'introduire un excédent d'eau devant ressortir ensuite de l'appareil.

Ce compteur provoqua une objection sérieuse, résultant de ce que les variations de la pression du gaz dans l'intérieur de l'appareil en marche, suffisaient à jeter de l'eau dans la partie vide du régulateur et altéraient ainsi le niveau de l'eau au préjudice des compagnies.

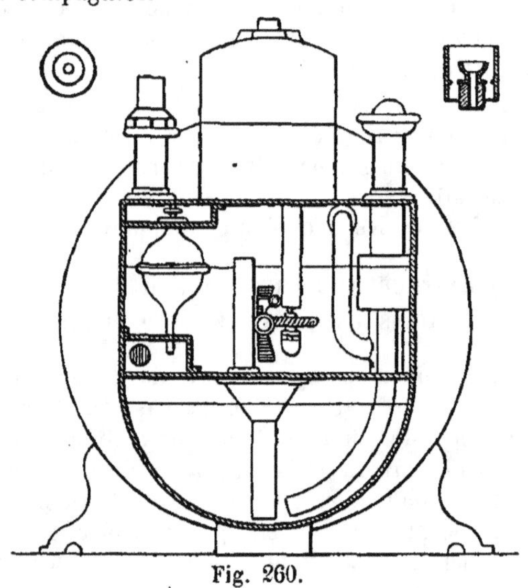

Fig. 260.

La Compagnie parisienne a perfectionné ce compteur (fig. 260) en adaptant au régulateur une bague en métal, qui porte en son milieu un disque percé de plusieurs trous par lesquels l'eau est obligée de passer, avant de s'écouler dans la boîte du trop plein.

Cet obstacle, opposé à la marche du liquide, combat les oscillations du niveau et rend impossible le siphonnement de l'appareil, car l'eau n'envahit plus le siphon pendant l'opération du nivellement, et elle passe par le tube du régulateur sans l'emplir, la section des orifices de la bague étant inférieure à celle de cet organe.

Cette modification fut insuffisante pour faire adopter le nouveau système, auquel on fit le reproche de supprimer l'orifice du régulateur et par conséquent la possibilité du niveau supérieur.

En effet, les compagnies de gaz françaises, contrairement à celles d'Allemagne, d'Autriche et d'Angleterre, se refusent à accepter un compteur dont le niveau normal, pouvant être abaissé, ne saurait être dépassé ; elles proclament que l'équité veut une compensation dont elles ne retirent cependant aucun profit, car, d'une part, le mode prescrit pour le nivellement des compteurs s'y oppose, et d'autre part le consommateur de gaz a toujours à sa disposition le libre maniement de la vis du régulateur pour en contrôler l'exactitude.

Le compteur adopté actuellement par la Compagnie parisienne est celui dit système Crossley modifié. Il se compose :

De la *caisse principale*, ou enveloppe cylindrique, contenant le volant, et qui contient l'eau nécessaire à son fonctionnement ; elle est, en général, en tôle plombée pour compteur de 5 à 150 becs, et en fonte pour les compteurs au-dessus.

L'*avant-corps*, ou boîte rectangulaire faisant partie de l'enveloppe générale du compteur et contenant, à l'exception du mouvement d'horlogerie, les divers organes qui constituent la partie mécanique de l'appareil.

La *boîte à cadrans* sur le haut de l'avant-corps, est munie d'une porte protectrice de la vitre.

La *boîte du siphon* placée au-dessous de l'avant-corps et permettant d'établir une garde hydraulique à la partie inférieure du siphon.

Le *tube d'arrivée du gaz* disposé à gauche du compteur, ayant un diamètre en rapport avec la capacité de l'appareil, et recevant le gaz du branchement pour l'introduire dans l'avant-corps.

Le *tube de sortie du gaz* placé sur la partie supérieure de la caisse, ayant un diamètre égal à celui d'arrivée et mettant le compteur en communication avec la plomberie principale de distribution.

Les *vis mâles* et les *pas de vis femelles* du tube d'introduction de l'eau, du régulateur et du siphon.

La *plaque matricule en cuivre* placée sur l'avant-corps, portant gravés les noms du fabricant, le numéro et l'année de fabrication et la capacité du compteur.

Les *supports* qui servent de base à l'appareil, sur lesquels repose l'enveloppe cylindrique et que l'on nomme les pieds du compteur. Les pattes de scellement au moyen desquelles le compteur est fixé sur une plate-forme pour en assurer l'horizontalité et interdire son déplacement.

Les poinçons que l'administration appose sur diverses parties de l'appareil, conformément à l'arrêté

préfectoral en vigueur sur la vérification et le poin-
çonnage des compteurs.

## Organes cachés

Le *tube d'introduction de l'eau* placé à droite de
l'avant-corps et y déversant l'eau au fur et à mesure
qu'il la reçoit. Il revêt dans la fabrication deux formes
différentes. S'il est droit et plongeur, il est pourvu
intérieurement d'une chicane faisant obstacle à l'aspiration de l'eau qui serait tentée par un moyen
quelconque.

S'il est recourbé en siphon, son orifice à l'intérieur
dépasse notablement le niveau normal du compteur,
et il devient alors impossible soit de l'amorcer, soit
d'expulser l'eau par un excès de pression exercée
sur la surface du liquide.

Le *régulateur*, qui sert à déterminer la hauteur du
niveau d'eau dans le compteur. Il consiste en un
siphon recourbé, dont l'orifice intérieur règle la hauteur normale de l'eau, en même temps qu'il reçoit
l'excès du liquide introduit pour le déverser ensuite
à l'extérieur par un autre orifice ménagé à cet effet.

La *chambre de la soupape*, formant à gauche, dans
l'angle supérieur de l'avant-corps, un compartiment
qui communique directement avec le tube d'arrivée
du gaz. Le compartiment possède une ouverture circulaire au centre de laquelle se meut la tige du flotteur et que la soupape ferme et condamne lorsque
l'eau venant à diminuer dans le compteur abaisse en
même temps la ligne de flottaison du flotteur.

La *soupape*, obéissant au flotteur avec lequel elle
est reliée par une tige verticale, et dont la fonction
consiste à empêcher le gaz de pénétrer dans l'avant-

corps dès que la quantité d'eau a diminué d'une manière préjudiciable à la régularité du compteur.

Le *flotteur*, composé de deux pièces soudées ensemble dont l'une a la forme hémisphérique et l'autre également, ou d'un cône renversé qui le maintient dans une position verticale. La tige qui le surmonte et qui supporte la soupape doit avoir une longueur rigoureusement déterminée et fournir une course calculée de manière à éviter d'une part l'extinction du gaz par la trop grande sensibilité de la soupape, et d'autre part, la fermeture de celle-ci, avant que le gaz ne traverse le compteur sans passer par le volant et, par conséquent, sans être enregistré. Le flotteur est pourvu à sa partie inférieure d'une autre tige également verticale qui lui sert de guide, en s'emboîtant dans un diaphragme soudé à la paroi de l'avant-corps.

Le *siphon*, que le gaz traverse pour passer de l'avant-corps dans le volant a la forme d'un tube recourbé dont les bords dépassent de quelques millimètres le niveau normal de l'eau afin d'éviter toute submersion, et il est prolongé à sa partie inférieure dans une boîte de trop plein, où une vis permet de faire écouler l'eau qui, en s'y jetant sous l'influence des variations de pression pendant l'éclairage, intercepterait le passage du gaz.

Le *volant*, de forme cylindrique, est divisé en quatre compartiments égaux dont les cloisons sont inclinées sur l'axe, et les ouvertures d'entrée protégées par une calotte bombée ayant un orifice à son milieu pour le passage du siphon et celui de l'axe autour duquel tourne le volant. Ces ouvertures sont combinées de telle sorte que la naissance de l'une ne s'élève au

dessus du niveau de l'eau qu'au moment où la précédente est entièrement immergée. De même, leur
rapport avec les ouvertures de sortie est calculé de
manière que chacune de ces dernières ne commence
à répandre le gaz dans la caisse du compteur, qu'au
fur et à mesure que les ouvertures d'entrée correspondantes ont entièrement disparu sous l'eau. Au
centre du volant existe un espace vide formé par
l'échancrure des cloisons, afin de rendre libre et
facile la circulation de l'eau dans l'intérieur des compartiments, et de diminuer la résistance opposée au
gaz pour mettre le mesureur en mouvement. Cet
espace, ainsi que l'orifice de la calotte, est situé au-
·dessous du niveau de l'eau et par suite privé de communication avec la caisse.

L'*arbre horizontal*, sur lequel est soudé le volant
et qui repose à ses extrémités sur deux coussinets en
bronze dont l'un est placé sur le fond de la caisse et
l'autre contre la paroi mitoyenne de l'avant-corps. Il
est en fer creux étamé avec un ajustage de tourillon
en bronze.

La *vis sans fin*, à filet double ou simple qu'il porte,
à l'une de ses extrémités qui pénètre dans l'avant-
corps.

La roue d'engrenage soudée à la partie inférieure
de l'arbre vertical et à laquelle la vis sans fin communique le mouvement du volant.

L'*arbre vertical*, reposant à sa partie inférieure sur
un support en équerre, et traversant la voûte de
l'avant-corps pour pénétrer dans la boîte de l'appareil
indicateur. Il est façonné en vis sans fin à l'endroit de
sa rencontre avec la première roue de l'appareil enregistreur, et son extrémité supérieure est surmontée

d'un tambour des litres ; il est généralement en bronze.

Le *manchon*, qui sert d'enveloppe à l'arbre vertical sur toute sa longueur, jusqu'à la paroi supérieure de l'avant-corps à laquelle il est solidement fixé. Ce tube ayant sa partie inférieure immergée dans l'eau oppose utilement une garde hydraulique à l'envahissement du gaz dans la boîte de l'appareil indicateur.

Le *stuffing box*, qui sert de passage à l'arbre vertical pour atteindre le mouvement d'horlogerie. Cette pièce est garnie intérieurement d'une rondelle de cuir souple et embouti, qui supprime toute communication entre l'avant-corps et la boîte supérieure, et empêche l'eau d'y pénétrer sous l'influence de la pression du gaz.

Le *tambour des litres*, roue horizontale et graduée, qui s'ajuste à vis sur l'extrémité supérieure de l'arbre vertical. Une aiguille soudée sur l'une des platines du mouvement d'horlogerie, sert de repère pour suivre sa marche.

L'*appareil indicateur*, formé de deux platines dont l'une est garnie d'une plaque métallique émaillée sur laquelle sont gravés les cadrans du compteur, leur nombre est de :

3 pour les compteurs au-dessous de 10 becs ;
4        —           —        de 10 à 100 becs;
5        —           —        de 200 becs.

Le *cliquet*, placé de préférence dans l'avant-corps, contre la cloison mitoyenne et buttant contre le rochet de l'arbre horizontal, pour arrêter le volant dans sa marche, s'il vient à tourner en sens inverse à la régularité de son fonctionnement. Dans les compteurs au-dessus de 20 becs, il est supprimé en raison de son impuissance à résister efficacement aux efforts des volants de cette dimension.

La *bandelette*, soudée à l'intérieur de la caisse au-dessous du tube de sortie du gaz, est destiné à protéger le volant contre une perforation volontaire ou accidentelle. Cette bandelette se compose d'une pièce de métal rigide et inoxydable, ayant avec la paroi de la caisse un degré d'écartement suffisant pour permettre au gaz de sortir du compteur sans obstacle et sans résistance.

La *vitesse normale des volants* dans les compteurs est de 100 tours à l'heure.

Nous donnons ci-contre quelques renseignements sur les différentes dimensions de ces appareils :

### Détermination de la capacité d'un compteur de 5 becs

La capacité mesurante du volant, est la couronne cylindrique ayant pour diamètre extérieur le diamètre du volant, et pour diamètre intérieur celui du cercle du niveau normal de l'eau, on a en se reportant au tableau ci-après :

Le rayon $\overline{0,156}^{2} \times 3.14 = 76439 \times 0,105$
$= 8^{\text{lit}}02 - 1/100$ pour l'épaisseur de la tôle $=$ (cube du cylindre) . . . . . . . .    7.946

Le rayon $\overline{0,045}^{2} \times 3.14 = 6360 \times 0,105$
$=$ (cube de l'axe au niveau d'eau) . . . . .    0,954

Différence ou capacité mesurante du volant    6.992
ou 7 litres avec la fraction corrigée par le régulateur.

| Nombre de becs | 5 | 10 | 20 | 30 | 40 | 60 | 80 | 100 | 150 | 200 |
|---|---|---|---|---|---|---|---|---|---|---|
| Dimensions extérieures. Hauteur . . . m/m | 355 | 448 | 530 | 625 | 680 | 735 | 800 | 865 | 965 | 1.020 |
| Largeur . . . . » | 350 | 407 | 485 | 558 | 607 | 667 | 702 | 775 | 854 | 1.020 |
| Profondeur . . » | 250 | 320 | 410 | 480 | 510 | 620 | 690 | 730 | 870 | 1.120 |
| Quantité d'eau nécessaire au remplissage . . . . litr. | 10 | 20 | 38 | 65 | 75 | 115 | 145 | 190 | 225 | 450 |
| Volume par tour . . . . » | 7 | 14 | 28 | 42 | 56 | 84 | 112 | 140 | 210 | 280 |
| Rayon, de l'axe au cercle de l'ouverture du centre . . . mètr. | 0,0225 | 0,026 | 0,040 | 0,0415 | 0,0475 | 0,050 | 0,0625 | 0,075 | 0,090 | 0,105 |
| Rayon, de l'axe au cercle du niveau normal . . . . . mètr. | 0,045 | 0,055 | 0,065 | 0,070 | 0,075 | 0,088 | 0,104 | 0,115 | 0,120 | 0,166 |
| Rayon, de l'axe à la circonférence. | 0,156 | 0,186 | 0,225 | 0,250 | 0,275 | 0,300 | 0,325 | 0,360 | 0,400 | 0,400 |
| Profondeur du volant . . mètr. | 0,105 | 0,142 | 0,190 | 0,245 | 0,255 | 0,325 | 0,380 | 0,385 | 0,464 | 0,683 |
| Pression absorbée, à la vitesse de 100 tours à l'heure. . . m/m | 2 à 3 | 2 1/2 à 3 1/2 | 3 1/2 à 4 1/2 | 4 à 5 | 4 1/2 à 5 1/2 | 5 à 6 | 6 à 7 | 7 à 8 | 8 à 9 | 9 à 11 |
| Diamètre des branchements (entrée et sortie). . . . . m/m | 20 | 27 | 35 | 40 | 50 | | | 55 | | |

## Métaux employés dans la construction des compteurs

*Tôle plombée.* — Pour la caisse, l'avant-corps, les pieds du compteur et la boîte du mouvement d'horlogerie.

*Etain.* — Le volant, le flotteur, la soupape.

*Plomb.* — La boîte de la soupape, le siphon.

*Bronze.* — L'arbre horizontal et ses supports, l'arbre vertical, la roue d'engrenage, la vis sans fin et le cliquet.

*Fer étamé.* — Les tubes d'entrée et de sortie, celui d'introduction de l'eau, le régulateur, la bandelette protectrice du volant et les pattes de scellement.

*Cuivre.* — Les raccords du compteur et leur pas de vis.

*Cuivre étamé.* — Le mouvement d'horlogerie complet.

*Métal inoxydable* (alliage de plomb et d'antimoine). — Pour les vis et pas de vis du tube d'introduction de l'eau, du régulateur et du siphon.

## Fonctionnement

Le gaz arrivant par le tube d'arrivée E, pénètre d'abord dans l'avant-corps, après avoir traversé la boîte de la soupape I ; il est ensuite conduit par le siphon dans l'intérieur du volant, dont il quitte les compartiments pour se rendre dans la caisse, et il s'échappe de là par le tube de sortie pour se rendre aux becs brûleurs. Le cercle du niveau extérieur est déterminé par un régulateur N, c'est-à-dire par celui des organes du compteur qui règle la hauteur nécessaire de l'eau, et assure ainsi le cube exact de la capacité mesurante du compteur. Aussi est-il disposé dans l'intérieur de l'appareil, de manière à pouvoir être élevé ou abaissé, afin de permettre au moment de l'épreuve de l'instrument, de supprimer la différence en plus ou en moins qui pourrait exister, entre le gaz mesuré par le volant et celui enregistré par les aiguilles du cadran.

Ces renseignements donnés, nous indiquerons les deux types employés :

## COMPTEUR POINÇONNÉ DE LA VILLE DE PARIS SANS GARDE HYDRAULIQUE

D'après la description des pièces indiquées plus haut, on comprend facilement la marche de cet ap-

Fig. 261.

9.

pareil (fig. 261); nous indiquerons seulement le nivellement du compteur. Fermer le robinet d'entrée avant le compteur. Oter successivement les vis du siphon, du tube d'introduction d'eau, et du régulateur. Verser l'eau en mince filet, jusqu'à ce qu'elle coule par l'orifice du régulateur. Remettre à sa place la vis du siphon. Ouvrir lentement le robinet de sûreté et constater, pendant la mise en charge rapide du gaz, qu'il n'existe aucune fuite dans le compteur et ses accessoires. Fermer le robinet de sûreté et replacer les vis du tube d'introduction d'eau et du régulateur.

### COMPTEUR POINÇONNÉ DE LA VILLE DE PARIS AVEC GARDE HYDRAULIQUE DE 10 CENTIMÈTRES, AU TUBE D'INTRODUCTION DE L'EAU, AU SIPHON ET AU RÉGULATEUR.

Avec les figures accessoires (fig. 262) montrant la garde d'entrée de l'eau au moyen d'un tube en $\cup$ débouchant à l'intérieur du volant et le tube de niveau débouchant dans une chambre fermée dans laquelle débouche l'orifice B. Pour niveler ce compteur, on ferme le robinet d'entrée, on ouvre quelques becs ; puis on retire la vis d'introduction de l'air L et celle du siphon A ; on verse de l'eau dans le compteur jusqu'à ce qu'elle coule par A du récipient; on enlève alors la vis de niveau B, on laisse écouler l'excès d'eau que contient le compteur au-dessus du niveau normal. On remet ensuite les trois vis L, A, B et l'appareil est prêt à fonctionner.

Depuis l'arrêté préfectoral de 1866, on a apporté un grand nombre de perfectionnements de détails à ces appareils, dans le but d'en rendre la construction moins chère, quoique supérieure aux anciens modèles.

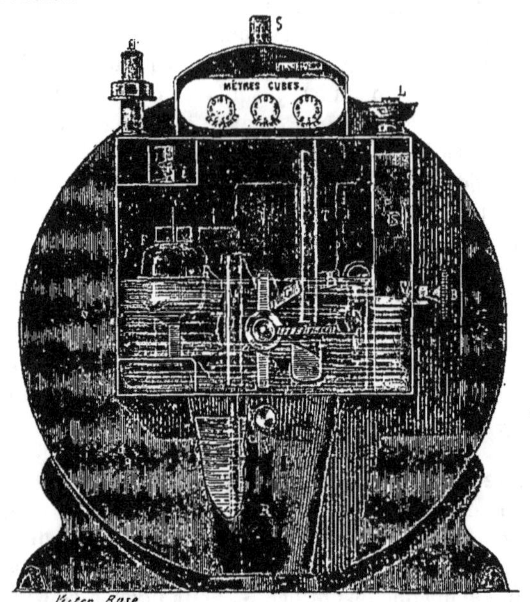

Fig. 262.

Nous dirons un mot du siphonnage des compteurs, dans le remplissage d'eau de ces appareils. Nous prendrons comme exemple un type déjà plus parfait que celui employé à la Compagnie parisienne.

## COMPTEUR A MESURE INVARIABLE ORDINAIRE

Quand on remplit ce compteur, l'eau s'élève peu à peu dans le devant carré **D** jusqu'à ce que l'eau ayant atteint la partie supérieure du tube

de niveau vienne s'écouler dans la bâche B du siphon
qu'elle remplit. La bâche étant pleine, l'eau s'écoulera
en partie par la vis S, mais l'orifice S étant plus
petit que la section de N, l'eau s'accumulera dans la
bâche B et celle-ci entièrement pleine, l'eau s'élèvera
dans la branche A du siphon et fermera la communication entre le devant carré D et la caisse C du
volant (fig. 263).

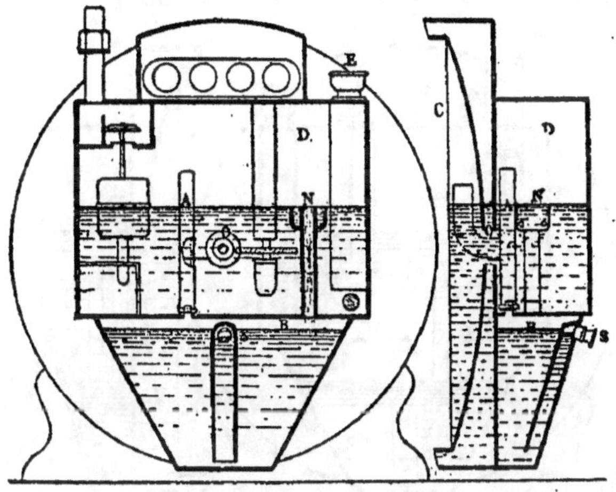

Fig. 263.

A partir de ce moment, le compteur siphonne et
l'eau s'écoule avec force jusqu'à ce que dans la
caisse C, l'orifice du centre étant découvert, le niveau
s'abaisse brusquement au dessous de N. L'abaissement peut être tel, que la soupape se trouve fermée
par manque d'eau. Parfois le niveau de l'eau maintient la soupape suffisamment levée pour que le gaz

passe, mais au bout de quelques jours de marche, par
suite de l'évaporation de l'eau, la soupape se ferme
complètement, ce qui oblige l'employé à revenir remettre de l'eau dans le compteur. Pour remédier à
cet inconvénient on emploie le dispositif suivant :

## COMPTEUR INSIPHONNABLE

Quand l'eau s'écoule du devant carré D (fig. 264)
dans la bâche B du siphon qu'elle remplit, le niveau

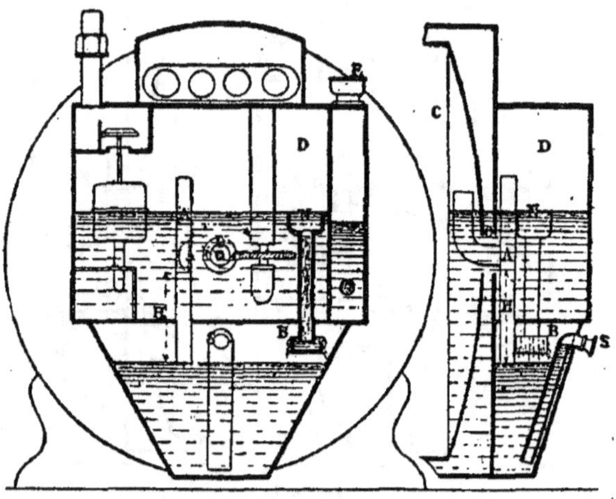

Fig. 264.

de l'eau dans la bâche B, s'élève jusqu'au moment
où atteignant la partie inférieure du tube A, une certaine quantité d'air est emprisonnée dans la partie
supérieure de cette bâche B. Le niveau tendant toujours à s'élever, l'air sera comprimé et tendra d'une
part à activer l'écoulement de l'eau de la bâche par

l'orifice S et, d'autre part, à ralentir le déversement
de l'eau du carré D dans la bâche B. Il s'établit un
équilibre pour lequel la quantité d'eau admise dans
la bâche du siphon est égale à la quantité d'eau qui
s'écoule par l'orifice S. Cet équilibre étant établi pour
une pression inférieure à H, l'eau ne montera pas
assez dans le tube A pour fermer la communication
du devant carré D avec la caisse C du volant et le
compteur ne siphonnera pas. Le niveau s'établira
donc toujours bien sans qu'il soit besoin de prendre
aucune précaution.

### FRAUDES ET MOYENS DE LES ÉVITER

Si le consommateur au courant des compteurs vou-
lait enlever de l'eau :

1° *L'orifice d'entrée* d'eau est fermé par une petite plaque qui empêche l'introduction d'un tube de
caoutchouc permettant de siphonner à l'extérieur l'eau
du compteur ; de plus, la soupape ferme l'entrée du
gaz par un abaissement de l'eau au-dessous du
niveau normal déterminé par le régulateur.

2° L'abonné pourrait, par *l'orifice de sortie du gaz,
percer le volant ;* on empêche cette fraude en mettant la bandelette dont nous avons parlé plus haut
au-dessous du tube de sortie.

3° *Si l'on branchait l'entrée à la place de la sortie
et vice versa,* le compteur marcherait en sens inverse
et ferait décompter le mouvement d'horlogerie et
réduirait la dépense marquée ; le cliquet et le rochet
placés sur l'axe du volant préviennent cette fraude.

4° *Dans les compteurs qui n'ont pas de garde hydraulique au siphon,* on substituait à la vis un tube

fileté auquel on adaptait un tuyau de caoutchouc. On a fait également des robinets à deux voies que l'on substituait à la place du robinet d'entrée ; la surveillance seule et le contrôle comparatif des dépenses normales permettent de découvrir ce vol.

5° *L'inclinaison dans un sens donné permet aussi la fraude,* de là la nécessité de mettre le compteur de niveau et de poinçonner ses pattes de fixation.

Le nivellement, fait tous les mois, permet de réduire au minimum les pertes dues à l'évaporation (3 à 5 0/0), puisque les systèmes à alimentation automatique ne sont pas entrés dans la pratique.

## COMPTEURS SECS

Ce genre d'appareil n'est pas employé en France. Mais on en fait un grand usage en Angleterre, en Allemagne, en Suisse et en Russie ; surtout enfin dans les pays froids, dans lesquels le compteur à eau demande trop de soin.

Nous indiquerons le modèle employé aujourd'hui. Il consiste en une boîte carrée en tôle, divisée en deux parties par une cloison verticale (fig. 265) à laquelle on a soudé de chaque côté un anneau en tôle qui est relié d'une manière étanche, par du cuir préparé spécialement, à un disque de tôle de même diamètre pouvant se mouvoir, s'éloigner à une certaine distance de la cloison. Les disques mobiles sont guidés dans leur mouvement par des bras horizontaux. Les tuyaux d'entrée et de sortie sont mis alternativement en communication avec chacun des compartiments par des tiroirs horizontaux à coquille, établis dans la partie supérieure du compteur ; ces tiroirs sont mis en mouvement par les tiges de

guidage des disques mobiles, qui se prolongent à
travers les stuffing boxes dans la partie supérieure

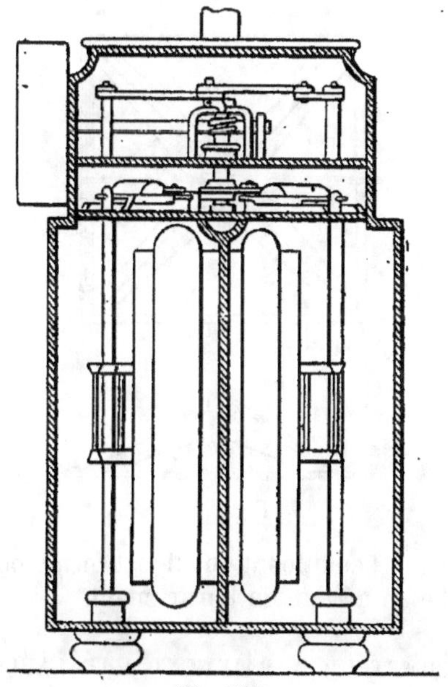

Fig. 265.

du compteur, où se trouvent également les articula-
tions mises en mouvement par les tiges pour la transmission du mouvement au mécanisme d'horlogerie.

Le mécanisme des tiroirs (fig. 266) est, suivant le
va et vient alternatif, combiné de façon que l'un
est toujours en avance ou en retard d'une position
sur l'autre, et que l'entrée et la sortie du gaz ne
peuvent avoir lieu des deux côtés à la fois, de manière à ne jamais interrompre le courant gazeux.

Les tubes de raccordement du compteur avec les plomberies, sont disposés à droite et à gauche du

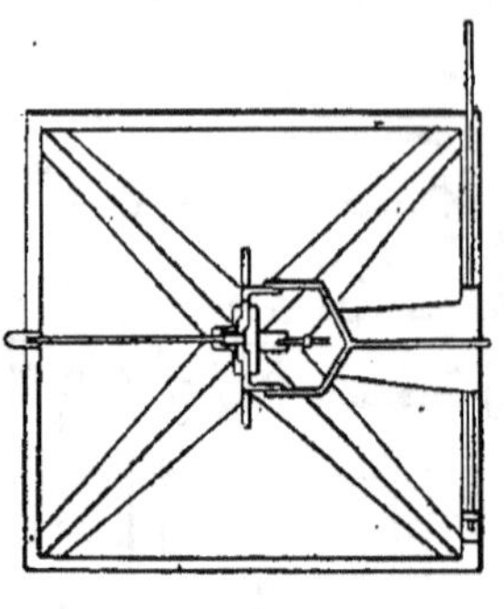

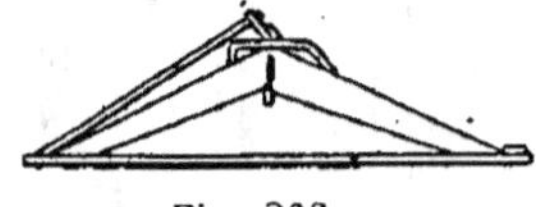

Fig. 266.

compteur, et l'addition d'un cliquet forme obstacle à la marche en arrière de l'instrument.

## COMPTEUR A PAIEMENT PRÉALABLE

Depuis quelques années, on a construit en Angleterre des compteurs dont la soupape est ouverte par le dépôt dans l'appareil d'une pièce de 1 penny (0,10). Tout le temps pendant lequel s'écoule le volume de gaz correspondant à la quantité dont le consommateur a droit pour 0 fr. 10, la soupape reste ouverte; ce volume écoulé, elle se ferme, et on ne peut obtenir de nouveau du gaz, qu'en mettant une nouvelle pièce de 0 fr. 10.

Pour éviter ces dérangements successifs, on peut mettre successivement 10 pièces de 0 fr. 10, et s'assurer du gaz pour un certain nombre d'heures, sans recommencer cette manœuvre.

Cet appareil a pour but de faciliter l'usage du gaz, aux consommateurs auxquels on ne peut demander, par suite de leurs moyens d'existence restreints, un dépôt de garantie, et chez lesquels le recouvrement mensuel est difficile.

Les compagnies font même les frais de l'installation d'un bec et d'un fourneau de cuisine. Elles récupèrent ces dépenses d'installation gratis, du compteur gratuit, par une augmentation de deux à trois centimes par mètre cube sur le prix du gaz vendu aux autres consommateurs.

### COMPTEUR P. P. DE LA C$^{ie}$ DES COMPTEURS

Le dispositif se compose : 1° d'une boîte de mouvement A ; 2° d'une soupape B ; 3° d'un arbre intermédiaire transmettant le mouvement du compteur aux organes de la boîte A.

Les figures 267, 268, 269, permettent de se rendre compte du mécanisme.

*Description du fonctionnement.* — Supposons l'aiguille à 0 et la soupape fermée. La pièce introduite dans la fente F dépasse légèrement la surface cylindrique du barillet. En tournant la clef dans le sens de la flèche, le bord inférieur de la pièce rencontre le bras *d e* du levier coudé *d e f*, soulève le bras *e f*, le cran *g* soulevé, laisse libre la denture H. La pièce de monnaie rencontrant la denture H de D, libre à ce moment, la fait tourner d'une dent ; le cran *g*, ramené par le ressort *h*, retombe dans l'encoche voisine. La

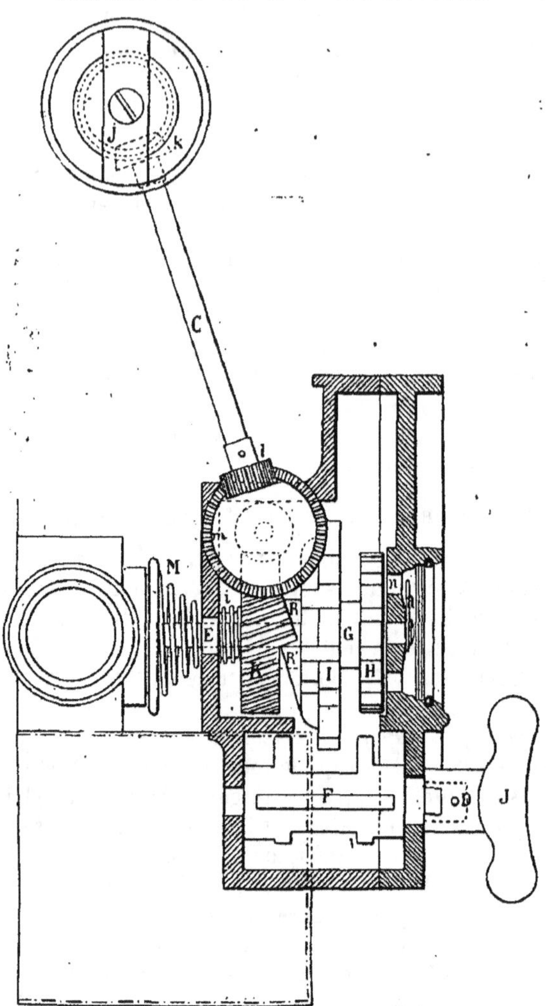

Fig. 267.

pièce de monnaie rencontrant l'encoche de la boîte d'encaissement, y tombe immédiatement.

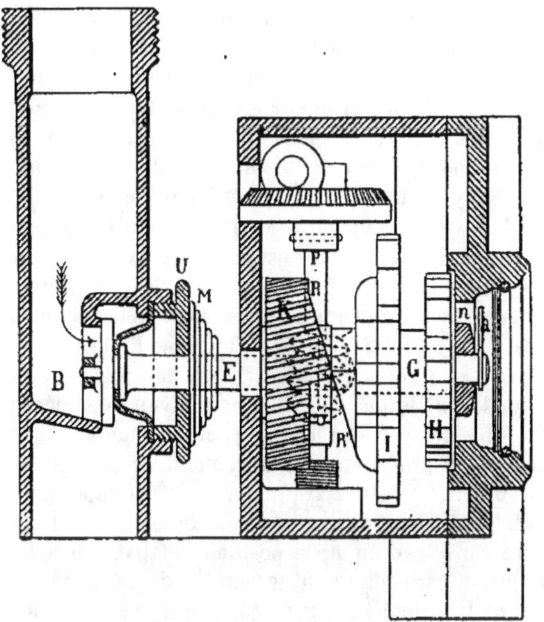

Fig. 268.

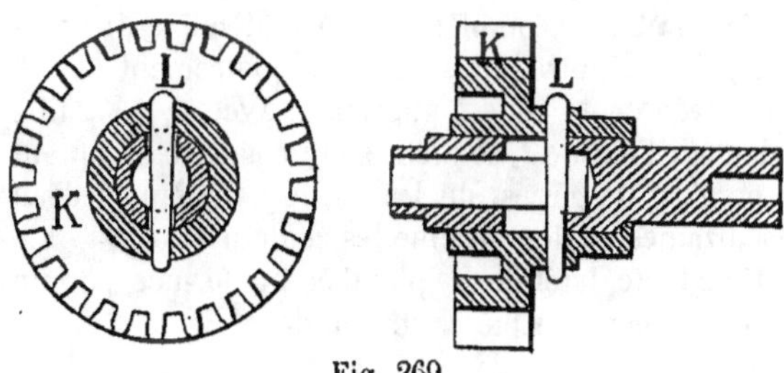

Fig. 269.

Dans le mouvement indiqué, la rampe R' de la pièce G s'est éloignée de 1/13 de tour de la rampe R faisant partie de la roue hélicoïdale K. Cette dernière, poussée par le ressort antagoniste $i$, s'est éloignée du fond de la boîte et la soupape B s'est ouverte. L'introduction de chaque nouvelle pièce augmente de 1/13 de la circonférence l'écart angulaire entre les deux rampes, sans que pour cela la position de la soupape se trouve modifiée, celle-ci étant ouverte complètement pour la première pièce introduite.

Si l'on vient maintenant à consommer du gaz, le mouvement du compteur est transmis par les roues $j\,k\,l\,m$ et l'arbre C à l'arbre vertical P portant une vis sans fin engrenant avec la roue hélicoïdale K.

. Ce mouvement fait tourner la roue K de façon à rapprocher de plus en plus les deux rampes que l'introduction de la pièce de monnaie avait éloignées ; elles finissent par se rencontrer, et, en montant l'une sur l'autre, produisent l'avancement de la roue, et par suite la fermeture graduelle de la soupape. L'aiguille participant au mouvement de la roue K indiquera sur le cadran $n$, la position relative des deux rampes et par conséquent le nombre de pièces représentant la valeur du gaz payé, qui reste à consommer.

L'ensemble est complété par un totalisateur du nombre de pièces introduites ; cet enregistrement se fait au moyen de la roue $t$, engrenant avec 1 ; l'aiguille calée sur l'axe de $t$, se meut sur un cadran indiquant le nombre de pièces, de 1 à 10, le deuxième cadran les dizaines, et le troisième les centaines.

Une boîte latérale $p$, plombée ou fermée par un cadenas, reçoit les pièces introduites.

## COMPTEUR P. P. DE LA C$^{ie}$ ANONYME CONTINENTALE

*Fonctionnement.* — La pièce (fig. 270 et 271) est mise dans l'encoche H; elle tombe dans le barillet J,

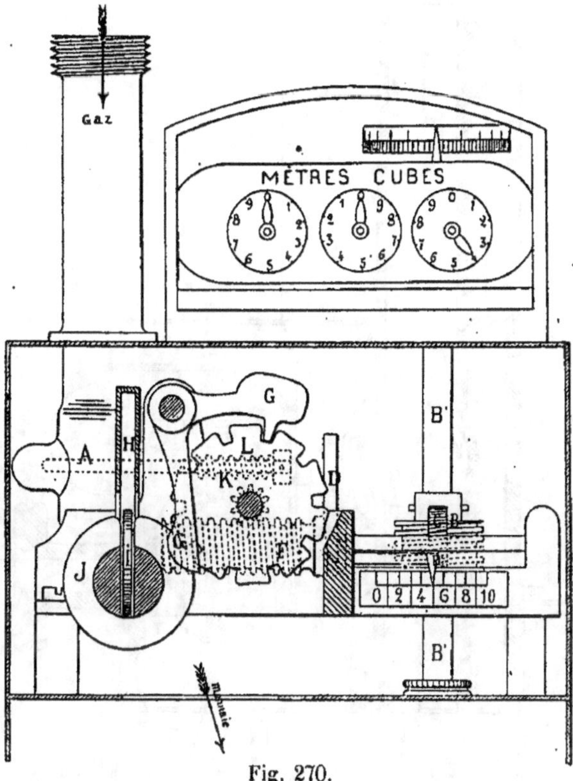


Fig. 270.

faisant saillie à la partie supérieure, en tournant celui de gauche à droite, la pièce vient rencontrer la branche

du levier coudé G ; en continuant la rotation, le cran
du bras supérieur de ce levier rend libre la roue K,
que la pièce peut alors entraîner dans son mouve-

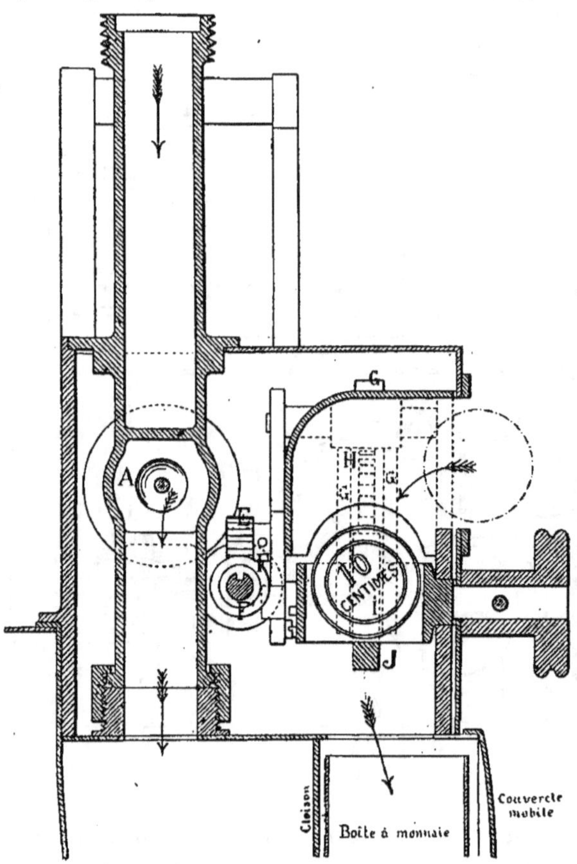


Fig. 271.

ment et faire tourner d'un dixième de tour; la roue K
fait tourner d'une dent le pignon E calé sur son axe.
Celui-ci entraîné, produit par sa rotation un mouvement de translation de la vis sans fin F, qui peut se
déplacer sur son axe, d'une longueur égale à son
pas pour chaque dent dont tourne E.

Dans ce mouvement, la vis sans fin F entraîne la
tige A de la soupape et l'ouvre d'une quantité suffisante pour le passage du gaz.

En même temps, la vis sans fin entraîne un index D' donnant le nombre de pièces mises dans
l'appareil, et, à chaque instant, le nombre de pièces
représentant la valeur du gaz payé qu'il reste à
consommer.

Si l'on vient maintenant à consommer du gaz, le
mouvement du compteur est transmis par l'axe B' et
la vis sans fin B au pignon C calé sur l'axe de la vis
sans fin F.

(La vis sans fin est taillée de telle façon qu'elle ne
fait qu'un tour pour le volume du gaz passant dans le
compteur, correspondant à 0 fr. 10).

Le pignon E restant fixe, agit comme écrou vis-à-
vis la vis sans fin mise en mouvement de rotation
par C.

Le pignon E restant fixe, joue le rôle d'écrou fixe,
par rapport à la vis sans fin F, celle-ci tourne donc
d'un tour pour chaque tour de C; par suite le mouvement de translation de l'ergot ouvrant la soupape,
est en sens inverse et égal à celui qui avait déterminé par la mise d'une pièce de 0 fr. 10 le mouvement du barillet correspondant. La soupape se
ferme donc progressivement au fur et à mesure que
le gaz passe dans le compteur, et se ferme complè-

tement lorsque le volume correspondant à 0 fr. 10 l'a
traversée.

L'ergot porté par la vis sans fin F, qui commande
l'ouverture de la soupape, appuie sur la tige de fermeture de celle-ci quand aucune pièce n'a été introduite dans le mécanisme; lorsqu'une pièce a été
introduite emportée par la vis, il ne touche plus la
tige de la soupape qui est ouverte par le ressort antagoniste L.

Le compteur porte également un totalisateur du
nombre de pièces de monnaie.

### APPAREIL POUR ENLEVER LES OBSTRUCTIONS
### DE NAPHTALINE

Dans les siphons des compteurs (**M. Sernent**), au
lieu de démonter le compteur, le transporter à
l'usine, etc., toutes choses ennuyeuses et onéreuses
pour l'abonné, on fait l'opération sur place. On enlève la vis qui ferme le dessous du siphon du compteur et on la remplace par une vis, percée dans toute
sa longueur; cette vis porte un filetage au moyen
duquel on la raccorde au tuyau en plomb par un
raccord double, un flacon (analogue aux siphons
employés par les fabricants d'eaux gazeuses) rempli
de benzine, les robinets convenables étant ouverts,
on souffle par une embouchure; la pression de l'air
fait monter la benzine dans le siphon, on ferme le
robinet correspondant. La naphtaline à l'état spongieux est rapidement dissoute. Lorsqu'on juge la dissolution opérée, on ouvre à nouveau le robinet, la
benzine redescend dans le flacon; on ferme les robinets, on démonte l'appareil, et l'opération est terminée.

# CHAPITRE XVI

## PHOTOMÉTRIE

La quantité de lumière produite par la combustion d'un certain volume de gaz varie nécessairement suivant la proportion des gaz éclairants et non éclairants qui composent le gaz, comme nous l'avons vu plus haut.

Le pouvoir éclairant ou la quantité de lumière correspondant à la consommation d'un certain volume de gaz est déterminé en général dans le cahier des charges des traités entre les compagnies et les municipalités. On a dû fixer une unité de lumière, et la mesure de cette lumière se désigne sous le nom de photométrie.

### ÉTALONS

Les deux flammes types généralement adoptées en France, sont :

1° Celle de la *Bougie de l'Etoile*, des cinq à la livre, brûlant 9 gr. 60 à l'heure ;

2° Celle d'une *lampe Carcel* brûlant 42 grammes d'huile de colza épurée à l'heure.

Les appareils photométriques sont basés sur ce principe, que l'intensité de la lumière donnée par une source est en raison inverse du carré des distances du foyer lumineux à l'objet éclairé.

Comme conséquence, deux sources lumineuses dont l'une est prise pour type, envoyant séparément leurs rayons sur un écran et étant placées à des distances telles que les deux portions de l'écran présentent identiquement le même éclat, l'intensité de leurs foyers sera dans le même rapport que les carrés de leurs distances respectives à l'écran.

Si, au contraire, on suppose la lumière à essayer, celle du gaz, par exemple, à la même distance de l'écran que la lumière type, et qu'on fasse varier la quantité de gaz brûlé jusqu'à ce que les deux parties de l'écran soient également éclairées, il est clair que la valeur du gaz variera elle-même en raison inverse du volume dépensé dans un même temps pour équilibrer la lumière-type.

C'est sur ce dernier mode qu'est basé l'appareil de MM. Dumas et Regnault que nous allons décrire :

Les principes sur lesquels s'appuient ces méthodes ne sont pas réalisables en pratique. Je citerai une étude sur la photométrie qui a été présentée par M. Le Roux au Congrès de la Société technique du gaz, en 1886, en priant le lecteur de se reporter à cette étude si complète de la question.

APPAREILS A ÉCRANS PLEINS CONTINUS RECEVANT LA LUMIÈRE DE DEUX FOYERS SUR UNE SEULE ET MÊME FACE.

La loi des carrés des distances, aussi bien que celle des sinus ne sont applicables que dans le cas où l'on opérerait sur des surfaces sphériques, tandis que dans la photométrie on ne considère que des plans éclairés ; l'on arrive à la conclusion que dans aucun cas, deux foyers d'intensités différentes situés à quelque distance que ce soit d'un écran plan ne peuvent éclairer également une portion superficielle de celui-ci, si petite soit-elle.

On est conduit à chercher le lieu géométrique, sur
le plan de l'écran, de tous les points également éclairés par les deux foyers ; et en déterminant la position
du point qui, sur l'axe vertical de l'écran est également éclairé par eux, on trouve par des calculs sans
difficulté mais un peu longs à développer, que tant
que le rapport des intensités à comparer est inférieur
au rapport du carré des distances des deux foyers,
il existe toujours, sur l'axe de l'écran, deux points
symétriques par rapport à la trace du plan horizontal passant par les deux foyers, points qui, à l'exclu-
sion de tous autres, sont également éclairés par ceux-
ci.

Que la hauteur de ces points sur l'axe de l'écran
est essentiellement variable ; croissant avec la distance d'un des foyers à l'écran, quand la distance de
l'autre est constante, et en même temps que le rapport des intensités ; et décroissant, au contraire, tant
que le rapport des intensités croît, les distances des
foyers à l'écran restant constantes.

Et enfin que ces deux points se confondent avec le
point de rencontre de l'axe vertical de l'écran avec la
trace, sur celui-ci, du plan horizontal passant par les
deux foyers, quand les intensités sont dans le même
rapport que le carré des distances.

On en conclut que la loi du carré des distances n'est
applicable qu'à ce dernier cas, où les deux points éclairés par les deux foyers viennent se confondre avec l'intersection de l'axe vertical de l'écran avec la trace, sur
celui-ci, du plan horizontal passant par les deux foyers.
L'on verra que le photomètre Regnault ne résout pas la
question, et la réduction des dimensions de l'écran
limitant celle-ci à la surface d'un petit cercle qui a

pour centre l'intersection de l'axe avec la trace du plan horizontal passant par les deux foyers, a seul masqué le côté défectueux de ce mode d'observation, qui rend très variables les résultats suivant les observateurs, et pour le même observateur suivant les gaz de différentes qualités.

*Résumé.* — Avec le photomètre de Foucault, on a obtenu des écarts de **28** 0/0, et pour des lumières intenses dans le photomètre diédrique de Villarceau, on a obtenu des différences de 37 et 164 carcels sur une intensité à mesurer de 290 carcels.

Il y aura donc lieu, quand on veut comparer des becs très intenses avec des étalons de petite intensité, de tenir compte de ces considérations. M. Le Roux indique les moyens de se mettre à l'abri de ces erreurs, et les corrections à faire dans chaque cas. La place nous manque ici pour résumer cet intéressant mémoire.

### PHOTOMÈTRE DUMAS ET REGNAULT

Il se compose d'une lampe, d'un bec-type, d'un objectif, d'un compteur dit photométrique et d'un clepsydre destiné à vérifier ce compteur.

La figure **272** représente une vue de face, la figure **273** une vue de côté de l'appareil.

L'ensemble du photomètre est installé sur une table bien dressée qui repose elle-même sur les quatre pieds d'un bâti solide, au moyen de vis calantes. Par ces vis et par des niveaux à bulle d'air placés sur l'appareil, on arrive à le mettre parfaitement de niveau. La lumière prise pour type est celle d'une lampe Carcel brûlant 42 grammes d'huile de colza épurée à l'heure. Cette lampe L repose sur l'un des

plateaux d'une balance très sensible qui permet
d'apprécier la consommation d'huile dans un temps

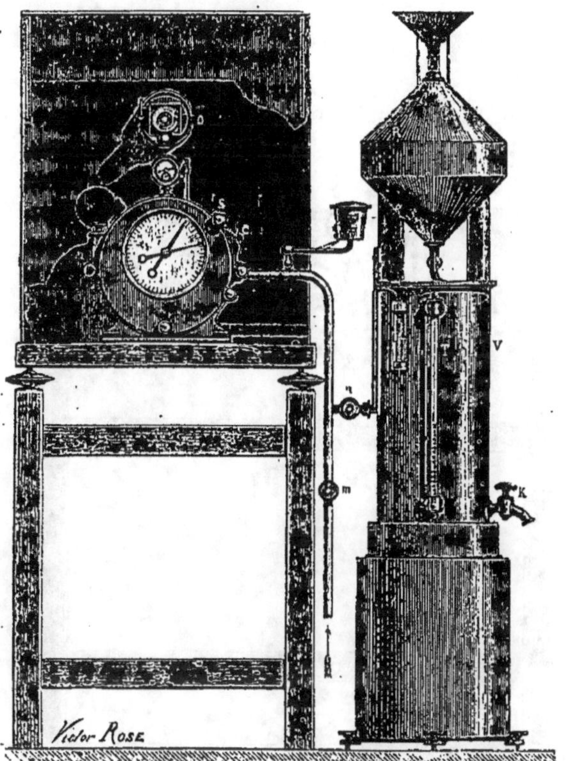


Fig. 272.

donné. Toutes les dimensions essentielles de la lampe
et de son verre sont indiquées dans l'instruction pratique.

Il en est de même des conditions réglementaires
du bec Bengel dans lequel le gaz est brûlé.

Fig. 273.

Ce bec est placé exactement à la même distance de l'écran que la lampe : le tube vertical qui
le porte est muni d'un manomètre pour constater

la pression sous laquelle le gaz arrive au compteur.

L'écran se trouve dans la lunette que l'on voit au-dessus du compteur ; la vis placée sur le côté permet d'élargir ou de rétrécir le champ lumineux de l'écran, pour apprécier plus nettement l'égalité de teinte des deux parties. La vis au-dessous de la lunette sert à écarter ou rapprocher la petite cloison transversale qui sépare les rayons émanés des deux sources lumineuses, de façon qu'on ne voie sur l'écran ni ligne sombre ni ligne lumineuse entre les deux parties éclairées.

La cloison qui supporte l'objectif met l'opérateur à l'abri de la vue des deux lumières, qui ne manqueraient pas d'impressionner ses yeux et nuiraient à la justesse de l'observation.

Le compteur C construit avec exactitude, ne porte qu'un seul cadran divisé en vingt-cinq parties égales, correspondant chacune à un litre. Chaque litre est divisé lui-même en dix autres parties, et avec un péu d'habitude on peut apprécier la consommation à 1/4 de division, c'est-à-dire jusqu'à un quarantième de litre. Le compteur est surmonté d'un compte-secondes. Sur le cadran des litres se trouvent deux aiguilles, l'une liée à l'arbre du volant et se mettant, par conséquent, en mouvement, dès que le gaz traverse le compteur ; l'autre, folle sur l'arbre, mais pouvant être engrenée avec lui par un levier qui commande en même temps le compte-secondes.

Lorsqu'on veut procéder à un essai, on amène à la main l'aiguille folle du compteur au zéro des litres ; on met les aiguilles du compte-secondes au zéro des minutes et des secondes, en pressant sur un petit bouton supérieur, et au moment précis où doit commencer l'essai, on pousse en arrière l'extrémité du levier. Ce mouvement met en marche le compte-secondes et rend solidaire avec l'arbre du volant l'aiguille folle qui indique la consommation. Le moment du départ est annoncé par le timbre fixé à la balance et dont le marteau retombe au passage de l'aiguille dans la verticale. L'essai fini, on tire en avant le levier, ce qui arrête le compte-secondes et débraie l'aiguille des litres ; on a alors tout le temps de lire avec soin les indications des aiguilles devenues immobiles, et l'on note à la fois la durée exacte de l'expérience et le volume du gaz brûlé.

Le robinet du porte-bec doit toujours être ouvert en plein pendant les essais ; on règle le débit du gaz de la manière suivante : l'orifice de sortie du compteur est commandé par un cône que meut une vis tournée par un bouton extérieur S. Ce bouton se voit vers le haut et à droite du compteur ; en le tournant dans un sens, on tire à soi le cône et on ouvre au gaz ; en le tournant dans l'autre sens, on enfonce le cône dans l'orifice et on diminue la section de sortie.

Cette disposition permet de faire varier la dépense de quantités infiniment petites avec la plus grande facilité. On doit faire le nivellement de l'eau avant chaque essai.

Le compteur doit être placé de façon que la tablette en fonte sur laquelle il est vissé soit parfaitement horizontale : cette tablette est à cet effet munie de vis calantes.

L'exactitude des indications fournies par le compteur est d'une telle importance, que MM. Dumas et

Regnault ont cru nécessaire d'adjoindre à leur appareil un instrument spécial pour sa vérification.

Le clepsydre que l'on voit à droite du compteur se compose de deux récipients superposés. Le récipient supérieur R, formé de deux cônes réunis par une partie cylindrique, contient exactement vingt-cinq litres. On le remplit d'eau par l'entonnoir qui le surmonte, de telle façon que le niveau vienne affleurer exactement à un trait tracé sur le tube de verre placé à la partie supérieure. Le récipient inférieur V est cylindrique on le remplit également d'eau, en observant le tube indicateur T. On ouvre alors le robinet de gaz $n$ branché sur le tuyau d'entrée et on fait écouler l'eau lentement par le robinet K ; le réservoir inférieur se remplit aussi de gaz. On comprend que si l'on fait ensuite couler l'eau du réservoir supérieur, celle-ci chassera exactement vingt-cinq litres de gaz : l'aiguille du compteur devra donc avoir fait exactement le tour du cadran.

Nous donnons ci-après l'instruction pratique indiquant, dans tous ses détails, la marche à suivre pour les essais, et telle que l'ont arrêtée MM. Dumas et Regnault eux-mêmes.

Pour obtenir de bons résultats, il est important d'opérer dans une chambre entièrement peinte en noir mat, afin d'éviter toute réflexion des rayons lumineux, réflexion qui pourrait influer sur l'intensité de l'une ou de l'autre des lumières. Il est essentiel que la pièce soit bien ventilée ; l'échauffement et la viciation de l'air qui résulteraient d'une ventilation insuffisante, exerceraient une action nuisible sur la combustion et, par suite, sur l'éclat de la flamme.

Il est nécessaire de ventiler la pièce par une hotte

en tôle placée à 50 centimètres environ au-dessus du verre des flammes.

## ESSAI ET VÉRIFICATION DU POUVOIR ÉCLAIRANT

*(Extrait de l'instruction spéciale sur la vérification du pouvoir éclairant du gaz à Paris.)*

Le principe de l'opération est le suivant :

« Deux flammes d'égale intensité, l'une produite par une lampe Carcel, l'autre par un bec à gaz brûlant autant que possible dans les mêmes conditions, on détermine les consommations d'huile et de gaz effectuées pendant un temps donné par l'un et l'autre de ces appareils. »

La flamme de la lampe Carcel prise pour type et celle du gaz normal sont amenées et maintenues à une égale intensité sous le rapport du pouvoir éclairant. Lorsque la lampe a brûlé 10 grammes d'huile, le bec doit avoir brûlé 25 litres de gaz, sous la pression de 2 à 3 millimètres d'eau, ce qui correspond à 42 grammes d'huile pour 105 litres à l'heure.

### 1° DESCRIPTION DES APPAREILS

#### Lampe Carcel

| | | |
|---|---|---|
| Diamètre extérieur du bec. . . . . . . | 23$^{m}$/$^{m}$5 | |
| — intérieur du bec (ou du courant d'air intérieur). . . . . . . . . . . | 17 | » |
| Diamètre du courant d'air extérieur. . . | 45 | 5 |
| Hauteur totale du verre. . . . . . . . . | 290 | » |
| Distance du coude à la base. . . . . . . | 61 | » |
| Diamètre extérieur du niveau du coude. | 47 | » |
| Diamètre extérieur du verre pris au haut de la cheminée. . . . . . . . . . . . . . | 34 | » |
| Epaisseur moyenne du verre. . . . . . | 2 | » |

*Conditions de la mèche.* — Mèche moyenne dite mèche des phares. La tresse de 75 brins. Le décimètre de longueur pèse 3 gr. 6. Les mèches doivent être conservées dans un endroit sec ou, si le local est humide, dans une boîte contenant de la chaux vive dans un double fond ; cette chaux sera renouvelée avant sa complète extinction.

*Conditions de l'huile.* — On emploiera de l'huile de colza épurée.

*Bec à gaz.* — Le bec d'essai est un bec Bengel en porcelaine à 30 trous, avec panier et sans cône.

| | | |
|---|---:|---:|
| Hauteur totale du bec. | 80ᵐ/ᵐ | |
| Distance de la naissance de la galerie au sommet du bec. | 31 | » |
| Hauteur de la partie cylindrique du bec. | 46 | » |
| Diamètre extérieur du cylindre en porcelaine. | 22 | 5 |
| Diamètre du courant d'air intérieur. | 9 | » |
| — du cercle sur lequel sont percés les trous. | 16 | 5 |
| Diamètre moyen des trous. | 0 | 6 |
| Hauteur du verre. | 200 | » |
| Epaisseur du verre. | 3 | » |
| Diamètre extérieur du verre. ( en haut. | 52 | » |
| ( en bas. | 49 | » |
| Nombre de trous percés dans le panier. | 109 | » |
| Diamètre des trous du panier. | 3 | » |

Les becs qui seront employés aux essais devront avoir été préalablement comparés aux becs-types conservés sous scellés.

## 2° PRÉPARATION DE L'ESSAI

Il est indispensable pour obtenir des résultats à l'abri d'erreurs, d'observer dans l'expérience les précautions suivantes :

*Allumage de la lampe.* — Mettre une mèche neuve. La couper à fleur du porte-mèche. Remplir exactement la lampe d'huile jusqu'à la naissance de la galerie. Monter la lampe. L'allumer en maintenant d'abord la mèche à 5 ou 6 millimètres de hauteur.

*Placer le verre.* — Pour régler la dépense, on élève la mèche à une hauteur de 10 millimètres, et le verre de telle sorte que le coude soit à une hauteur de 7 millimètres au-dessus du niveau de la mèche.

Pour obtenir ces conditions, on fait affleurer la pointe inférieure du petit appareil qui est adapté au porte-mèche, avec la mèche elle-même, et la pointe supérieure avec un trait au diamant marqué sur le col du verre. La lampe doit consommer 42 grammes d'huile à l'heure, et il importe de la régler à ce chiffre. Quand la consommation descend au-dessous de 38 grammes, ou qu'elle s'élève au-dessus de 46 grammes, l'essai est annulé, car c'est seulement aux environs de 42 grammes, entre 38 et 46 grammes que le rapport des pouvoirs éclairants est constant.

*Allumage du bec.* — On allume le bec, en ayant soin de faire porter la partie inférieure du verre sur la base de la galerie. On le laisse brûler ainsi que la lampe, pendant une demi-heure avant l'essai. On mesure la pression sur le manomère adapté au porte-bec. Elle doit être de 2 à 3 millimètres d'eau.

*Mesures.* — Tarer la lampe. Pour cela, la placer dans le cylindre fixé à un des plateaux de la balance,

et établir l'équilibre au moyen de grenailles de plomb.
Ajouter sur le plateau où se trouve la lampe un poids
supplémentaire (A). Etablir la communication du
fléau de la balance avec le timbre. S'assurer au moyen
des mires, que la flamme de la lampe et celle du bec
sont à la même hauteur et à une même distance de
l'écran. Ramener au zéro l'aiguille mobile sur l'axe
du compteur à gaz et celle du compteur à secondes.

*Essai.* — Se placer derrière la lampe. Pour obtenir
des lumières égales dans les deux moitiés de l'écran,
on fait varier la dépense du gaz au moyen du robinet à vis placé sur le compteur. Il est commode,
pour apprécier plus sûrement les intensités relatives
des deux lumières, de se servir de petites lames mobiles au moyen d'une vis, qui servent à diminuer le
champ de l'instrument.

Quand le marteau vient frapper sur le timbre, on
fait partir l'aiguille du compteur en tirant à soi le
levier qui met en mouvement les deux aiguilles.
Placer les 10 grammes (deux poids de 5 grammes)
dans les coupes placées de chaque côté de la lampe
et rétablir la communication du fléau avec le timbre.
Pendant tout le temps de l'essai, on doit observer
dans la lunette si l'égalité des deux lumières se
maintient ; au besoin, on la rétablit en réglant l'arrivée du gaz à l'aide du robinet à vis. Au moment où
le marteau frappe le timbre, on presse sur le levier
pour arrêter les deux aiguilles.

*Résultat de l'essai.* — *Calcul.* — On lit la dépense
sur le cadran du compteur et la pression sur le manomètre adapté au porte-bec. Le compteur marque
par exemple 24 lit. 5 pour une dépense de 10 gram-

mes d'huile. La dépense en gaz correspondant à 42 grammes d'huile sera :

$$2.45 \times 42 = 102^{lit}9.$$

Cet essai sera répété trois fois, de demi-heure en demi-heure. La lampe et le bec allumés au commencement de l'opération serviront, dans les mêmes conditions, pour le reste de l'expérience. On prendra la moyenne des trois résultats. La consommation normale de la lampe étant de 42 grammes d'huile à l'heure, pour brûler 10 grammes d'huile il faudra 14' 17".

Ainsi le compteur à secondes permet de déterminer, dans chaque expérience, la consommation d'huile que la lampe fait par heure, et de reconnaître si l'on est dans les limites indiquées plus haut.

Par exemple le compteur à seconde marque 15' 30", soit 15.5. D'après la proportion suivante, on aura :

$$\frac{10}{15.5} = \frac{x}{60} \quad \text{d'où } x = 38^g7$$

consommation d'huile par heure. On conclut que l'essai est acceptable.

Le tableau suivant permet de se rendre compte immédiatement de la quantité d'huile consommée à l'heure :

## Vérification du pouvoir éclairant du gaz

TABLEAU DES POIDS D'HUILE DE COLZA ÉPURÉ BRULÉS A L'HEURE PAR LA LAMPE CARCEL CALCULÉS DE SECONDE EN SECONDE DE 13 A 16 MINUTES

| DURÉE DES ESSAIS | | POIDS D'HUILE BRULÉE | | DURÉE DES ESSAIS | | POIDS D'HUILE BRULÉE | | DURÉE DES ESSAIS | | POIDS D'HUILE BRULÉE | | DURÉE DES ESSAIS | | POIDS D'HUILE BRULÉE | | DURÉE DES ESSAIS | | POIDS D'HUILE BRULÉE | | DURÉE DES ESSAIS | | POIDS D'HUILE BRULÉE | |
|---|---|---|---|---|---|---|---|---|---|---|---|---|---|---|---|---|---|---|---|---|---|---|---|
| m. | s. | g. | d. | m. | s. | g. | d. | m. | s. | g. | d. | m. | s. | g. | d. | m. | s. | g. | d. | m. | s. | g. | d. |
| 13 | » | 46 | 1 | 13 | 28 | 44 | 5 | 13 | 56 | 43 | » | 14 | 24 | 41 | 6 | 14 | 52 | 40 | 3 | 15 | 20 | 39 | 1 |
| 13 | 1 | 46 | » | 13 | 29 | 44 | 5 | 13 | 57 | 43 | » | 14 | 25 | 41 | 6 | 14 | 53 | 40 | 3 | 15 | 21 | 39 | » |
| 13 | 2 | 46 | » | 13 | 30 | 44 | 4 | 13 | 58 | 42 | 9 | 14 | 26 | 41 | 5 | 14 | 54 | 40 | 2 | 15 | 22 | 38 | » |
| 13 | 3 | 45 | 9 | 13 | 31 | 44 | 3 | 13 | 59 | 42 | 9 | 14 | 27 | 41 | 5 | 14 | 55 | 40 | 2 | 15 | 23 | 38 | 9 |
| 13 | 4 | 45 | 9 | 13 | 32 | 44 | 3 | 14 | » | 42 | 8 | 14 | 28 | 41 | 4 | 14 | 56 | 40 | 1 | 15 | 24 | 38 | 9 |
| 13 | 5 | 45 | 8 | 13 | 33 | 44 | 2 | 14 | 1 | 42 | 8 | 14 | 29 | 41 | 4 | 14 | 57 | 40 | 1 | 15 | 25 | 38 | 9 |
| 13 | 6 | 45 | 8 | 13 | 34 | 44 | 2 | 14 | 2 | 42 | 7 | 14 | 30 | 41 | 3 | 14 | 58 | 40 | » | 15 | 26 | 38 | 8 |
| 13 | 7 | 45 | 7 | 13 | 35 | 44 | 1 | 14 | 3 | 42 | 7 | 14 | 31 | 41 | 3 | 14 | 59 | 40 | » | 15 | 27 | 38 | 8 |
| 13 | 8 | 45 | 6 | 13 | 36 | 44 | 1 | 14 | 4 | 42 | 6 | 14 | 32 | 41 | 2 | 15 | » | 40 | » | 15 | 28 | 38 | 7 |
| 13 | 9 | 45 | 6 | 13 | 37 | 44 | » | 14 | 5 | 42 | 6 | 14 | 33 | 41 | 2 | 15 | 1 | 39 | 9 | 15 | 29 | 38 | 7 |
| 13 | 10 | 45 | 5 | 13 | 38 | 44 | » | 14 | 6 | 42 | 5 | 14 | 34 | 41 | 2 | 15 | 2 | 39 | 9 | 15 | 30 | 38 | 6 |
| 13 | 11 | 45 | 5 | 13 | 39 | 43 | 9 | 14 | 7 | 42 | 5 | 14 | 35 | 41 | 1 | 15 | 3 | 39 | 8 | 15 | 31 | 38 | 6 |
| 13 | 12 | 45 | 4 | 13 | 40 | 43 | 9 | 14 | 8 | 42 | 4 | 14 | 36 | 41 | 1 | 15 | 4 | 39 | 8 | 15 | 32 | 38 | 6 |
| 13 | 13 | 45 | 3 | 13 | 41 | 43 | 8 | 14 | 9 | 42 | 4 | 14 | 37 | 41 | » | 15 | 5 | 39 | 7 | 15 | 33 | 38 | 5 |
| 13 | 14 | 45 | 3 | 13 | 42 | 43 | 7 | 14 | 10 | 42 | 3 | 14 | 38 | 41 | » | 15 | 6 | 39 | 7 | 15 | 34 | 38 | 5 |
| 13 | 15 | 45 | 2 | 13 | 43 | 43 | 7 | 14 | 11 | 42 | 3 | 14 | 39 | 40 | 9 | 15 | 7 | 39 | 6 | 15 | 35 | 38 | 4 |
| 13 | 16 | 45 | 2 | 13 | 44 | 43 | 6 | 14 | 12 | 42 | 2 | 14 | 40 | 40 | 9 | 15 | 8 | 39 | 6 | 15 | 36 | 38 | 4 |
| 13 | 17 | 45 | 1 | 13 | 45 | 43 | 6 | 14 | 13 | 42 | 2 | 14 | 41 | 40 | 8 | 15 | 9 | 39 | 6 | 15 | 37 | 38 | 4 |
| 13 | 18 | 45 | 1 | 13 | 46 | 43 | 5 | 14 | 14 | 42 | 1 | 14 | 42 | 40 | 8 | 15 | 10 | 39 | 5 | 15 | 38 | 38 | 3 |
| 13 | 19 | 45 | » | 13 | 47 | 43 | 5 | 14 | 15 | 42 | 1 | 14 | 43 | 40 | 7 | 15 | 11 | 39 | 5 | 15 | 39 | 38 | 3 |
| 13 | 20 | 45 | » | 13 | 48 | 43 | 4 | 14 | 16 | 42 | » | 14 | 44 | 40 | 7 | 15 | 12 | 39 | 4 | 15 | 40 | 38 | 2 |
| 13 | 21 | 44 | 9 | 13 | 49 | 43 | 4 | 14 | 17 | 42 | » | 14 | 45 | 40 | 6 | 15 | 13 | 39 | 4 | 15 | 41 | 38 | 2 |
| 13 | 22 | 44 | 8 | 13 | 50 | 43 | 3 | 14 | 18 | 41 | 9 | 14 | 46 | 40 | 6 | 15 | 14 | 39 | 3 | 15 | 42 | 38 | 2 |
| 13 | 23 | 44 | 8 | 13 | 51 | 43 | 3 | 14 | 19 | 41 | 9 | 14 | 47 | 40 | 5 | 15 | 15 | 39 | 3 | 15 | 43 | 38 | 1 |
| 13 | 24 | 44 | 7 | 13 | 52 | 43 | 2 | 14 | 20 | 41 | 8 | 14 | 48 | 40 | 5 | 15 | 16 | 39 | 3 | 15 | 44 | 38 | 1 |
| 13 | 25 | 44 | 7 | 13 | 53 | 43 | 2 | 14 | 21 | 41 | 8 | 14 | 49 | 40 | 5 | 15 | 17 | 39 | 2 | 15 | 45 | 38 | 1 |
| 13 | 26 | 44 | 6 | 13 | 54 | 43 | 1 | 14 | 22 | 41 | 7 | 14 | 50 | 40 | 4 | 15 | 18 | 39 | 2 | 15 | 46 | 38 | » |
| 13 | 27 | 44 | 6 | 13 | 55 | 43 | 1 | 14 | 23 | 41 | 7 | 14 | 51 | 40 | 4 | 15 | 19 | 39 | 1 | 15 | 47 | 38 | » |

*Vérification du compteur.* — Elle doit se faire tous les huit jours en présence d'un agent de la compagnie.

*Préparation de l'expérience.* — Remplir d'eau le gazomètre. Y introduire le gaz. Pour cela on ouvre le robinet qui donne accès au gaz et en même temps celui qui laisse écouler l'eau. Recueillir dans un vase l'eau qui s'échappe, et l'introduire dans le réservoir supérieur. Le gazomètre étant plein de gaz, fermez le robinet inférieur.

On doit s'assurer alors s'il n'y a pas de fuite dans l'ensemble des appareils. Pour cela on ferme le robinet du porte-bec, on ouvre le robinet qui met en communication le gazomètre et le compteur, ainsi que le robinet à vis : on fait couler un peu d'eau du réservoir dans le gazomètre, jusqu'à ce que le gazomètre marque une pression de $0^m050$ d'eau.

Si cette pression n'a pas varié au bout de 5 minutes, il n'y a pas de fuite dans l'appareil.

*Expérience.* — Ramener à zéro l'aiguille du compteur. Ouvrir en plein le robinet du compteur et celui du porte-bec. Faire écouler l'eau du réservoir dans le gazomètre, au moyen du robinet disposé à cet effet. On règle l'écoulement de l'eau au moyen de ce robinet, de telle sorte que la pression indiquée par le manomètre ne dépasse pas $0^m003$.

Quand le niveau de l'eau dans le gazomètre se trouve au zéro de l'échelle, faire partir l'aiguille mobile du compteur. Quand le niveau de l'eau dans le gazomètre arrive au degré 25, on arrête l'aiguille du compteur.

On lit la division marquée sur cette aiguille. Si ces deux nombres sont d'accord, le compteur est exact. Dans le cas où le nombre de litres représenté par la marche du compteur, et celui qui serait indiqué par le gazomètre ne seraient pas d'accord, on répétera l'expérience trois fois par jour, pendant toute la semaine, et on prendra la moyenne.

Si la dépense du compteur, mesurée au gazomètre, présente des variations qui dépassent 1 pour 100, c'est-à-dire 0 lit. 25 ou bien 2.5 divisions pour les 25 litres du compteur, celui-ci doit être mis en réparation et remplacé.

### VÉRIFICATION DE LA BONNE ÉPURATION DU GAZ

L'appareil consiste en un bec de porcelaine semblable à celui adopté pour la détermination du pouvoir éclairant, il est monté sur un petit réservoir à gaz muni d'un manomètre à eau. Le bec traverse un plateau sur lequel on pose une cloche tubulée en verre. La tubulure porte un bec où le gaz se brûle.

*Préparation du papier d'épreuve.* — Plonger des feuilles de papier blanc, non collé, dans une dissolution d'acétate neutre de plomb dans l'eau distillée, contenant 1 de sel pour 100 d'eau.

Sécher ces feuilles de papier à l'air, les couper en bandes de 1 centimètre de largeur sur 5 centimètres de long, et les conserver dans un flacon à l'émeri à large goulot.

*Essai.* — Suspendre une feuille de papier ainsi préparée dans la cloche de l'appareil ci-contre. Ouvrir le robinet pour y faire arriver le gaz. Le manomètre doit indiquer une pression de 2 à 3 millimètres d'eau pendant la durée de l'expérience. Laisser la bande de papier dans le courant de gaz pendant la durée de l'un des essais photométriques.

Retirer la bande. Ecrire sur la bande le numéro du bureau et la date. La bande de papier ne doit pas brunir par l'action du gaz. Si elle ne s'est pas colorée, l'essayeur la renferme dans un flacon à l'émeri, à large goulot, où il conserve toutes les bandes d'un même trimestre.

## PHOTOMÈTRE FOUCAULT MODIFIÉ

L'appareil indiqué plus haut a l'inconvénient de ne pouvoir servir qu'à la vérification du pouvoir éclairant. Il ne se prête pas aux autres expériences photométriques. L'appareil suivant présente ces avantages; l'on évalue en poids la consommation de l'huile brûlée. L'appareil se compose d'un châssis en fonte, sur lequel reposent le bec, la lampe, la boîte de Foucault et le compteur d'expériences. Une disposition de timbre solidaire de la balance sert également à avertir l'opérateur. Le bec est supporté par un piédestal mobile, sur une règle divisée, ce qui permet de faire varier à volonté sa distance à l'écran. Pour la vérification du pouvoir éclairant, il est fixé à la même distance que la lampe.

Les autres dispositions sont celles du précédent. L'appareil est complété par un petit gazomètre de 30 litres remplissant le but du clepsydre. Pour les expériences diverses de photométrie, il y a lieu de faire varier la position du bec de manière à obtenir l'égalité de teintes pour des intensités différentes dans les flammes.

On arrive à ce résultat à l'aide d'une chaîne à la Vaucanson mise en mouvement par une manivelle placée à la portée de la main de l'opérateur et qui permet le déplacement du bec en même temps que l'observation de l'écran.

Dans cette situation, et suivant la loi commune, « les intensités sont en raison directe du carré des distances à l'écran. »

En appelant I l'intensité de la lampe Carcel à la distance fixe $a$ (de $1^m$) et I' l'intensité du bec à la distance $x$, on a l'égalité :

$$\frac{I}{I'} = \frac{a^2}{x^2} \cdot$$

Or, comme I est l'unité et que $a = 1$ mètre, on voit que $I' = x^2$. Si donc, dans un essai, on trouve $x = 0^m70$, on en conclura que l'intensité de la flamme du bec sera de $\overline{0,70}^2 = 0,49$ d'une lampe Carcel, dont on aura en même temps la consommation horaire.

## PHOTOMÈTRE SIMPLIFIÉ DE FOUCAULT

On a simplifié ces appareils et une modification très simple donne encore des résultats satisfaisants dans la pratique. Il se compose de deux règles graduées, fixées à demeure sur un châssis de fonte.

Ces deux règles supportent l'une la lampe, l'autre le porte-bec. La boîte photométrique supportée par un pied est placée au point d'intersection des deux règles. Les flammes et l'écran sont dans un même plan horizontal. Un compteur d'expériences sert à mesurer la consommation du bec essayé.

On peut avec ce photomètre arriver à l'évaluation du poids de l'huile brûlée par la lampe avec une approximation suffisante en opérant ainsi : Régler la lampe Carcel comme il est indiqué plus haut ; après

11.

une demi-heure d'allumage, faire une expérience qui donnera la distance $x$ du bec à l'écran. Poser la lampe sur une balance, la tarer de manière que l'aiguille s'incline légèrement de son côté. L'huile brûlant, son poids diminue et l'aiguille s'approche du 0 dans la verticale. On met le compte-secondes en marche au moment où l'aiguille passe sur le 0, et on ajoute aussitôt 10 grammes dans le plateau de la lampe. Il ne reste plus qu'à attendre le nouveau passage de l'aiguille au zéro pour connaître le temps nécessaire pour brûler les 10 grammes et en déduire la consommation à l'heure. Ce chiffre une fois connu permet d'en conclure la valeur du pouvoir éclairant comparatif du bec ou du gaz expérimenté.

## PHOTOMÈTRE SYSTÈME BUNSEN

Le photomètre système Bunsen est un appareil commode pour des essais qui ne demandent pas une très grande précision. Il remplit le but pour des expériences comparatives sur les becs et la détermination sommaire du pouvoir éclairant du gaz de composition variable. Enfin il est vraiment transportable et son installation très facile.

Ce modèle est disposé pour l'usage d'une lampe Carcel, il permet en même temps l'emploi de la bougie. Cet appareil consiste en une règle divisée, variant de un à deux mètres de longueur. A l'une des extrémités est fixée la lampe type. A l'autre le bec à gaz dont on veut mesurer l'intensité. Ces deux lumières doivent être exactement dans l'axe de la règle et sur une même horizontale.

L'écran glisse, à l'aide d'un coulisseau, sur cette

règle. Un index permet de lire la division correspondante à l'égale intensité. Un compteur d'expérience enregistre la dépense-du bec, et l'emploi d'un régulateur est à recommander surtout pour des essais demandant un certain temps pendant lequel la pression pourrait varier. Dans ce photomètre « les intensités sont en raison directe du carré des distances de l'écran aux deux lumières ».

Si I représente le pouvoir éclairant de la lampe Carcel et $a$ sa distance à l'écran, I' le pouvoir éclairant du bec à la distance $b$, on a l'égalité :

$$\frac{I}{I'} = \frac{a^2}{b^2} .$$

Or, comme I est l'unité, il s'ensuit que $I' = \dfrac{b^2}{a^2}$ .

Pour une règle de 1 mètre de long, si l'écran, au moment de l'égale intensité, est placé de telle sorte que $a = 0^m40$, $b = 0^m60$, on en conclut que l'intensité du bec $I' = \dfrac{0,6^{2}}{0,4^{2}} = 2$ carcels 2/10.

On peut procéder à l'évaluation du poids d'huile comme il a été expliqué précédemment pour le photomètre simplifié de Foucault.

### AUTRE PHOTOMÈTRE

L'appareil est également très simple. Il permet de comparer rapidement la puissance éclairante d'une lampe et d'un bec dont les consommations en huile et en gaz sont supposées réglées d'une façon suffisante.

Le plan de l'écran est disposé perpendiculairement

à la ligne qui va d'une lumière à l'autre. La feuille
de papier dont il est formé est rendue transparente
sur les deux faces, sauf sur un point central seul ; deux
glaces inclinées reflètent pour l'observateur l'image
des deux faces de l'écran : lorsque ces deux faces sont
également éclairées, la transparence cesse et le point
central disparaît. Si donc, pour produire ce résultat,
il faut placer les deux lumières à comparer à des distances inégales, leurs intensités sont proportionnelles
aux carrés des distances observées.

Le support de la lampe est relié invariablement
à celui de l'écran, et la distance qui les sépare
est constante. Tous deux peuvent se déplacer
ensemble le long d'une règle graduée ; le bec, au
contraire, est fixé à l'extrémité de la règle. Les
deux sources lumineuses étant réglées, on avance ou
on recule la lampe et l'écran, jusqu'au moment où,
les lumières s'équilibrant, on voit disparaître le point
central sur les deux images réfléchies par les glaces,
et où, par conséquent, l'écran présente sur toute sa
surface une teinte uniforme. On n'a plus alors qu'à lire
sur la règle l'intensité relative des deux lumières ;
la graduation y est faite de façon à éviter tout
calcul.

*Observation générale.* — Le bec et la bougie produisent des nuances différentes qui rendent difficile
l'appréciation de l'égalité d'éclairage des deux portions de l'écran, il est bon de placer en avant de ce
dernier un verre de couleur qui fait disparaître la
différence des teintes. Une lame mince de gélatine,
colorée en rouge, donne un résultat assez satisfaisant.

## PHOTOMÈTRE A JET

Cet instrument, d'une grande simplicité, est fondé sur la propriété qu'ont les becs-bougies de donner pour la même pression et le même orifice des hauteurs de flammes variables avec le pouvoir éclairant du gaz. Il consiste en un bec-bougie muni d'un régulateur, le tout enfermé dans une boîte rectangulaire vitrée.

On fixe une première fois, à l'aide d'un index, la hauteur de la flamme pour le gaz réglementaire, et les variations dans cette hauteur correspondent aux variations du pouvoir éclairant.

En se basant sur cette propriété, M. Giroud a imaginé un appareil qu'il a appelé vérificateur du pouvoir éclairant et de la densité du gaz, qui dispense de l'emploi du photomètre et de la chambre noire. L'appareil, que représente la figure 274, se compose d'un photo-rhéomètre, d'un petit gazomètre équilibré et d'un compte-secondes.

Lorsque le gaz a un pouvoir éclairant tel que 105 litres, donne la même lumière que la Carcel brûlant 42 grammes d'huile à l'heure, si le trou du bec est de un millimètre, la hauteur de la flamme est de 105 millimètres, et la dépense horaire de 38 litres ; si le gaz est moins éclairant, il faut en consommer un plus grand volume pour maintenir la flamme à la hauteur de 105 millimètres, et inversement s'il est plus éclairant.

Le régulateur placé au-dessous du bec a pour but de maintenir la dépense fixe une fois que la flamme a été réglée à la hauteur de 105 millimètres, au moyen d'un robinet K. Dans cet appareil, la flamme est entourée d'un verre en partie noirci et sur lequel on a tracé deux traits, à 105 millimètres l'un de l'autre, le trait inférieur correspondant au niveau du bec.

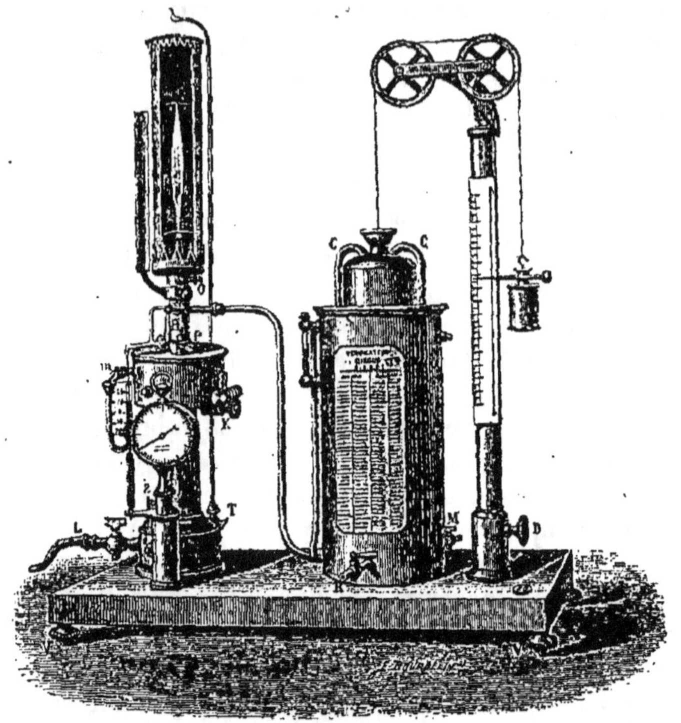

Fig. 274.

Le robinet B est à trois voies, permettant d'envoyer le gaz soit au bec, soit au gazomètre, les mouvements de sa bascule arrêtent ou mettent en marche le compte-secondes.

Le petit gazomètre porte une échelle divisée en centimètres et millimètres, mobile au moyen d'une

vis, et comme on fait l'expérience en une minute et
non en une heure, on a joint à l'appareil un tableau
donnant, par des calculs faits à l'avance, la réduction
des chiffres de l'échelle du gazomètre en litres de gaz
dépensée par heure pour donner la même lumière
que la lampe Carcel.

Pour faire l'essai, on règle au moyen du robinet K
placé sur le côté du régulateur, la hauteur de
flamme du bec-bougie exactement à 105 millimètres,
distance exacte entre les deux repères que l'on voit
sur la figure.

Après avoir mis le chronomètre à zéro, et amené
sous l'index le zéro de l'échelle, on relève horizontalement la béquille B. Le compte-secondes se met en
marche. Le gaz, au lieu d'aller au brûleur, se rend
au gazomètre, et le volume du gaz qui passe par le
robinet étant d'ailleurs indépendant de la position de
la bascule, le volume de gaz qui arrive dans le gazomètre dans un espace de temps déterminé est celui
qu'aurait consommé le bec dans le même temps. On
laisse écouler le gaz dans le gazomètre pendant une
minute, au bout de laquelle, aussi exactement que
possible, on relève la béquille du robinet B. L'aiguille
du compte-secondes indique si l'arrêt a été fait exactement au moment voulu.

S'il en est ainsi, on cherche sur le tableau, dans la
colonne du pouvoir éclairant, le chiffre correspondant
au nombre de millimètres marqué par l'index sur
l'échelle, et ce chiffre indique combien le bec Bengel
type, brûlant le gaz essayé, devrait en consommer
en une heure pour donner la lumière d'une Carcel.
Le tableau est fixé sur la cuve de gazomètre, comme
l'indique la figure.

Pour mesurer la densité, on ferme complètement le robinet K, et on procède comme pour mesurer le pouvoir éclairant, sans tenir compte de la longueur de la flamme.

Les chiffres correspondants aux millimètres marqués sur l'échelle se trouvent également sur le petit tableau fixé à la cuve du gazomètre.

Dans le but de rendre plus rapides et plus simples les essais photométriques, on a remplacé la lampe Carcel, dont l'emploi exige des précautions multiples, par le bec type à double courant d'air. Ce bec donne exactement la Carcel pour 105 litres à l'heure.

Pour la détermination de l'éclairage des lampes à récupération, dont la plupart, alimentées par le haut et ne pouvant être fixées sur un support comme les becs à papillon ou les becs à verre ordinaire, on a employé un dispositif spécial.

## PHOTOMÈTRE FOUCAULT POUR GROS FOYERS

Le photomètre employé pour ces essais est un photomètre Foucault, avec quelques modifications dans la disposition des règles qui sont toutes deux divisées et reçoivent chacune un chariot mobile. Ces chariots sont manœuvrés au moyen de deux petites roues de manœuvre à portée de la main de l'opérateur et sur lesquelles passe une chaîne calibrée reliée aux chariots. L'un des chariots reçoit le bec type, l'autre reçoit l'appareil en essai.

Lorsque l'appareil à essayer est une lampe à flamme renversée, on la suspend au-dessus du chariot resté libre et on règle la consommation. Au-dessous, exactement dans l'axe, on dispose un miroir

plan rectangulaire, monté sur un pied, et mobile
autour de son axe horizontal ; un cadran divisé indique l'inclinaison du miroir que l'on prend exactement de 45°.

Les rayons lumineux émis par la lampe sont reçus
par le miroir, qui, grâce à son inclinaison, les renvoie horizontalement dans la lunette.

Dans la détermination du nombre de carcels, il y
a lieu de tenir compte de la distance verticale de la
lampe au miroir, et aussi de l'absorption due à ce
miroir. Ce dernier renseignement est fourni par le
constructeur lors de la livraison de la glace. Dans ce
genre d'essai, la glace reste fixe, et c'est le bec-type
qu'on approche ou qu'on éloigne pour arriver à l'égalité des teintes sur l'écran.

Il faut avoir soin de plus de masquer entièrement
la lampe, de façon à n'avoir aucun rayon convergent
provenant de la source lumineuse dans la lunette du
photomètre. Les intensités obtenues sont corrigées
au moyen de la formule :

$$i' = \frac{i}{\mathrm{Cos}\ \mathrm{K}}$$

on a trouvé ainsi les chiffres renfermés dans le tableau ci-après pour le rendement en carcels, de différentes lampes à récupération :

CONSOMMATION HORAIRE POUR 1 CARCEL-HEURE

| | |
|---|---|
| Becs-bougies à gaz. . . . . . . . . | 200 litres. |
| Bougies (de l'Etoile) ou stéariques. . | 70 grammes. |
| Becs papillons à gaz . . . . . . . . | 127 litres. |
| Becs de gaz, type Bengel. . . . . . | 105 » |
| »        à verre de forte consommation . . . . . . . . | 90 , » |

Lampes à huile . . . . . . . . . .    42 grammes.
»     à pétrole . . . . . . . . . .    39    »
»     à gaz à récupération de faible
        consommation . . . . .    50 litres.
»     à gaz à récupération de forte
        consommation . . . . .    30    »

### DÉPENSES PAR CARCEL DES DIVERS BECS A RÉCUPÉRATION (RÉSUMÉ)

| Désignation des becs. | Consommation des becs par heure. | Dépenses par carcel. |
| --- | --- | --- |
| Siemens . . . . . . | 260 litres | 76 lit. 19 |
| » . . . . . . | 525 » | 50.46 |
| » . . . . . . | 800 » | 38.33 |
| Parisien . . . . . | 160 » | 71.61 |
| » . . . . . . | 525 » | 40.30 |
| Delmas. . . . . . | 80 » | 65.4 |
| » . . . . . . | 140 » | 55.94 |
| Wenham . . . . . | 100 » | 58.28 |
| » . . . . . . | 200 » | 46.9 |
| » . . . . . . | 300 » | 30 |
| Cromartie . . . . | 60 » | 60 |
| » . . . . . | 180 » | 40.68 |
| » . . . . . | 200 » | 33.33 |
| » . . . . . | 280 » | 31.79 |
| » . . . . . | 400 » | 29.3 |
| Danischewsky . . | 140 » | 50.9 |
| L'Industriel. . . . | 400 » | 47.15 |

La qualité d'un éclairage dépend non seulement de la quantité de lumière (intensité lumineuse) produite, mais encore de la façon dont elle est répartie, dans la direction où on l'étudie.

L'intensité lumineuse est le nombre de carcels

produit par une source de lumière, tandis que l'éclairement dépend de la position de l'objet par rapport à la source lumineuse qui l'éclaire.

L'intensité se mesure en carcels, mais pour l'éclairement, l'unité est la bougie-mètre, c'est-à-dire l'éclairement produit sur l'objet par une bougie placée à un mètre de distance.

Au point de vue pratique, l'éclairement est une donnée beaucoup plus intéressante que l'intensité. L'éclairement représente en effet la clarté dont on dispose pour se diriger et voir les obstacles dans la rue, la clarté que prennent les objets pour le travail manuel dans un atelier, la feuille de papier pour la lecture. Cette clarté dépend de l'intensité, du nombre, de la répartition des foyers lumineux et de la lumière réfléchie sur les murs, plafonds, etc. La mesure de l'éclairement constitue un moyen de juger si l'éclairage est judicieusement employé, c'est-à-dire uniformément réparti.

Deux éclairages sont évidemment équivalents quand un même objet, soumis alternativement à l'un et à l'autre, paraît acquérir le même éclat et produit le même effet sur la rétine.

Dans ces appareils, les sources lumineuses comparées sont l'une, une fraction générale de la lumière à mesurer, et l'autre une fraction de la lumière produite par une lampe étalon. L'objet éclairé est un écran qui reçoit, sur l'une des moitiés de sa surface l'un des éclairages, et, sur l'autre moitié, l'autre fraction de lumière. On fait varier l'une ou l'autre des deux fractions, jusqu'à ce que les deux parties de l'écran soient également éclairées.

## PHOTOMÈTRE MASCART

L'appareil qui a servi dans les différentes expériences dont il sera question plus loin, est dû à M. Mascart.

La figure 275, ci-après, représente la coupe horizontale de ce photomètre, décrit par M. Lafargue dans le journal l'*Electricien*.

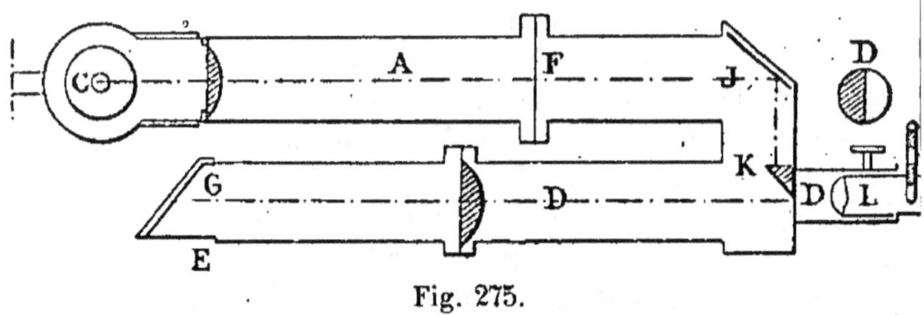

Fig. 275.

Il se compose essentiellement de deux tubes : l'un recevant la lumière à mesurer, et l'autre celle d'une source de comparaison. Les deux faisceaux de lumière, après leur passage dans ces tubes, sont reçus chacun sur la moitié d'un disque de Foucault. On amène l'égalité des teintes au moyen de diaphragmes de différentes surfaces.

On dispose l'appareil de façon que l'écran de Foucault C se trouve au point où l'on veut déterminer l'éclairement. La lumière tombe sur la lentille, la traverse, se réfléchit sur une glace J, pénètre dans le prisme K, est réfléchie par la grande face à 45° et éclaire la moitié du disque D.

A l'extrémité de l'autre tube se trouve une lampe étalon E, qui, pour une certaine hauteur de flamme, donne une intensité lumineuse définie. Il faut donc commencer par régler la hauteur de la flamme, ce qui se fait très aisément au moyen d'une projection sur un verre dépoli. Cette lampe envoie un faisceau de lumière qui est concentré par une lentille sur un écran de Foucault de même surface.

Une lentille, placée contre le second diaphragme à volets mobiles, a une distance double de la distance focale principale de l'écran G, donne l'image de cet écran sur l'écran D.

On a donc ainsi sur l'écran D les quantités de lumière émises par les deux sources, chacune d'elles occupant la moitié du disque. On observe cet écran à l'aide d'une lentille L. Dans le cas où les lumières à comparer sont de colorations différentes, on a recours, pour l'observation, à une série de verres colorés qui permettent, par une suite d'approximations successives, d'obtenir un résultat satisfaisant.

On dirige la plaque de A de façon que la lumière que l'on veut étudier tombe normalement, et à cet effet l'extrémité du tube qui porte cette plaque est susceptible de tous mouvements autour de l'axe du tube ; il suffit ensuite d'établir l'équilibre à l'aide des diaphragmes à volets mobiles, ce que l'on obtient très aisément.

M. Mascart a fait des essais et comparé les éclairages anciens en adoptant comme unités la surface et le volume des salles éclairées :

| Désignation des lieux. | Nombre de bougies | |
| --- | --- | --- |
| | par mètre horizontal. | par mètre cube. |
| Hôtel-de-Ville (1888) : | | |
| Salle des fêtes. . . . | 14.46 | 0,78 |
| Grand salon. . . . . | 15.24 | 1.86 |
| Galerie latérale . . . | 13.98 | 0,50 |
| Salon réservé . . . . | 4.36 | 0,53 |
| Odéon . . . . . . . . | 7.06 | 0,44 |
| Comédie-Française. . . . | 9.75 | 0,67 |
| Palais-Royal. . . . . . | 21.10 | 1.90 |
| Porte-Saint-Martin. . . | 16 | 0,98 |
| Opéra (soirées de bal) : | | |
| Foyer. . . . . . . . | 8.93 | 0,81 |
| Salle . . . . . . . . | 27.85 | 1,21 |
| Scène. . . . . . . . | 8.90 | 0,59 |

Salle du poste central des Postes et Télégraphes.
— Éclairage électrique à arc (15 régulateurs Cance
de 8 ampères) :

Éclairement maximum sous le lustre du milieu (horizontal) . . . . . . . . . . . . . . . . 45 bougies-mètre.

Éclairement minimum dans le coin
le plus obscur de la pièce. . . . . . . 3.5        »

La même salle éclairée au gaz (75 becs Cromartic
de 140 litres à l'heure) :

Éclairement maximum . . . . . . 45 bougies-mètre.
     »         minimum . . . . . . 3.5        »

La dépense de 10 m³ de gaz est très faible pour une
salle de cette dimension, il faudrait le double ; les deux
éclairages, gaz et électricité, seraient comparables.

Au point de vue de l'éclairage public, le gaz
donne des résultats comparables à ceux de l'électricité.

Les calculs faits sur l'éclairage des différentes voies de Paris ont donné en effet :

1° *Eclairage électrique par lampes à arc :*

Rue Royale . . . . .   1,5   bougie par mètre carré.
Place de l'Opéra. .   0,75         —

2° *Eclairage au gaz :*

Rue du Quatre-Septembre, 0,45 bougie par mètre carré.

Place de la Bastille, 0,46 bougie par mètre carré.
Rue de la Paix, 1,5 bougie par mètre carré.

Le gaz offre sur l'éclairage par lampe à arc l'immense avantage de la division, facilité qui est la condition essentielle de la bonne répartition de l'éclairage.

## ÉTALONS DIVERS

Pour terminer, nous indiquerons les étalons photométriques autres que le bec Carcel.

### Bougie anglaise

L'étalon en Angleterre est la bougie de spermaceti de 6 à la livre brûlant 2 grains de matière grasse par minute ou 120 grains (7 gr. 776) par heure.

On admet que pour une consommation comprise entre 114 et 126 grains par heure, la valeur éclairante est proportionnelle à la consommation et on fait la correction au moyen d'une simple proportion. Pour une consommation de 120 grains à l'heure, son pouvoir éclairant est égal à 0,120 carcel normale.

### Bougie allemande

C'est une bougie de paraffine de 6 à la livre et d'un diamètre uniforme de 20 millimètres. Le point de fusion de la paraffine employée est de 55° C. La valeur éclairante de la bougie se règle d'après la hauteur de la flamme; l'unité correspond à une flamme de 50 millimètres de hauteur, le pouvoir éclairant correspondant est égal à 0,34 carcel.

### Bougie de Munich

C'est une bougie stéarique, de forme légèrement conique; elle doit consommer de 10 gr. 2 à 10 gr. 6 de stéarine à l'heure sans fumer et sans avoir besoin d'être mouchée. Brûlant 10 gr. 4 de stéarine à l'heure, son pouvoir éclairant correspondant est de 0,153 carcel.

### Bougie de l'Etoile

La *bougie de l'Etoile* de 5 au paquet consommant 10 gr. de stéarine à l'heure en donnant une flamme de 52,5 millimètres, a une puissance lumineuse égale à 0,136 carcel. Nous indiquerons également les modes employés pour fixer le titre du gaz.

En France on fixe encore le titre du gaz en stipulant la consommation de gaz nécessaire pour obtenir l'éclat d'une lampe carcel brûlant 42 gr. d'huile de colza épurée à l'heure. En Angleterre on détermine le nombre de bougies correspondant à une consommation de 5 pieds cubes (141 lit. 6) de gaz à l'heure dans un bec établi par M. Sug et appelé « London Argand n° 1 ».

Dans ces conditions on obtient 1,587 carcel pour 5 pieds cubes de gaz, soit 13,2 bougies en prenant une bougie = 0,12 carcel.

A Berlin le titre est déterminé par le nombre de bougies anglaises correspondant à une consommation de 150 litres de gaz à l'heure dans un bec Argand. L'on obtient environ 1,755 carcel ou 14.5 bougies pour une consommation de 150 litres de gaz à l'heure.

En France, M. Giroud, et en Angleterre M. Methven ont cherché à représenter l'étalon lumineux au moyen d'une flamme alimentée par le gaz ordinaire, tel qu'il est livré à la consommation.

Nous avons décrit l'appareil Giroud, la description de l'appareil Methven et des principes quelque peu sujets à discussion sur lesquels il est fondé nous entraînerait trop loin, il nous suffit de le signaler à nos lecteurs.

### Etalon Vernon-Harcourt

M. Vernon-Harcourt, de Londres, a également cherché à réaliser un étalon en s'efforçant d'obtenir pour les essais un gaz de composition constante. L'étalon est réglé pour donner aussi approximativement que possible la même quantité de lumière qu'une bougie normale de spermaceti de valeur moyenne. Le combustible employé est de l'air carburé au moyen de carbures d'hydrogène volatils extraits du pétrole. On prépare ce liquide par une distillation fractionnée de la gasoline, préalablement lavée à l'acide sulfurique et à la soude caustique. Le liquide décanté est distillé quatre fois successivement à $60°$ — $55°$ — $50°$ — et une dernière fois à $50°$. Il est alors principalement formé d'un mélange de penthane, de tétrane et d'hexane; son poids spécifique varie entre 0,628 et 0,631 à $15°$ C.

L'air carburé se prépare en laissant le liquide se mêler à l'air par diffusion dans la proportion de 1 centimètre cube de liquide pour 576 cent. cubes d'air à la pression de 760 millimètres et à $15°$ C.

On a ainsi un mélange de 20 volumes d'air pour 7 volumes de vapeur de penthane.

La diffusion se fait dans une cloche de 200 litres et demande environ 6 heures. Le brûleur employé est un bec-bougie dont l'orifice a 6 millimètres 35 ; la flamme est réglée à une hauteur de 63 millimètres 5.

Il résulte des expériences de M. Vernon-Harcourt :

1° Que la composition du liquide peut varier dans certaine limite, entre 0,628 et 0,631 sans que le pouvoir éclairant de la flamme change ;

2° Que la proportion d'air et de vapeur de pentane peut varier de 3 0/0 en dessus ou en dessous de la proportion normale sans que la lumière change ;

3° Que les dimensions du bec et la hauteur de la flamme ont une influence marquée sur la quantité de lumière émise. Aussi le bec doit-il avoir des dimensions absolument exactes. L'orifice est percé dans une plaque de cuivre de 12 millimètres 7 d'épaisseur et doit avoir 6 millimètres 35. La hauteur de la flamme indiquée par un fil de platine horizontal est fixée à 63 millimètres 5. La consommation du bec doit être comprise entre 13 lit. 6 et 14.7 litres à l'heure ; elle est réglée par un petit régulateur.

Dans ces conditions on a obtenu une puissance lumineuse de 1 bougie = 0,125 carcel ou 1 carcel normale = 8 becs-bougie Vernon-Harcourt. Cet étalon a évidemment fait faire un grand pas à la détermination et à l'adoption d'un bec étalon international si désiré par les savants et les industriels, gaziers ou électriciens.

# CHAPITRE XVII

## DÉTAILS SUR LA CONSTRUCTION DES USINES

Le choix de l'emplacement d'une usine est très important au point de vue de l'arrivage des matières premières, la houille principalement, et de l'évacuation des produits obtenus : gaz, coke, goudrons, eaux ammoniacales, etc. Au point de vue de la houille, il est intéressant que l'usine soit placée près d'une ligne ou gare de chemin de fer avec laquelle elle sera reliée, pour éviter les transbordements et les transports si onéreux par voitures. Il est encore plus avantageux si l'usine peut être placée près d'une rivière navigable, ou un canal, les transports par eau étant moins élevés que par voies ferrées. Il sera établi des quais de débarquement reliés à l'usine par des voies ferrées.

Les bords des rivières présentent quelquefois des inconvénients, ils sont souvent marécageux et le coût des fondations peut élever beaucoup le prix de premier établissement. De plus, la rivière peut être sujette à des débordements et il devient nécessaire d'élever le niveau général de l'usine au-dessus des plus hautes crues, et de prendre des précautions spéciales pour mettre les cheminées courantes à l'abri de ces inondations. On a vu quelquefois des usines arrêtées et des villes plongées dans l'obscurité par suite de l'inondation des cheminées courantes qui arrêtait toute fabrication.

Le choix est donc très délicat. On a vu quelquefois un mauvais choix du terrain, conduire à un supplément considérable de premier établissement, et il peut être souvent avantageux de payer plus cher un terrain bien placé.

Il est intéressant, quand on le peut, de choisir un terrain placé dans le point le plus bas de la ville à desservir, on travaille dans des conditions plus favorables de pression. L'influence du frottement et la force ascensionnelle résultant de cette différence de niveau s'équilibreront en partie, la pression qu'on devra donner à l'usine sera moins grande, on aura ainsi des pertes de gaz moins grandes par la canalisation, cette perte est souvent assez importante pour que tous les soins, aussi bien du constructeur que du directeur, soient employés à la réduire au minimum.

L'importance de l'usine, au début, est déterminée par la consommation des lanternes publiques concédées, et par une évaluation un peu approximative de l'éclairage privé. Il faut, en général, calculer largement les canalisations malgré le prix plus élevé de premier établissement, pour ne pas être obligé de remplacer à trop bref délai des tuyaux devenus rapidement insuffisants par suite d'un calcul trop juste au début.

Dans les grandes usines, où la manipulation du charbon s'exerce sur un poids considérable, il est utile de réduire au minimum la main-d'œuvre d'arrivage, d'emmagasinage et de transport du charbon dans les ateliers de distillation. Aussi on cherche à faire passer les voies non seulement à travers les magasins à charbon, mais à travers les ateliers de distillation, et même les chantiers à coke et les cours d'extinction,

On peut ainsi distiller les arrivages sans main-d'œuvre de transports. Une disposition qui semble préférable, est de faire passer une voie perpendiculairement à l'axe des batteries de fours ; on a ainsi d'un côté l'arrivage des charbons, et de l'autre les cours d'extinction avec voie ferrée également pour le transport et l'évacuation de ce combustible par chemin de fer.

Nous allons passer en revue les diverses parties de l'usine et indiquer les surfaces relatives des appareils et des bâtiments suivant la production.

### PARCS A CHARBONS

Dans les petites et moyennes usines, on a souvent des hangars à charbon, qui deviennent impossibles pour les grandes usines, leurs avantages ne compenseraient pas les dépenses de premier établissement.

Si l'on désire avoir en magasin un approvisionnement de deux mois d'avance, il faut compter compris chemins, places perdues, etc., une surface variant de 10 à 25 mètres carrés par cornue avec un magasin possible de 1,800 kilogs à 2,800 kilogs par mètre carré variable avec la hauteur du tas de 3 à 5 mètres.

### CHANTIERS A COKE

La surface à donner est de 6 à 18 mètres par cornue, avec un magasin possible de 40 à 100 hectolitres suivant la hauteur de 5 mètres à 12 mètres.

### ATELIER DE DISTILLATION

Même dans une petite usine bien conduite, on peut aujourd'hui compter sur une production de 175 à 250^m³ de gaz par cornue et par 24 heures. On peut calculer la production maximum pour les jours de dépense maximum ; en comptant une réserve de 30 0/0, on déterminera le nombre de fours nécessai-

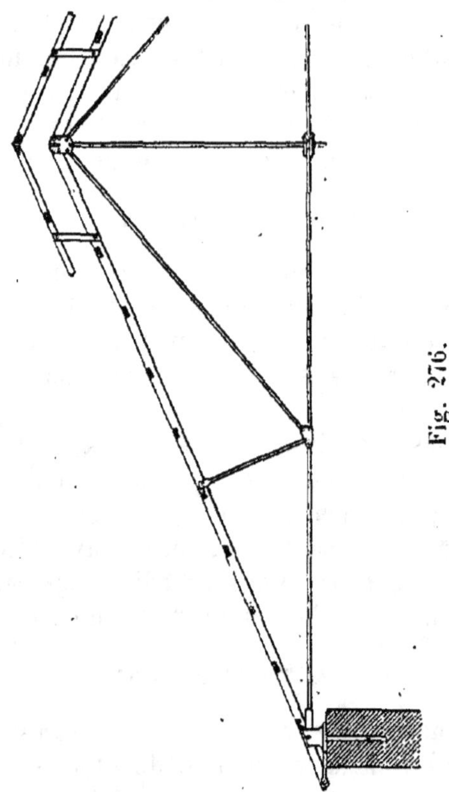



res. Il est indispensable de laisser entre les cornues et le mur du bâtiment un espace de 6 à 7 mètres pour donner de la commodité au service, ce qui conduit pour des ateliers à four simple à une largeur d'environ 9 à 10 mètres et avec les fours doubles à 20 mè-

tres. La surface des ateliers de distillation pour des
fours doubles varie de 4ᵐ50 à 7 mètres par cornue. La
hauteur doit être de 6 à 8 mètres à la sablière avec

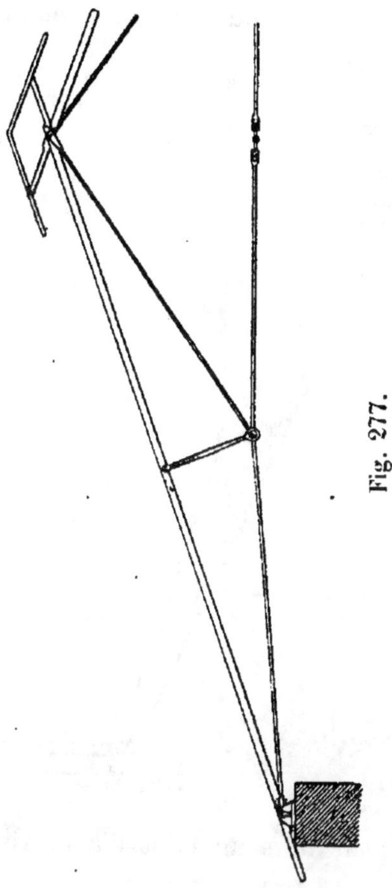



un toit en tuile, ardoise, ou tôle ondulée, supporté
par une charpente en fer (fig. 276, 277, 278) et muni
d'un lanterneau assez développé pour permettre une
évacuation rapide des fumées du délutage des cor-

nues et du décrassage des foyers. La hauteur dépend
encore de la solution adoptée pour l'arrivage des
wagons dans les ateliers, suivant qu'ils arrivent sur
un quai au niveau du sol ou à 2m5 ou 3 mètres au-

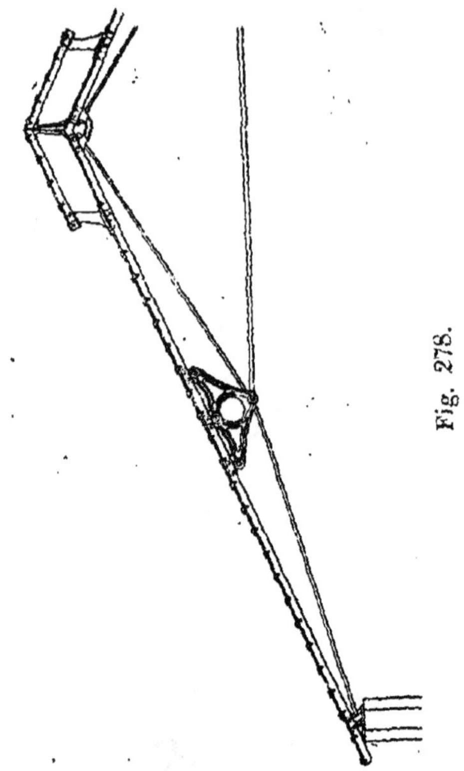

Fig. 278.

dessus du sol pour faire un talus d'approvisionnement.

S'il n'y a qu'une rangée de fours dans la salle, on
la dispose le long des murs (fig. 279 et 280). Lorsqu'on a deux rangées de fours, on les adosse au milieu
de la salle. Cette disposition présente un avantage

sous le rapport d'une moindre déperdition de chaleur rayonnante ; mais elle force à donner une grande
largeur au bâtiment, car il faut, comme ci-dessus,
laisser de chaque côté la place nécessaire au service.

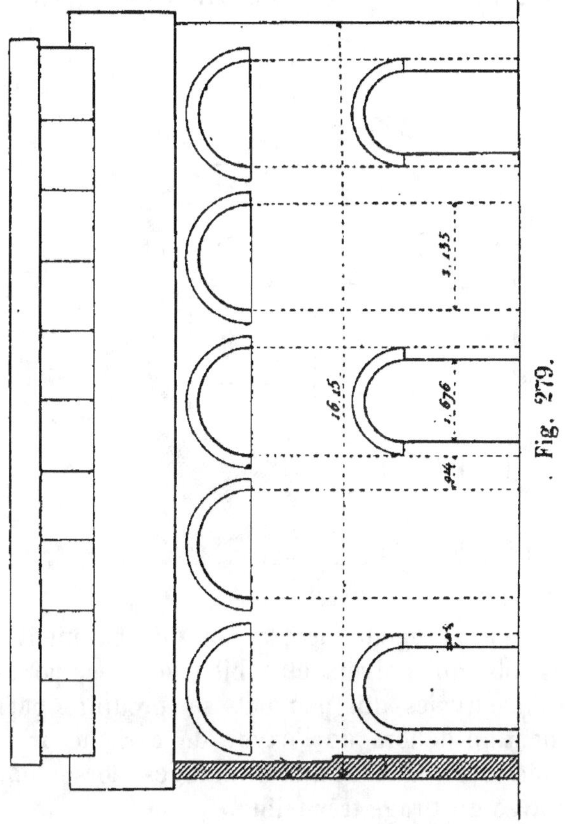



On peut avoir deux rangées de fours dans la même
salle avec une moindre largeur, on les place l'un
contre un des murs et l'autre contre le mur vis-à-vis ;
l'espace libre dans le milieu sert au service de l'une

et de l'autre rangée de fours. Le seul avantage de cette disposition est de permettre de placer le plus grand nombre de fours dans un petit espace, et d'avoir une moins grande dépense de premier établissement, mais le service des ouvriers est plus pénible.

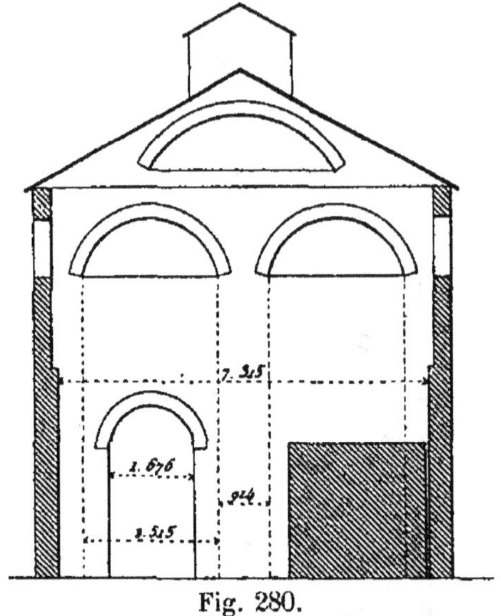

Fig. 280.

Les fours à gazogène nécessitent des bâtiments avec sous-sols, qui doivent être bien ventilés, pour éviter les asphyxies qui peuvent se produire par l'écoulement au dehors de l'oxyde de carbone produit dans le foyer, surtout aux allumages, lorsqu'on travaille avec un tirage très faible.

### COLLECTEURS

Nous avons vu, en leur temps, les surfaces à donner aux *faux Barillets*, *Collecteurs*, etc., pour le meilleur refroidissement du gaz, en évitant le plus possible l'altération du pouvoir éclairant. Nous ajouterons un mot pour les collecteurs, suivant qu'ils sont à l'intérieur ou à l'extérieur des bâtiments.

Les surfaces nécessaires sont les suivantes :

Placés à l'extérieur 4,7 à 6,7 mètres carrés par 1,000 mètres cubes et par 24 heures.

Placés à l'intérieur 6,2 à 7,4 mètres carrés par 1,000 mètres cubes et par 24 heures.

## CONDENSEURS

Que l'on emploie des condenseurs horizontaux ou verticaux, jeux d'orgues, etc., il est préférable de les mettre à l'abri sous un hangar pour n'être pas à la merci des conditions atmosphériques. Ils devront être installés pour pouvoir être préservés de la gelée, et également de la chaleur du soleil de l'été ; on aura des robinets d'eau pour arroser en été, et, si possible, des robinets de vapeur, pour éviter la congélation pendant les froids très rigoureux.

La surface des appareils réfrigérants varie beaucoup avec les systèmes employés et les moyens de refroidissement.

### JEUX D'ORGUES

Pour les appareils dits jeux d'orgues, il faut donner une surface refroidissante de 19 à 21 mètres carrés par 1,000 mètres cubes produits par 24 heures ; ou au point de vue de la construction 0,6 à 0,85 mètre carré par cornue.

Quant *aux extracteurs et aux condenseurs par choc,*

les fabricants les établissent suivant la production maximum par 24 heures. On peut compter pour la surface du bâtiment de l'extracteur 0,5 à 0,9 par cornue.

### LAVEURS

Nous avons indiqué plus haut les surfaces et les volumes d'eau nécessaires par 1,000 mètres cubes de gaz, dans quelques modèles que nous avons indiqués.

Ces appareils, autant que possible, doivent être placés dans des locaux séparés, et être, ainsi que le bâtiment de l'épurateur, éloignés le plus possible des ateliers de distillation. Tous ces appareils étant munis de gardes hydrauliques, sont susceptibles, dans le cas d'une obstruction accidentelle, de laisser échapper du gaz à travers ces gardes, et le contact avec des flammes pourrait donner lieu à des explosions.

Pour résumer ce qui est relatif à la condensation et au lavage, nous indiquerons une marche rationnelle, conservant le plus possible au gaz son pouvoir éclairant.

Après le barillet entretenu constamment à une température comprise entre 60 et 80°, le gaz passerait soit dans un faux barillet à section ovale, ou dans un collecteur très long, ayant un volume de 2,9 à 3,5 mètres cubes par 1,000 mètres cubes de gaz et par 24 heures. Ces appareils enveloppés d'isolants pour donner un abaissement de température régulier et lent. Le gaz passerait ensuite dans un réfrigérant annulaire à ventilation intérieure, dont la surface serait de 16 à 20 mètres carrés par 1,000 mètres cubes et par 24 heures. Cet appareil, à l'abri sous un bâtiment, serait réglé de façon à ce que le gaz sorte à une température comprise entre 12 et 15°. Pour achever la condensation mécanique, un appareil Pelouze et Audouin, puis un lavage rationnel et méthodique du gaz à l'aide de trois scrubbers genre Livesey. Les deux premiers arrosés au moyen de l'eau ammoniacale brute, à raison de 300 à 500 litres par tonne distillée, et le troisième à l'eau pure à raison de 40 à 60 litres par tonne distillée.

Le volume des scrubbers à raison de 2,5 à 3,5 mètres cubes par tonne.

A la sortie de ces appareils, le gaz se rendrait aux épurateurs à oxyde de fer.

## ÉPURATION

On donne aux cuves d'épuration à l'oxyde de fer, à une seule claie, une surface totale, pour les trois passages, y compris les cuves de sûreté, de $2^m80$ à $4^m50$ par 1,000 mètres cubes de gaz et par 24 heures, suivant la commodité dont on dispose pour la revivification, ce qui correspond à peu près à un rapport entre les surfaces d'étendage et des salles d'épuration compris entre 2,03 et 2,60. La surface totale des ateliers d'épuration et d'étendage est comprise entre 3,25 et $5^{m2}7$ par cornue.

## COMPTEURS

Les compteurs sont également fournis par les constructeurs, suivant le débit par 24 heures.

Avec les tuyaux d'arrivée et de sortie, les dégagements, on compte sur une surface de bâtiment égale à $0^{m2}15$ par cornue.

*Gaz.* Tome II.          13

### CITERNE A GOUDRON

Les volumes à prendre sont variables suivant que l'usine traite ou vend son goudron et ses eaux ammoniacales ; dans le premier cas, on compte sur un volume de $1^{m3}25$ par cornue, et dans le second $2,5$ à $3^{m3}$ suivant les facilités de la vente.

## Disposition rationnelle des citernes de condensation

Les citernes à goudron reçoivent, en général, toutes les condensations à la fois, eaux ammoniacales, goudrons qui s'y séparent par différence de densité. Elles présentent un inconvénient sérieux quand il s'agit de pomper les goudrons pour l'expédition ou le traitement, tout particulièrement l'hiver, quand on est obligé de chauffer la masse à extraire. Le chauffage doit se faire à toute la masse, et la chaleur transmise produit une élimination de l'ammoniaque qui peut être considérable.

La disposition figure 281 supprime ces inconvénients. La citerne est divisée en deux parties communiquant par la partie inférieure. Les condensations arrivent par A dans la citerne I, par suite de la différence de densité, la citerne II sera occupée constamment par le goudron seul. On pourra faire le pompage dans les citernes I et II, ou mieux dans un puits communiquant par un tuyau V avec la citerne II.

Ce puits est destiné au chauffage du goudron avant le pompage ; il permet de réduire au minimum la dépense de calorique, car si ce puits renferme la contenance d'un wagon on peut fermer V par une

valve qui isole le puits du reste de la citerne, et le
chauffage ne se fait que sur la partie contenue dans
la citerne.

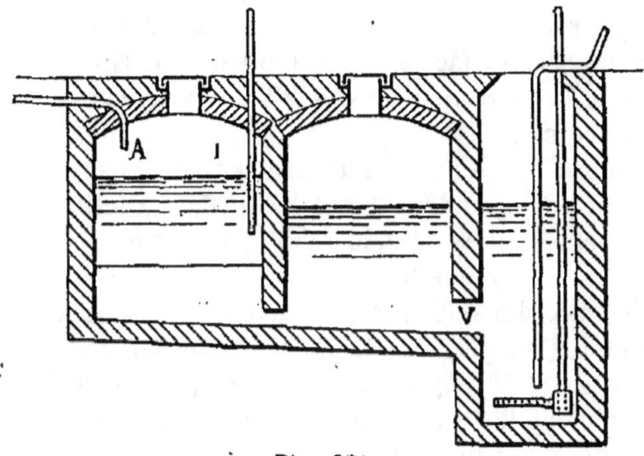


Fig. 281.

Il faut également, dans les usines à gaz, des réservoirs d'eau considérables pour l'extinction du
coke, les machines à vapeur, le refroidissement des
réfrigérants et autres appareils. Généralement, on
fore un puits dont le prix de l'eau, malgré le pompage, est toujours moins élevé que l'eau prise sur la
distribution de la ville. On devra avoir un volume
correspondant de $0^{mc}500$ à $0,650$ par cornue.

Les bâtiments qui contiennent les régulateurs
d'émission doivent avoir une surface d'environ $0,14$
par cornue.

Les bâtiments des magasins, hangars, écuries, au-
ront une surface de $2,0$ à $3^{m}25$ par cornue.

Les bâtiments d'habitation et bureaux de $0,8$ à $1^{m}3$
par cornue.

Le volume des gazomètres, très variable suivant

les circonstances spéciales, sera de 50 à 80 0/0 la consommation journalière maximum.

En résumé, la surface totale des bâtiments d'une usine à gaz est comprise entre 15 et 20 mètres carrés par cornue, et la surface totale d'une usine peut varier suivant les circonstances de 90 à 110 mètres carrés par cornue.

La dépense de premier établissement de l'usine varie : pour les grandes villes, Paris 0,51, Berlin 0,42 ; les petites villes de 0,30 à 0,35 par mètre cube de la production annuelle.

En résumé, dans le projet d'une usine, il faut tenir compte, en premier lieu, des manipulations pour l'arrivée et le départ des produits ; employer rationnellement les voies ferrées, pour réduire la main-d'œuvre au minimum, pour l'arrivage et la mise en tas des charbons, et le plus possible l'emploi immédiat de celui-ci ; disposer un enlevage rationnel du coke sur wagon, qui permet par cette économie d'étendre au loin son marché et d'éviter l'encombrement onéreux par la dépense de mise en tas, et la dépréciation résultant de sa friabilité.

A ce même point de vue, condenser l'usine le plus possible, tout en se réservant la possibilité d'un développement ultérieur résultant d'une augmentation de demande de gaz.

Les gazomètres, à un endroit séparé, permettant l'agrandissement possible. Les chaudières, les ateliers de distillation, loin des épurateurs, pour éviter les incendies et explosions.

Chaque local est aménagé pour la surveillance facile des travaux et des hommes.

Les bâtiments d'administration en dedans ; mais

bien séparés de l'usine. N'avoir, autant que possible,
qu'une seule entrée pour la surveillance.

On devra donc étudier avec soin divers projets,
ces études devant être la cause d'avantages et d'inconvénients ultérieurs, presque sans rémission possible.

---

# CHAPITRE XVIII

## GAZ A L'HUILE

Quand on chauffe progressivement les corps gras
en vase clos, ils distillent sans fournir de nouveaux
produits. Mais si on les soumet instantanément à une
chaleur rouge sombre, ils se décomposent complètement et se transforment presque totalement en gaz
d'éclairage composé de divers carbures d'hydrogène.

### Procédé Taylor

On a employé ainsi des huiles de graines non épu-
rées. L'Anglais Taylor a, le premier, construit des
appareils pour la distillation des huiles. Les cornues
sont chargées de coke en petits morceaux, et chauffées au rouge naissant. On y fait arriver l'huile sous
forme d'un filet très petit. Cette huile est contenue
dans un réservoir qui sert de condenseur, et où elle
est toujours maintenue au même niveau. Au contact
du coke rouge, elle se décompose en grande partie,
fournit des gaz qui se rendent dans le condenseur et sortent de là, dépouillés de l'huile non dé-

composée, pour se rendre dans le gazomètre. Le
coke, dont le but était de multiplier les surfaces de
chauffe, a ses intervalles bien vite obstrués par le
charbon produit par la décomposition, et doit être
changé tous les quinze jours. Ce gaz ne contient ni
sels ammoniacaux, ni hydrogène sulfuré ; il est formé
en majeure partie d'hydrogène bicarboné. Son pouvoir éclairant est trois fois plus grand que celui du
gaz ordinaire.

### GAZ D'HUILE MINÉRALE

L'augmentation du prix de la houille, et le prix
peu élevé des huiles minérales ont suscité des essais
de production du gaz au moyen de ces huiles.

On employa d'abord pour cet objet les résidus
provenant de leur distillation (fig. 282). L'appareil
construit dans ce but consistait en une cornue verticale en fonte $a$ — un certain nombre d'entonnoirs $b$
laissent tomber de l'huile sur la paroi chaude de la
cornue ; $c_1\ c_2$ tampons ; $d$ tuyau de dégagement du
gaz. Le couvercle supérieur est luté avec de l'argile.
Les tringles $e$ servent à dégorger les tuyaux pendant la marche ; $g$ est un revêtement servant à protéger la cornue contre le coup de feu. On revêt la
cornue sur un tiers ou sur toute sa hauteur suivant
que la marche est intermittente ou continue.

La cornue verticale dans laquelle l'on peut faire
arriver l'huile sur plusieurs points à la fois, est plus
avantageuse par ce fait que la cornue horizontale.
Le contact de l'huile et des parois chaudes est également plus prolongé, et le chauffage est plus uniforme sur toute la longueur. Le dépôt de graphite
est moins abondant, ce qui donne un meilleur ren-

dement en gaz ; le nettoyage est d'ailleurs beaucoup plus facile. Le rendement en gaz est d'environ 50 à 60 mètres cubes par 100 kilog. d'huile. Le poids

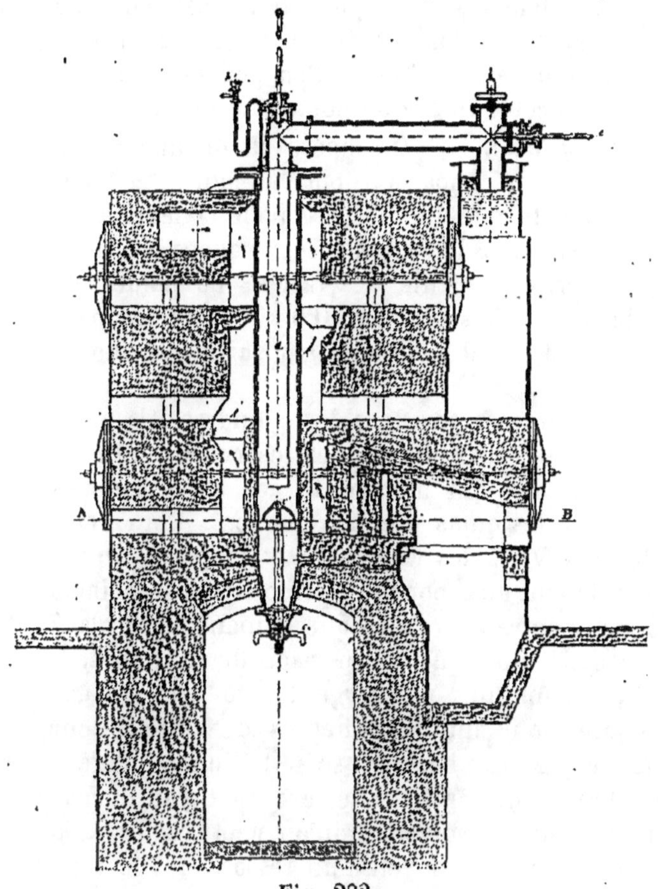

Fig. 282.

de combustible (lignite) employé au chauffage est le même que celui de l'huile employée.

A la sortie du barillet, le gaz passe dans un condenseur où il laisse déposer l'huile vaporisée sans décomposition. Ces résidus sont repassés à la distillation.

Le gaz obtenu est très pur; il ne contient que 1 0/0 d'acide carbonique, dont on le débarrasse dans un épurateur à chaux. Son pouvoir éclairant est triple de celui du gaz de houille ordinaire.

*Autre système.* — On opère la distillation de l'huile dans un appareil dont la figure 283 fait comprendre la marche. Il sert pour la fabrication du gaz destiné à l'éclairage des wagons de chemins de fer. On distille des résidus de paraffines, des lignites et des schistes. 100 kilog. d'huile produisent de 30 à 60 mètres de gaz suivant la qualité de l'huile.

On comprime ce gaz dans des cylindres à la pression de 8 à 10 atmosphères. Ces réservoirs sont munis de conduites qui mènent le gaz à des bouches placées sur les quais d'embarquement. Pour remplir les réservoirs des wagons, on y adapte un tuyau communiquant aux bouches, on ouvre les robinets et le gaz y entre jusqu'à ce que le manomètre placé à l'opposé ait marqué une pression de 6 atmosphères. En dix minutes on charge dix voitures du gaz nécessaire pour quarante heures de trajet. Pour fournir le gaz aux becs on se sert d'un régulateur à membrane qui règle l'ouverture du tuyau de gaz au moyen d'une soupape qu'on peut régler à la pression voulue au moyen d'un ressort, qui le rend indépendant des cahots que subit le wagon.

Ce gaz est brûlé dans des becs Pintsch, à fente très mince, ce qui est nécessaire pour la combustion avantageuse des gaz riches en carbures; ces becs

dépensent 20 à 22 litres de gaz à l'heure pour une
puissance lumineuse de 0.75 carcel.

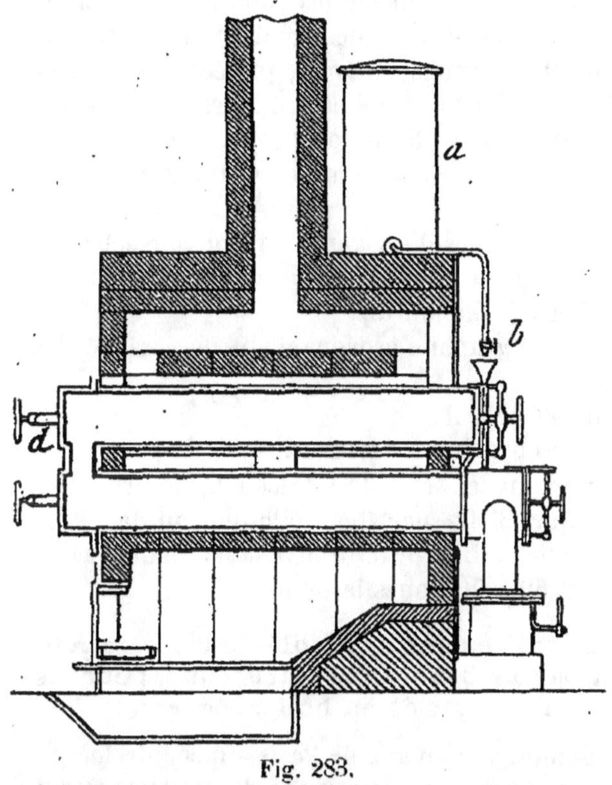

Fig. 283.

Le prix de revient du mètre cube de gaz d'huile
est de 0.70 ou de 1.00, suivant qu'on compte le prix
de revient absolu de fabrication, ou le prix réel
compris frais généraux, etc.

Le prix de revient du bec heure ressort compris
tous frais à 0 fr. 03, tandis que le prix de l'éclairage
de même puissance avec les lampes à huile à bec
rond est de 0.053.

13.

## GAZ D'HUILE LOURDE DE GAZ

On a cherché à utiliser les huiles lourdes à un moment où elles se vendaient mal. On les décomposait dans des cornues en fonte, placées au nombre de 5 dans un four à cornues ordinaires, on distillait environ 200 kilog. d'huile lourde par cornue et par 24 heures. On obtenait comme résultats par tonne d'huile lourde :

243 mètres cubes d'un gaz d'un pouvoir éclairant égal à une fois et demie celui du gaz ordinaire ;

417 kilos d'huile lourde ;

65 kilos de graphite provenant du décrassage des cornues ;

2 kilos 50 benzol ;

9 kilos 80 benzine à détacher.

En comptant les frais de fabrication, on arrivait à ne tirer que 35 fr. par tonne d'huile lourde, alors qu'en temps ordinaire on trouve à la vendre assez facilement 60 à 70 francs la tonne.

**Mode de traitement des huiles lourdes de goudron par la Compagnie Parisienne, pour les convertir en gaz et en huiles légères.**

« La Compagnie du gaz de Paris a mis autrefois en activité dans ses usines un mode de traitement des huiles lourdes, tant pour les convertir en gaz propres à l'éclairage que pour en obtenir des huiles légères, volatiles ou essences, telles que le benzol, par une application méthodique de la chaleur. Le but spécial qu'on s'est proposé est d'agir sur un corps de nature homogène qu'il devient possible de soumettre avec beaucoup d'avantage à un traitement spécial.

« On sait que la distillation de la houille, des
schistes et du boghead, à des températures élevées
ou basses, fournit du gaz éclairant, des eaux ammoniacales et du goudron. Le traitement des goudrons
ainsi obtenus fournit successivement, par une distillation soignée, premièrement, des produits plus légers que l'eau et bouillant à une température qui
varie de 70° à 150° centigrades. Ces produits sont les
huiles volatiles qu'on applique dans les arts à différents objets, par exemple à l'éclairage, au dégraissage des tissus, à la peinture, à la fabrication des
matières colorantes qui résultent de la transforma-
tion du benzol contenu en quantité plus ou moins
considérable dans ces huiles légères et volatiles.

« En second lieu, des produits liquides plus pesants que l'eau, composés généralement d'un mélange de naphtaline et autres hydrocarbures neutres
dont le point d'ébullition varie entre 150° et 200°.
Les huiles lourdes qui, en moyenne, s'élèvent de 25 à
30 % du poids du goudron, ont jusqu'à présent été employées à la fabrication des matières de graissage, à
la peinture, et sous certaines conditions, à l'éclairage.

« Troisièmement, un résidu poisseux d'apparence
résineuse qui devient solide à la température ordinaire et dont on fait usage dans la marine et dans
la fabrication des combustibles artificiels.

« Le but de l'invention consiste à traiter les huiles
lourdes pour les convertir en gaz d'éclairage et en
huiles volatiles riches en benzol.

« L'appareil employé pour mettre le procédé à
exécution est représenté en coupe dans la figure 284.

a, est une cornue dont on installe une série, qui
peut être en fonte, en terre, suivant qu'on le juge

convenable. Ces cornues sont montées dans un fourneau *b*, *b*, de manière que la flamme et les gaz brû-
lants qui s'échappent du foyer circulent librement

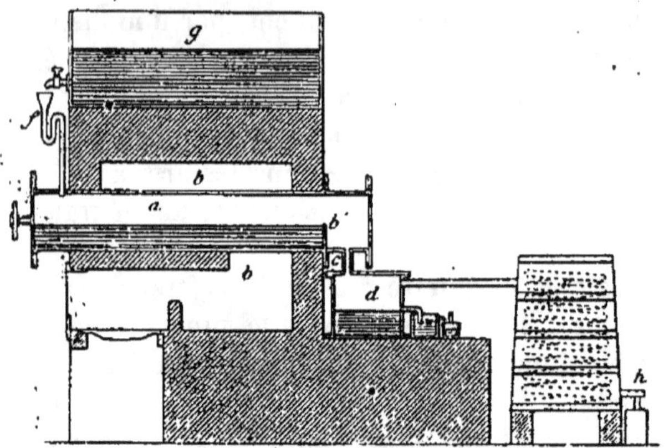

Fig. 284.

autour d'elles. Chacune de ces cornues est pourvue,
à l'une de ses extrémités, d'un couvercle ajusté et
mobile à volonté, pour livrer accès à l'intérieur et
permettre les nettoyages ; et près de l'autre extrémité
est une cloison *b'* pour arrêter l'écoulement de l'huile
hors de la cornue. Au-delà de cette cloison, la cornue communique, à l'aide d'un tube *c* placé dans la
partie la plus déclive de sa surface, avec une chambre à eau *d* qui est close. Cette chambre est en communication avec un appareil réfrigérant *c*, de struc-
ture ordinaire quelconque, dans lequel les produits
volatils doivent passer pour permettre la condensation
de l'huile et refroidir le gaz qui y passe avant d'être
évacué et recueilli dans un gazomètre ordinaire.

« Voici maintenant quelle est la manière de traiter
ces huiles lourdes pour les convertir en gaz.

« Les cornues ayant été chauffées au rouge clair, on leur fournit un filet continu de ces huiles lourdes au moyen d'un siphon *f*, adapté sur la partie antérieure de chaque cornue, et terminé en haut par un entonnoir pour recevoir l'huile qu'un robinet lui verse d'un réservoir supérieur *g*. A mesure que l'huile descend et coule dans ces cornues, elle est en partie vaporisée et le reste converti en produits solides, tels que noirs de lampe et graphite (qui restent dans les cornues). Les produits vaporisés de l'huile qui passent ensemble consistent en un liquide goudronneux et un gaz permanent.

« A mesure que ces produits vaporisés de l'huile pénètrent dans la chambre à eau, il y a départ; il se condense un produit lourd peu volatil, que nous désignerons sous le nom d'huile n° 1, qui se condense dans la chambre à eau, tandis que le reste se rend au réfrigérant. L'abaissement de température que les produits vaporisés éprouvent alors a pour effet de précipiter une huile n° 2; et le reste qui est un gaz permanent s'échappe par le tuyau *h*.

« L'huile n° 2, soumise à la distillation dans un alambic ordinaire, fournit des huiles volatiles légères, riches en benzol. L'huile qui se dépose la première dans l'eau de la chambre ne renferme pas d'huile volatile ; on la repasse en conséquence à travers les cornues portées au rouge, et l'on obtient une nouvelle quantité de gaz et des huiles légères. Cette première huile déposée peut, si on le juge convenable, être mélangée avec de nouvelle huile lourde et passée de nouveau à travers les cornues.

« On peut donc considérer les diverses opérations du procédé pour convertir les huiles pesantes en gaz et en huiles volatiles comme caractérisés ainsi qu'il suit : action de la chaleur rouge sur les huiles coulant en filet continu; séparation des produits de la décomposition :

1° en produits lourds, mélangés à de l'huile non décomposée; 2° en produits légers, riches en huiles volatiles; 3° en gaz; nouveau passage des produits lourds de l'eau de la chambre, soit seuls, soit après leur mélange avec une nouvelle quantité huile lourde; enfin rectification des huiles légères condensées dans les réfrigérants afin d'en obtenir des huiles volatiles riches en benzol. » (*Technologiste.*)

. Ce procédé est abandonné depuis longtemps par la C^ie parisienne du gaz.

## GAZ DE GOUDRON

On a essayé de procéder de la même façon avec le goudron qu'avec l'huile lourde pour faire du gaz. On a réussi avec quelques goudrons spéciaux. M. d'Hurcourt cite le goudron de boghead avec lequel on obtenait 40 mètres cubes par 100 kilog. d'un gaz au titre de 20 à 25 litres par carcel. Mais avec le goudron ordinaire la formation du graphite et du noir de fumée était telle que les cornues et même les conduites de gaz étaient rapidement obstruées; cet inconvénient a fait renoncer à cette fabrication, et même à celle avec l'huile lourde qui le présente également quoiqu'à un degré moindre.

## GAZ A L'EAU

Quand on décompose l'eau à l'aide de la pile, on obtient pour un litre d'eau ou un kilo :

618 litres d'oxygène, ou en poids 888,8 grammes.
1236 » d'hydrogène, » 111.1 »

Nous donnons ces chiffres pour montrer le résultat maxima que l'on pourra obtenir, et faire la comparaison avec ce que l'on obtient industriellement.

On a essayé d'obtenir le gaz à l'eau par la décomposition de l'eau par le zinc en présence de l'acide sulfurique suivant la formule :

$$Zn + SO^3 \, HO = ZnO \, SO^3 + H.$$

Pour un mètre cube d'hydrogène, comme on peut faire le calcul d'après cette formule, il faut 4 kil. 412 d'acide sulfurique à 66° et 2 kil. 929 de zinc et l'on a pour résidu 7 kil. 724 de sulfate de zinc anhydre, ou 13 kil. 251 de sulfate de zinc hydraté à 7 équivalents d'eau. Si, au lieu d'employer le zinc on se sert du fer, pour un mètre cube d'hydrogène il faut 2 k. 518 de fer et 4 kil. 409 d'acide sulfurique, avec un résidu de 13 kil. 216 de sulfate de fer hydraté.

Nous donnerons plus loin les procédés actuellement en usage pour la fabrication du gaz à l'eau.

## Décomposition de la vapeur d'eau par le fer ou le charbon en ignition

*Décomposition par le fer.* — On fait passer à travers une cornue chauffée au rouge et chargée de fer en petits morceaux, de la vapeur d'eau par l'une des extrémités de la cornue et on recueille à l'autre au moyen d'un tube de dégagement, de l'hydrogène ; l'oxygène de l'eau se combine au fer pour faire de l'oxyde de fer $Fe^3O^4$, on obtient environ 53,8 mètres cubes d'hydrogène par 100 kilos de fer.

On peut remplacer le fer par le charbon et on obtient, suivant la conduite de l'opération, les deux résultats extrêmes suivants :

Si tout l'oxygène est transformé en oxyde de carbone, on a pour 1 kilog. de carbone :

1,853 mètre cube d'oxyde de carbone ;

1,853    —    d'hydrogène.

Dans le cas où l'oxygène est transformé en acide carbonique, 1 kilog. de carbone donne :

1,853 mètre cube d'acide carbonique ;

Et 3,706 mètre cube d'hydrogène.

Dans la fabrication industrielle du gaz à l'eau, on a adopté ce dernier procédé : on fait passer de la vapeur d'eau sur du coke en ignition, dans des appareils *ad hoc*, et c'est précisément la détermination de l'appareil convenable pour ce but, qui a donné lieu à des essais nombreux, qui ont abouti seulement il y a peu de temps.

On a employé d'abord les cornues en fer (fig. 285, 286, 287), avec tuyau d'arrivée de vapeur ; puis ensuite les cubilots.

*Marche du cubilot.* — Le coke étant bien en feu dans le cubilot, on ferme l'ouverture du sommet et on introduit de la vapeur d'eau par le bas ; la vapeur parcourt la colonne de charbon incandescent de bas en haut ; elle se décompose, et les produits de cette décomposition (hydrogène, oxyde de carbone, acide carbonique) se dégagent par un tuyau d'échappement des gaz qui se trouve en haut de l'appareil. Mais bientôt le tout se refroidit, la surface des morceaux de coke devient noire et la décomposition cesse. On interrompt alors le jet de vapeur en même temps qu'on enlève l'obturateur du trou supérieur par où se fait le chargement ; on ouvre le robinet à air, et on fait agir un ventilateur, quand la masse de charbon est rallumée, on replace l'obturateur, on ferme.

le robinet à air, on fait arriver de nouveau la vapeur, etc.

Les gaz à la sortie de la cornue ou du cubilot sont envoyés dans un barillet et un condenseur semblable à ceux employés pour le gaz de houille. Pour enlever l'acide carbonique on fait passer le gaz à l'eau dans des épurateurs à chaux fonctionnant soit avec de la chaux sèche, soit avec des laits de chaux.

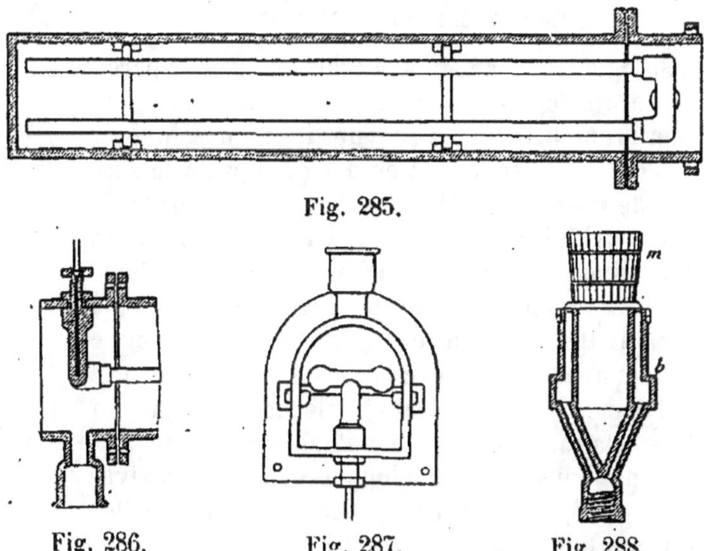

Fig. 285.

Fig. 286.            Fig. 287.            Fig. 288.

Les gaz hydrogène et oxyde de carbone n'étant pas éclairants par eux-mêmes, on interpose dans leur flamme un corps solide. On se sert d'un bec rond de forme ordinaire, surmonté d'une mèche de platine qui produit la lumière (fig. 288). m, mèche en fil de platine très fin, formant un cylindre un peu conique, fixé au bec par 3 ou 4 petits fils de platine. Le bec est à double courant d'air, la platine du bec est en platine ; le bec a **20** trous percés sur une circonférence de **20** à **23** millimètres, ils ont 1/5 ou 1/4 de millimètre de diamètre. Pour avoir un bel éclairage il faut que le gaz arrive sous une pression d'au moins 50 millimètres. L'éclat de la lumière augmente avec la pression, il ne faut pourtant pas aller à l'excès parce que l'on risque de fondre le panier de platine.

### GAZ A L'EAU CARBONÉ

M. Selligue, dès 1834, avait disposé un appareil formé de trois cylindres chauffés au rouge. Les deux premiers remplis de coke sont destinés à décomposer l'eau, l'opération se faisant en deux temps ; à la sortie du deuxième cylindre les gaz passent dans le troisième cylindre chauffé à très haute température ; on fait arriver dans ce cylindre de l'huile de schiste (4 à 5 litres à l'heure pour produire $8^m75$ à $10^m50$ de gaz). Cette huile entre en vapeur et se trouve en contact avec les parois chaudes de la cornue et le gaz à l'eau a une température élevée et donne un gaz très éclairant. Malgré cela l'industrie de ce gaz a été longtemps à se développer et il faut arriver jusqu'en 1875, pour lui voir prendre la forme réellement pratique.

### GAZ A L'EAU

#### Procédés actuels

Nous résumerons un travail sur le gaz à l'eau présenté par M. Effenterre, à la Société technique du gaz, en 1895. Lorsque de la vapeur d'eau traverse des couches profondes de charbon incandescent élevées à une haute température, elle se dissocie :

$$C + H^2O = H^2 + CO.$$

Dans la pratique, on élève par insufflation d'air la température d'un gazogène, chargé de houille ou de coke, à 1000° C. environ et on obtient du gaz de gazogène :

$$2C + (O^2 + 4Az^2) = 2CO + 4Az^2.$$

5 volumes d'air devraient donner 2 volumes d'oxyde de carbone et 4 volumes d'azote ; mais en pratique, on a toujours de l'acide carbonique. La composition moyenne en volume est la suivante :

26 0/0 d'oxyde de carbone.
68.2    d'azote.
5.8     d'acide carbonique.

A 1000°, on arrête l'insufflation d'air, et on fait arriver de la vapeur dans le gazogène. Cette vapeur se dissocie, et il devrait y avoir production d'un mélange formé en volume de 50 0/0 d'hydrogène et de 50 0/0 d'oxyde de carbone. Mais, en pratique, la composition de ce gaz auquel on a donné le nom de gaz à l'eau est en moyenne de :

40 0/0 d'oxyde de carbone.
50      d'hydrogène.
5       d'azote.
4,5     d'acide carbonique.
0,5     d'oxygène.

La dissociation fait baisser la température du gazogène et lorsque celle-ci est descendue à 500 ou 600°, on ferme le robinet de la vapeur et on recommence l'insufflation d'air. On produit ainsi alternativement du gaz de gazogène et du gaz à l'eau.

On trouve par le calcul appliqué aux formules chimiques, qu'il faut employer 2 kil. 07 de carbone pour la formation du gaz de gazogène, afin de pouvoir convertir 1 kilog. de carbone en gaz à l'eau.

On en déduit que pour produire un mètre cube de gaz à l'eau, il faut théoriquement 1 kil. 04 de carbone et qu'on obtient comme sous-produit $4^{m3}$ de gaz de gazogène.

Les gaz de gazogène forment donc un facteur important dans la fabrication du gaz à l'eau. On peut les employer diréctement sous les générateurs à vapeur ; mais on les utilise surtout maintenant à élever la température du surchauffeur et du carburateur comme on le verra plus loin.

Autrefois on a fait du gaz à l'eau en faisant passer dans des cornues chauffées extérieurement, de la vapeur d'eau qui se décomposait au contact du charbon incandescent, les procédés fondés sur ce principe sont complètement abandonnés.

Aujourd'hui, il n'y a plus que deux procédés employés :

1° Celui dans lequel un gaz à l'eau, non éclairant est produit par un gazogène, puis carburé dans un second appareil ; il comprend deux foyers et deux opérations diverses ;

2° Le second, dans lequel un gaz à l'eau carburé, permanent, est fait en une seule opération, et par un seul foyer, généralement par l'intermédiaire d'un surchauffeur.

Dans le premier, les gazogènes sont pourvus de deux ouvertures de sortie ; l'une mène à la cheminée, et l'autre au laveur ; pendant l'insufflation de l'air, la valve de la cheminée est ouverte et l'autre fermée ; pendant la fabrication du gaz à l'eau, c'est l'inverse qui se produit.

Dans le second, le gazogène est relié à une autre chambre, nommée surchauffeur ou chambre de fixation ; cette chambre est pourvue des deux ouvertures de sortie que nous avons indiquées pour le premier système. Cette chambre de fixation est totalement ou partiellement remplie de matériaux réfractaires, qui doivent emmagasiner la chaleur qui s'échappe du gazogène pendant l'insufflation d'air ; chaleur qui sera utilisée pour rendre fixes, c'est-à-dire permanentes, les vapeurs d'hydrocarbures véhiculées par le gaz à l'eau.

Nous indiquerons quelques systèmes se rapportant à ces deux procédés.

### Procédé Tessié de Mottay

Les gazogènes se composent de caisses en fer de $4^m \times 1^m80 \times 4^m25$, revêtues d'un garnissage en briques réfractaires de $0^m35$ d'épaisseur ; un mur de séparation les divise en deux. Chaque caisson a son foyer spécial, et sa porte de chargement au sommet. Le mur de séparation est formé de blocs spéciaux qui encastrent des cornues de 0,20 de diamètre dans lesquelles sont posés des tuyaux pour le surchauffage de la vapeur.

Les gaz de gazogène, formés pendant l'insufflation de l'air, se rendent directement dans la cheminée et sont perdus. Le gaz à l'eau, dont la formation succède aux gaz de gazogène, se rend dans un gazomètre spécial pour gaz brut ; il est aspiré de là, et passe dans les carburateurs ; ils consistent en un certain nombre de récipients très étendus mais peu profonds, qui contiennent le naphte. Le gaz brut passe à la surface de ce naphte et, comme la tempé-

rature de celui-ci est maintenue constamment à un
degré déterminé, une quantité constante de vapeur
est entraînée par le gaz.

Ce mélange mécanique du gaz à l'eau et de la vapeur d'huile passe alors dans un four à cornues ouvertes aux deux bouts ; en passant par ces cornues,
quelquefois munies de chicanes, le gaz est rendu
permanent.

Ce procédé donne du gaz à l'eau d'excellente qualité, mais il est peu économique, car il emploie un
second foyer pour le chauffage du gaz, au lieu d'utiliser la chaleur du gaz de gazogène ; de plus, il ne
peut employer que du naphte pour la carburation,
au lieu d'huiles lourdes d'un prix beaucoup moins
élevé. Malgré tout, ce système a été adopté en 1876
aux Etats-Unis, par un grand nombre de compagnies qui se sont montées pour l'exploitation de ce
procédé.

*Wilkinson* ajouta un perfectionnement intéressant ; la vapeur à dissocier passait alternativement
par le haut ou par le bas du gazogène ; ce qui donnait une égalité plus grande de température sur toute
la hauteur du foyer, et en même temps une meilleure
utilisation du combustible.

Les autres systèmes *Mecxe*, *Loonies* ou *Lacme*, ne
sont que des variantes de celui de Tessié du Mottay,
le système de fixation se faisant toujours au moyen
de cornues.

Le deuxième procédé a maintenant le plus de
succès, parce qu'il réunit, comme exploitation, les
avantages les plus sérieux : suppression des cornues, accélération de production, emploi d'un seul
foyer (fig. 289).

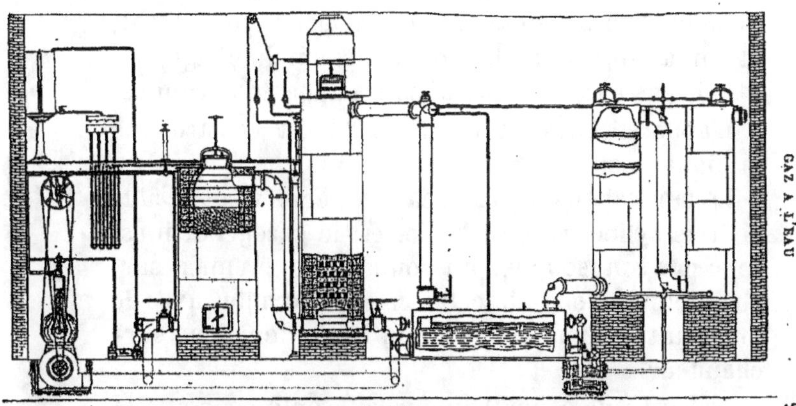

Fig. 289.

## Procédé Lowe

L'invention de ce système revient au professeur Lowe. Les premières installations comprenaient un gazogène disposé en deux massifs différents ; ceux-ci étaient reliés entre eux par un tuyau en fonte à double coude, en col de cygne, partant du sommet du gazogène pour déboucher dans le fond du surchauffeur. Depuis, on a remplacé ces cols de cygne par des cylindres remplis de couches de briques réfractaires posées en damier. On a obtenu ainsi, du même coup, des avantages considérables : on a supprimé cette communication par tuyaux extérieurs, donnant lieu à de grandes pertes par rayonnement, et on a augmenté la surface de surchauffage, qui n'était pas assez grande dans les appareils primitifs.

L'appareil Lowe actuel (fig. 290) est construit de la manière suivante :

La fabrication du gaz à l'eau carburé s'y fait à l'aide de trois cylindres. Le premier est le gazogène : il est relié par son sommet au sommet du premier surchauffeur ; le fond de celui-ci communique avec le fond du troisième cylindre qui est le deuxième surchauffeur.

Le gazogène a une hauteur suffisante pour que la porte de chargement vienne au niveau du plancher de l'étage, où se pratiquent les opérations de changement de valves.

Avec ce système à deux surchauffeurs et à deux prises d'air, on réussit parfaitement à obtenir des températures graduées, ce qui est important quand on traite des huiles lourdes, car dans ce cas il est préférable de faire circuler d'abord le gaz dans la chambre où la température est la moins élevée. L'huile est introduite par le sommet du premier sur-

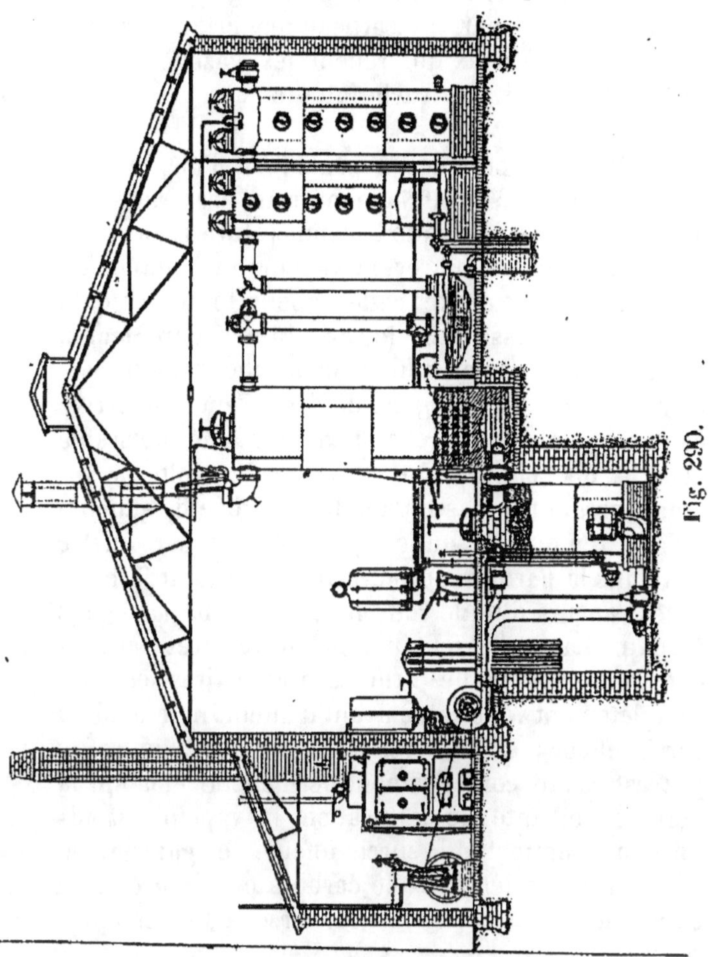

Fig. 290.

chauffeur, que l'on désigne alors sous le nom de carburateur, et l'on emploie une méthode qui est appliquée dans l'appareil Lowe, modifié par Humphreys.

Il comprend deux gazogènes, deux carburateurs et deux surchauffeurs. Les deux gazogènes communiquent au fond par un carneau en briques réfractaires, pareil à ceux qui relient les gazogènes aux carburateurs, et les carburateurs aux surchauffeurs.

Pendant les périodes d'insufflation d'air, le courant est admis simultanément sous les grilles des deux gazogènes. Lorsque la température requise est atteinte, on laisse entrer la vapeur au sommet du surchauffeur de droite; cette vapeur le traverse de haut en bas, passe dans le carburateur dans lequel elle circule de bas en haut et débouche dans la partie supérieure du gazogène de droite, où elle arrive dans un état de surchauffage extrême, favorable pour la dissociation; du gazogène de droite, la vapeur surchauffée passe dans le gazogène de gauche, qu'elle remonte. L'huile est introduite par quatre jets dans la partie supérieure du carburateur. L'huile et les vapeurs d'huile sont enveloppées là par le gaz à l'eau chaud, passent par les ouvertures laissées dans les couches de briques réfractaires et sont complètement vaporisées avant d'atteindre le fond du surchauffeur ; en traversant ce dernier cylindre, le gaz est rendu complètement permanent. Pendant la période suivante de fabrication, la vapeur est admise au sommet du surchauffeur de gauche, et l'huile est injectée dans le carburateur de droite, la circulation du gaz est ainsi renversée dans les appareils.

L'huile, avant son introduction dans le carburateur, est chauffée au moyen de la chaleur émise par les gaz à la sortie du gazogène.

L'avantage principal qui dérive de l'accouplement de deux séries d'appareils, se trouve dans l'économie obtenue par la diminution des quantités de chaleur entraînées par les gaz dits « de gazogène ». Avec le gazogène simple, la couche de combustible doit être assez épaisse pour dissocier complètement la vapeur et réduire tout l'acide carbonique en oxyde de carbone; mais si cette couche est suffisante pour atteindre ce résultat, elle doit l'être également pour réduire tout le $CO^2$ des gaz « de gazogène » en CO, et, si dans le cours des opérations, ce CO ne peut pas être brûlé, il en résulte une perte. Avec le système de deux séries d'appareils, on peut employer, pour la dissociation de la vapeur, deux couches de combustible peu développées en hauteur, et qui, en définitif, correspondent à une couche épaisse, tandis que l'on ne se sert que d'une couche pour l'insufflation de l'air.

On atteint ainsi un double but; la vapeur d'eau est complètement dissociée, et dans les gaz de gazogène l'oxyde de carbone remplace l'acide carbonique.

Le gaz à l'eau carburé est employé en Amérique comme le gaz de houille; jusqu'à présent, on en a fait peu usage en Europe. En Allemagne et en Autriche, on en a fait quelques applications dans des usines métallurgiques; les gaz de gazogène y sont brûlés sous les chaudières, et le gaz à l'eau est employé à la fonte des métaux, à la soudure de fortes tôles d'acier.

A Beckton, on a installé un appareil d'une capacité productrice de 35,000 mètres cubes par jour; d'autres installations ont été faites en Angleterre, en Belgique, à Copenhague. Bref, la capacité productive de ce gaz par jour, en Europe, est d'environ un million de mètres cubes.

L'on a également installé des fabriques de gaz mixtes, c'est-à-dire de ces gaz provenant d'une fabrication continue, formant un mélange de gaz de gazogène et de gaz à l'eau, et aussi de fabrication simultanée du gaz de houille et du gaz à l'eau.

Il y a lieu de penser que l'avenir du chauffage industriel est probablement dans les gaz des gazogènes, et que le gaz à l'eau n'aura pas moins d'importance que celui-ci.

Nous donnerons les compositions de quelques gaz à l'eau en volumes :

|  | PROCÉDÉ TESSIE DU MOTAY | | PROCÉDÉ LOWE | |
|---|---|---|---|---|
| Hydrogène . . . . . . . | 27.29 | 23.49 | 37.20 | 35.88 |
| Oxyde de carbone. . . . | 26.18 | 27.89 | 28.26 | 23.58 |
| Hydrogène protocarboné. | 25.43 | 24.61 | 18.88 | 20.95 |
| Hydrocarbures lourds. . | 16.26 | 17.36 | 12.82 | 15.43 |
| Acide carbonique. . . . | 0,21 | 0,37 | 0.14 | 0,30 |
| Oxygène. . . . . . . . | 0,14 | 1.02 | 0 06 | 0,01 |
| Azote . . . . . . . . | 4.45 | 5.24 | 2.64 | 3.85 |
|  | 99.96 | 99.98 | 100.00 | 100.00 |

Le poids spécifique des gaz obtenus par le procédé Lowe est de 0,591. Le nombre de calories par mètre cube est de 5.200 à 5.700 ; le pouvoir éclairant est de 22 à 26 bougies.

## ÉCLAIRAGE A L'ACÉTYLÈNE

Nous dirons quelques mots de ce genre d'éclairage encore à ses débuts, mais dont le développement pourra peut-être devenir considérable d'ici quelques années, quand on aura perfectionné à la fois les appareils de production et d'utilisation.

### Propriétés physiques

L'acétylène est un gaz incolore ; pur, il possède une odeur éthérée, impur une odeur aliacée désagréable et typique. Les produits de sa combustion complète sont inodorés. Sa densité rapportée à l'air est égale à 0,91, le poids d'un litre de ce gaz égale 1 gr. 169. Un kilogramme de ce gaz occupe donc à zéro 855 litres.

D'après M. Villard, à la température de 0° C., ce gaz peut être liquéfié sous une pression de 26 atmosphères. Si on laisse l'acétylène liquide s'évaporer librement dans l'air, le refroidissement produit par cette détente est suffisant pour solidifier l'acétylène lui-même sans autre refroidissement étranger.

L'acétylène liquide est très réfringent, c'est le liquide le plus léger connu ; à 0°, le poids d'un litre est de 451 grammes. Liquide, il dissout la paraffine et les matières grasses.

Gazeux, il se dissout dans l'eau (son volume), dans l'alcool, l'acétone, et l'eau saturée de sel marin. En présence de l'eau, il forme une combinaison : l'hydrate d'acétylène.

14.

## Propriétés chimiques

L'acétylène est le plus simple des hydrocarbures, il est composé de deux atomes de carbone unis à deux atomes d'hydrogène. Sa formule en notation atomique est $C^2H^2$. Il renferme en poids 92,3 parties de carbone et 7,7 parties d'hydrogène. Sa composition centésimale est la même que celle de la benzine ($C^6H^6$), du styrolène ($C^8H^8$) qui sont liquides, et résultent de la condensation de 3 à 4 molécules d'acétylène. Ce sont des polymères de l'acétylène.

Brûlé dans un eudiomètre, 1 volume d'acétylène produit 2 volumes d'acide carbonique en absorbant 2,5 volumes d'oxygène. Sa formation en partant de l'hydrogène et du carbone absorbe 58,1 calories. Brûlant à l'air il dégage 14,340 calories par mètre cube, soit 12,200 par kilogramme.

## Dangers de l'acétylène

Il y a lieu de considérer l'acétylène gazeux ou liquide.

*Acétylène gazeux.* — Les accidents qui se sont produits résultent de l'imprudence. Comme tous les gaz inflammables, ni plus ni moins que le gaz de houille, l'acétylène peut causer des accidents, qui peuvent être évitées en prenant certaines précautions dans son emploi, et en observant certaines règles dans la construction des appareils de préparation et d'utilisation.

Bien que l'acétylène soit un gaz à formation endothermique, d'où il résulte qu'il se décompose avec dégagement de chaleur, caractéristique des corps explosifs, il n'est pas explosif, comme l'a montré et expliqué M. Berthelot. Non seulement il ne détone.

pas spontanément, mais pas davantage sous l'influence des étincelles électriques, malgré la température excessive et subite développée par celles-ci. Il ne détone ni par simple échauffement ni par le contact d'une flamme, s'il n'est pas mélangé à l'air, l'inflammation seule du fulminate de mercure produit l'explosion.

Les mélanges d'air et d'acétylène ne sont inflammables et ne détonent qu'à partir de la teneur de 2,7 pour cent et cessent de l'être au-delà de 65 pour cent.

L'acétylène liquide présente plus de danger. Dans la préparation de ce gaz, on ne doit pas le laisser se comprimer sous sa propre pression au fur et à mesure qu'il se dégage du carbure, parce que, si on ajoute la chaleur de formation à la chaleur de compression, la température peut être suffisante, d'abord pour la production de polymères goudronneux, mais encore pour la décomposition et l'explosion de la masse gazeuse. Il est nécessaire de refroidir fortement pendant cette opération. Un grand nombre d'appareils ont été construits dans ce but, par MM. Dickerson et Suckert, Pictet. L'acétylène liquide est transporté dans des bonbonnes en acier timbrées à 250 atmosphères; on ne doit les remplir qu'aux deux tiers. L'emploi de ce liquide demande de grandes précautions, et les manipulations ne peuvent être faites pour écarter le plus possible tout danger, que par des personnes expérimentées. En résumé, l'acétylène liquide, autant par son prix que par suite des dangers qui peuvent résulter de son emploi, ne peut encore passer dans le domaine de la pratique sans un supplément d'études nécessaires et une mise au point.

L'on a essayé également d'employer l'acétylène comprimé pour l'éclairage des wagons, ces essais se poursuivent actuellement. MM. Claude et Hess ont utilisé la propriété qu'ils ont découverte, à savoir l'acétone absorbe 31 fois son volume d'acétylène. On peut en effet emmagasiner dans un volume déterminé une quantité de gaz plus grande que ne le permet l'acétylène liquide, cependant la pression est beaucoup moins grande qu'avec ce corps : environ 12 atmosphères. Les dangers d'explosion sont beaucoup diminués, d'abord par la diminution de pression, ensuite par la dilution de ce gaz dans un corps inerte, ce qui a pour effet de réduire les propriétés explosives de ce corps. Ce procédé paraît susceptible de permettre l'utilisation pratique de l'acétylène.

### Préparation

L'acétylène résulte de l'action de l'eau sur le carbure de calcium suivant la réaction (notation atomique) :

$$CaC^2 \; + \; 2H^2O \; = \; CaO\,H^2O \; + \; C^2H^2$$

$$\underbrace{\phantom{CaC^2}}_{\substack{\text{Carbure}\\\text{de calcium}}} \quad \underbrace{\phantom{2H^2O}}_{\text{Eau}} \quad \underbrace{\phantom{CaO\,H^2O}}_{\text{Chaux}} \quad \underbrace{\phantom{C^2H^2}}_{\text{Acétylène}}$$

On trouve ainsi que 1 kilo de carbure de calcium décompose 562 grammes d'eau et produit 406 grammes d'acétylène ; ce poids correspond à 340 litres de ce gaz pur et sec à 0° et 760. En pratique, les carbures de bonne fabrication ne donnent pas plus de 300 à 320 litres d'acétylène par kilo. Le gaz produit n'est jamais pur, il contient de petites quantités d'oxygène, d'azote, d'hydrogène, d'hydrogène sulfuré, phosphoré, d'ammoniaque ou d'oxyde de carbone. Il

est absolument nécessaire de laver et de purifier ce
gaz avant son emploi.

Nous ne ferons pas la description de tous les appareils ingénieux inventés pour cette préparation ; nous
citerons seulement ceux de Pictet, Dickerson, Jean-
son et Leroy, Bon, Souriou, Ducretet et Lejeune,
Lequeux, Bullier, etc.

Le carbure de calcium résulte de l'action du carbone sur la chaux vive, dans un four électrique.
M. Moissan a le premier préparé ce corps dans le
four électrique dont il est l'inventeur.

Il se produit la réaction indiquée par l'équation suivante (notation atomique) :

$$\underbrace{CaO}_{\text{Chaux}} + \underbrace{C^3}_{\text{Carbone}} = \underbrace{Ca\,C^2}_{\substack{\text{Carbure} \\ \text{de calcium}}} + \underbrace{CO}_{\substack{\text{Oxyde} \\ \text{de carbone}}}$$

Théoriquement, pour obtenir 1 kilog. de carbure de
calcium, il faut employer 875 grammes de chaux et
562 grammes de carbone ; en pratique, il en faut un
peu plus.

La dépense en électricité devrait être d'environ
5 chevaux-heures électriques par kilog. de carbure de
calcium obtenu ; en pratique, les résultats sont très
différents, suivant les conditions.

L'acétylène étant un gaz très riche en carbone, il
convient, pour en obtenir le meilleur rendement lumineux, de le brûler dans des conditions spéciales.
Brûlé sous la pression employée avec le gaz ordinaire, il ne donne qu'une flamme jaune et fumeuse.
Il est nécessaire de le faire brûler sous une pression
d'environ 8 centimètres d'eau et dans des becs à fente
ou à trous très fins. En le mélangeant avec une cer-

taine quantité d'air avant la combustion, on obtient un bon résultat, mais ce procédé peut occasionner des explosions. Il est préférable de le brûler avec un bec Bunsen dans lequel le mélange d'air et de gaz combustible se fait au moment de la combustion.

Dans ces conditions, on obtient une flamme d'un blanc magnifique. Cette lumière n'altère pas les couleurs et a une fixité remarquable. La combustion se fait avec peu de dégagement de chaleur, et ne donne pas lieu, comme le gaz ordinaire, à la production de cette fine poussière de charbon qui noircit les murs, etc.

L'acétylène, à volume égal, possède un pouvoir éclairant 15 à 20 fois supérieur à celui du gaz de houille brûlé dans les becs ordinaires, et environ quatre fois lorsque celui-ci est brûlé dans des becs Auer.

On peut avoir des becs de toute intensité, depuis des becs débitant un demi-litre à l'heure avec une flamme éclairante et fixe jusqu'aux becs les plus puissants.

### Prix de revient

En comptant le carbure de calcium à 0 fr. 40 le kilog., et admettant qu'il donne 300 litres de gaz, le prix de revient du mètre cube serait d'environ 1 fr. 35. On a trouvé que dans les becs de 1 à 10 carcels, la dépense était d'environ 8 litres 5 à 7 litres par carcel-heure. En comparant avec le prix de vente du gaz, ou de l'électricité, à Paris, il ressortirait que l'éclairage à l'acétylène coûte de deux à six fois moins cher que le gaz ou l'électricité, suivant les becs employés pour sa combustion.

## GAZ AU BOIS

L'inventeur de l'éclairage au gaz a commencé par le fabriquer en décomposant du bois. Cette décomposition est analogue à celle de la houille, mais sa réussite n'est pas aussi constante.

M. Pettenkofer, qui a repris la fabrication du gaz au bois, à Munich, a publié, en 1858, sur cette fabrication, des observations, au point de vue des moyens à mettre en pratique pour que, suivant lui, l'opération soit suivie d'un certain succès.

Après avoir rappelé que, suivant M. Dumas, le thermolampe de Lebon n'avait pas été adopté, par suite de la qualité insuffisante du gaz, M. Pettenkofer dit qu'ayant eu l'occasion, en 1849, d'entreprendre quelques expériences sur le gaz au bois, il avait trouvé le jugement de M. Dumas parfaitement justifié, à savoir qu'à la température de la carbonisation du bois, on n'obtenait qu'un gaz impropre à l'éclairage, parce qu'avec l'acide carbonique, l'oxyde de carbone et le gaz des marais, il ne se forme pas d'hydrogène carburé dense. La température du mercure bouillant, à laquelle la houille n'éprouve pas encore la moindre décomposition, dit-il, suffit pour carboniser complètement le bois. Lorsqu'on introduit de petits copeaux de bois dans une cornue en verre remplie à moitié de mercure, et qu'on porte celui-ci à l'ébullition, ce bois est entièrement carbonisé, et on obtient un charbon noir et brillant. Si on analyse les gaz qui se sont ainsi développés, on trouve que c'est un mélange qui, après avoir été refroidi et desséché, consiste, pour 100 parties, en :

Acide carbonique . . . . . . . . . . . . 54.5
Oxyde de carbone. . . . . . . . . . . . 33.8
Gaz des marais . . . . . . . . . . . . . 6.6

avec environ 5 0/0 d'air atmosphérique. Quand on traite ce mélange de gaz par l'acide sulfurique fumant, d'après la méthode de M. Bunsen, on n'y observe pas la moindre diminution de volume, de façon qu'il est permis d'en conclure qu'il y a absence de carbures denses d'hydrogène.

« Mais si les vapeurs qui se dégagent de la carbonisation du bois, ajoute M. Pettenkoffer, sont portées à une température notablement plus élevée, on obtient une quantité bien plus grande de gaz, et il s'opère des réactions qui donnent naissance à un carbure d'hydrogène dense, et même en quantité telle et si abondant en carbone, que ce gaz de bois est bien plus riche sous ce rapport que celui ordinaire de houille.

« Les gaz qu'on obtient du bois à une haute température, renferment après leur refroidissement complet :

18 à 25 pour 100 acide carbonique.
40 à 50    —    oxyde de carbone.
8 à 12    —    hydrogène protocarburé (gaz des marais).
14 à 17    —    hydrogène.
6 à 7    —    hydrogène bicarboné (gaz oléfiant).

« D'après les analyses, la proportion de carbone d'un volume de carbure dense d'hydrogène contenu dans le gaz de bois varie entre 2,8 et 3,1 volumes de vapeur de carbone.

**Analyse d'un gaz de bois des ateliers du chemin de fer de Munich, avant d'avoir été purifié :**

| | |
|---|---|
| Acide carbonique . . . . . . . . . . | 25.72 |
| Oxyde de carbone . . . . . . . . . . | 40.59 |
| Hydrogène protocarburé . . . . . . | 11.06 |
| Hydrogène. . . . . . . . . . . . | 15.07 |
| Carbure dense d'hydrogène . . . . . | 6.91 |

« Un volume de ce carbure dense d'hydrogène renferme 2,82 volumes de vapeur de carbone.

**Analyse d'un gaz de bois des ateliers de Bayreuth, servant aussi à l'éclairage**

| | |
|---|---|
| Acide carbonique . . . . . . . . . | 2.21 |
| Oxyde de carbone . . . . . . . . . | 61.79 |
| Hydrogène protocarburé . . . . . . | 9.45 |
| Hydrogène . . . . . . . . . . . . | 18.43 |
| Carbure d'hydrogène. . . . . . . . | 7.70 |
| Azote . . . . . . . . . . . . . . | 0.42 |

« Un volume de ce carbure d'hydrogène renferme 3,1 volumes de vapeur de carbone.

« Les diverses espèces de bois donnent à peu près des gaz de même composition, de façon qu'entre le bois de hêtre et celui du pin, on remarque à peine, sous ce rapport, une différence qui ne se manifeste guère d'une manière sensible que par la proportion du goudron, de l'acide pyroligneux et du charbon. »

M. Pettenkofer dit qu'on voit d'après ces observations que le gaz de bois peut, sans le moindre doute, entrer dans la série des matières propres à l'éclairage. Mais il serait difficile d'être de cet avis en présence de l'énorme proportion d'oxyde de carbone qu'il accuse, et du vague qui subsiste à l'égard de ce qu'il appelle *carbure dense d'hydrogène*. Néanmoins les remarques qui suivent ne sont pas dénuées d'intérêt.

« Reste à savoir, ajoute-t-il, quel doit être l'appareil dans lequel on opère la carbonisation du bois et le chauffage des vapeurs. Cet appareil, comme il est facile de le concevoir, peut varier de bien des manières dans ses dispositions. Mes premières expériences, entreprises sur une petite échelle, ont été faites avec un tube en fonte dont la portion portée au rouge était remplie avec 2/3 de bois et 1/3 de petits morceaux de fer. Lorsque le tube et les morceaux de fer étaient arrivés au rouge clair, on introduisait le bois. Dans les applications en grand, on s'est servi d'abord d'une cornue dans laquelle on carbonisait le bois, qui était environné de tubes qu'on maintenait à la chaleur rouge, et dans lesquels on faisait circuler, à plusieurs reprises, les vapeurs. Aujourd'hui on a abandonné ces cornues compliquées et on fait usage d'appareils de ce genre plus simples, qui communiquent, de même que ceux plus compliqués un égal degré de chaleur aux vapeurs qui se dégagent du bois. Ces cornues, par rapport à leur chargement en bois qui est de 60 kilog., sont fort grandes et en contiendraient aisément trois fois autant. Avec ces cornues simples, il faut, du reste, que le bois soit bien sec, si l'on veut obtenir du gaz en abondance et de bonne qualité. La distillation est terminée au bout d'une heure et demie, et on obtient, après élimination de l'acide carbonique, au moins 16 mètres cubes de gaz éclairant.

« L'observation que c'est de la température des

vapeurs qui s'exhalent du bois que dépend la question de savoir, si, après la condensation, on trouve oui ou non dans les gaz un carbure d'hydrogène éclairant, est donc, comme on voit, la base de toute la fabrication du gaz au bois...

« Indépendamment des facilités qu'il présente suivant les localités, le gaz de bois jouit de cet avantage sur le gaz de houille, qu'il est dans toutes les circonstances exempt de combinaisons sulfureuses et ammoniacales, de façon qu'il ne peut résulter de sa combustion ni acide sulfureux, ni acide azotique, chose qui, dans la consommation du gaz de houille, se manifeste à un degré très sensible ; sa parfaite innocuité pour les couleurs délicates et les métaux l'a déjà fait admettre à Bâle et à Pforzheim, et les expériences faites à Zurich confirment pleinement cette innocuité du gaz de bois brûlé ou non pour les couleurs les plus tendres sur soie.

« L'odeur du gaz de bois est très pénétrante et facile à reconnaître, mais beaucoup moins désagréable pour la plupart des personnes que celle du gaz de houille. »

M. Pettenkofer termine en disant que, pour avoir du gaz de bois éclairant, il faut nécessairement opérer la décomposition du bois à une température beaucoup plus grande que celle à laquelle il se carbonise.

« C'est dans ce point, dit-il, que la décomposition diffère principalement de celle de la houille. Pendant que celle-ci, à la température qui suffit pour sa complète carbonisation, fournit un gaz très riche en carbone, le bois, à la basse température à laquelle il se carbonise, ne livre qu'un gaz sans pouvoir éclairant, et ce n'est qu'à une température bien plus élevée que celle nécessaire à sa carbonisation, que ce bois donne un hydrogène carboné éclairant, en même temps qu'augmente la proportion des autres gaz. »

Je crois que M. Pettenkofer n'a pas donné, dans ce sens qu'on vient de lire, la raison qui fait qu'on a besoin, non pas d'une température plus élevée pour décomposer le bois que pour décomposer la houille, mais bien d'un foyer plus ardent pour entretenir les cornues à la chaleur voulue. Cette raison réside dans l'énorme déperdition de chaleur qu'occasionne la décomposition du bois, même sec.

Nous ne supposons pas qu'on emploie du bois vert, qui contient, en moyenne, 40 0/0 d'eau, ni même du bois ayant un an de coupe, qui en retient encore, en moyenne 25 0/0, nous admettrons qu'on n'introduit dans les cornues que du bois desséché à 100 degrés, sans qu'il ait été exposé à l'air après sa dessiccation, car, exposé de nouveau à l'air, à la température ordinaire, le bois, qui a cela de commun avec tous les corps poreux, reprend de 8 à 12 0/0 d'eau ; nous admettrons, dis-je, qu'on n'introduit le bois dans les cornues, que desséché et même chaud ; dans ces conditions, il faudra encore chauffer les cornues plus fortement, c'est-à-dire avoir une source de chaleur plus abondante pour fabriquer du gaz d'éclairage avec du bois, quelque temps après qu'il aura été introduit dans la cornue, que pour obtenir de ce gaz avec de la houille.

De là un danger, si l'on opère avec des cornues en fonte : c'est qu'au moment où l'on retirera la braise contenue dans la cornue, cette braise, brûlant avec une grande activité, chauffera fortement l'intérieur de la cornue qui, extérieurement, sera soumise en même temps à une température excessive, car on ne peut pas baisser et augmenter instantanément le foyer d'un four à gaz, et la cornue risquera de fondre. Cet inconvénient existe aussi dans le gaz à l'eau, quand on retire les cendres de la cornue et que le courant de vapeur est suspendu.

Quant aux cornues en terre, elles ne pourraient pas servir comme pour le gaz à la houille, parce qu'il ne se dépose pas sur leurs parois intérieures cette couche de graphite, qui s'oppose aux fuites par les pores, ainsi que par les fissures et les fentes, qui se manifestent le plus souvent aux cornues en terre.

La présence d'une grande quantité de vapeur d'eau qui résulte de la fabrication du gaz au bois, produit un effet analogue à celui dont parle M. Dumas dans le procédé Selligue, quant à l'absence du dépôt de carbone.

C'est pour les raisons dont il vient d'être parlé que, dans une fabrication de gaz au bois, très en grand, à Marseille, on avait eu recours à des espèces de cornues construites en briques et d'une manière particulière.

Mais, du reste, il y a une objection très sérieuse à faire à l'adoption du gaz au bois, comme moyen d'éclairage intérieur : c'est l'énorme proportion d'oxyde de carbone qu'il renferme, et qui résulte de la composition élémentaire de ce combustible. On admet pour composition du bois, supposé entièrement dépouillé d'eau, celle de la cellulose, exprimée en centièmes, les nombres suivants :

$$\begin{aligned}
\text{Carbone.} & \dots\dots\dots\dots\dots\dots & 44.44 \\
\text{Hydrogène} & \dots\dots\dots\dots\dots\dots & 6.18 \\
\text{Oxygène} & \dots\dots\dots\dots\dots\dots & 49.38 \\
\hline
& & 100.00
\end{aligned}$$

Nous ne parlons pas d'un certain nombre de substances minérales fixes, qui forment un peu de cendre, ni d'un centième environ d'azote.

Si l'on compare les éléments du bois à ceux de la houille, on voit que cette dernière renferme considérablement moins d'oxygène et, par conséquent, doit produire dans la cornue, en présence du coke, moins d'oxyde de carbone que le bois en présence de la braise incandescente.

Il n'est donc pas étonnant que, depuis Lebon jusqu'à nos jours, le gaz au bois ait eu peu de réussite.

## GAZ DE TOURBE

La tourbe est un combustible (1) qu'on peut se procurer à bon marché (mais en quantité limitée), quand il n'a pas de frais de transport à supporter.

On a eu souvent l'idée de remplacer la houille par la tourbe, dans certaines localités, pour fabriquer du gaz d'éclairage. Les observations faites sur le gaz au bois s'adressent à peu près à la fabrication du gaz de tourbe, destiné à l'éclairage public, quand on traite directement la tourbe pour en obtenir le gaz, le goudron et l'eau ammoniacale. Mais on a proposé un autre procédé qui consiste à scinder le traitement de la tourbe : on commence à carboniser la tourbe pour la transformer en charbon et en recueillir l'eau

(1) Plusieurs analyses de tourbe se trouvent dans le chapitre *Combustibles minéraux*.

ammoniacale et le goudron à part ; et c'est avec ce goudron que, en procédant comme dans la fabrication du gaz à l'huile, on obtient le gaz de tourbe, qu'on devrait plutôt appeler gaz de goudron de tourbe.

Nous ne nous arrêterons pas longtemps au gaz de tourbe, la matière première faisant défaut (excepté, à ce qu'il paraît, en Amérique et en Irlande), s'il s'agissait de suffire aux besoins d'une fabrication suivie.

Les produits de la distillation de la tourbe varient, non seulement avec la nature, mais encore avec son état de siccité, la température à laquelle on la décompose, et le moment de l'opération.

On a obtenu de 100 kilog. de tourbe bien sèche, distillée à la température du rouge sombre :

| | |
|---|---|
| Eau | 49 kilog. |
| Goudron (1) | 8 |
| Charbon | 33 |
| Gaz, cendre et perte | 10 |
| | 100 |

L'eau contenait :

| | |
|---|---|
| Acide acétique | 1 k. 500 |
| Méthylène | 500 gram. |
| Ammoniaque | 2 kilogr. |

Le goudron contenait :

| | |
|---|---|
| Huile pyrogénée à 80° | 2 kilog. |
| — lourde | 3 |
| Paraffine | 1 |
| Brai visqueux | 2 |

Contrairement à ce qui se passe dans la distillation de la houille, qui donne beaucoup de gaz au com-

(1) D'après M. Pelouze père, la distillation de 100 kil. de tourbe donnerait de 20 à 25 kil. de goudron. Suivant

mencement, on n'obtient du gaz de la tourbe qu'à la
fin de l'opération (1). Dès le début, il ne passe que de
l'eau chargée d'acide acétique et de méthylène. Quand
la masse s'échauffe, la réaction des matières azotées
fournit du carbonate d'ammoniaque en même temps
qu'un peu d'huile. Enfin, viennent les goudrons contenant de la paraffine, et, si l'on prolonge l'opération,
il se produit de l'acide carbonique qui se transforme
en majeure partie en oxyde de carbone. Celui-ci se
dégage en même temps que de l'hydrogène et de
l'hydrogène protocarboné.

Voici, d'après M. Marsilly, la composition du gaz
d'une tourbe de première qualité, obtenue par une
calcination rapide :

| | |
|---|---:|
| Acide carbonique. | 13.51 |
| Oxygène | 1.08 |
| Azote. | 3.67 |
| Gaz polycarbonés | 3.06 |
| Gaz des marais | 6.44 |
| Oxyde de carbone | 34.28 |
| Hydrogène | 37.96 |
| | 100.00 |

« Ce qui distingue le gaz de tourbe du gaz de
houille, dit-il, c'est qu'il renferme beaucoup moins de
gaz des marais et beaucoup plus d'hydrogène, et surtout d'oxyde de carbone, ce qui fait que le gaz de

M. Lewis Thompson, on n'obtiendrait que 5 kil. 1/2 de
goudron de 1000 kil. de tourbe.

(1) Suivant M. de Marsilly, quand on calcine de la tourbe
l'acide carbonique et les gaz polycarburés se dégagent en
majeure partie dans le commencement ; le gaz recueilli en
dernier lieu est principalement composé d'oxyde de carbone et d'hydrogène.

tourbe est beaucoup moins éclairant que celui de houille, même après qu'il a été complètement purifié.

« Pour utiliser le gaz de tourbe à l'éclairage, il faut absorber avec soin l'énorme quantité d'acide carbonique qu'il contient ; il serait utile aussi de rejeter les dernières parties de gaz qui se produisent et sont fort peu éclairantes ; on pourrait les employer au chauffage des cornues.

« La quantité de gaz produite par kilogramme de tourbe varie, pour des tourbes de bonne qualité, de 188 à 392 litres. La tourbe subit une altération sensible en restant exposée à l'air et à la pluie ; il importe de la rentrer bien sèche et de la conserver sous des hangars ; il faut aussi, autant que possible, l'employer dans l'année où elle a été extraite.

« Si l'on sèche préalablement la tourbe à 100°, l'on obtient, en la calcinant, tantôt plus, tant moins de gaz par 100 kilog. Ainsi, une tourbe de Camon donne, après la dessiccation à 100°, 470 litres au lieu de 392 litres, tandis que le rendement d'une tourbe de Querrieux descend de 346 à 278 litres. Il semble, d'après cela, qu'il y a souvent perte notable de gaz avant 100°, et qu'il faut se borner à dessécher les tourbes à une température inférieure à 100°.

« Il est très important de calciner rapidement. Par une calcination lente, le rendement en gaz diminue de 20 à 33 pour 100. » (Marsilly, *Technologiste*, nov. 1862.)

A ce qui précède, j'ajouterai que le gaz de tourbe se décarbure si facilement que, fabriqué dans des cornues ordinaires, ce gaz, parfaitement éclairant quand il venait d'une prise faite sur le barillet et servait à l'éclairage de la salle des fours, ne l'était

15.

plus du tout quand on l'y faisait revenir du gazomètre qui se trouvait à une trentaine de mètres.
Sous ce rapport, le gaz de bois n'a pas une instabi-
lité aussi grande.

## GAZ PORTATIF

Le gaz et l'eau sont deux marchandises qui se
transportent elles-mêmes, sans autres frais que l'intérêt du capital employé à la canalisation. On aura
donc toujours beaucoup de mal à comprendre, d'une
manière générale, d'où viendrait l'avantage de remplacer l'usage des tuyaux par un transport à domi-
cile d'une quantité de gaz relativement très minime
au moyen de voitures (1).

Dans les premiers essais de gaz portatif, on avait
déjà l'idée de le comprimer à plusieurs atmosphères,
comme on fait aujourd'hui. Cependant, à Paris, le
gaz portatif a été pendant longtemps *non comprimé*.
Ce gaz, fabriqué avec des matières grasses, avait un
pouvoir éclairant supérieur à celui du gaz à la houille ;
il se transportait dans des réservoirs en tissu imper-
méable, en forme de soufflet, remplis à l'usine par
la simple pression du gazomètre. La contenance de
ces réservoirs, ou gazomètres mobiles en tissu, était
limitée à 10 mètres. C'était la charge d'une voiture
à un cheval. Le consommateur avait chez lui un ga-

_______________

(1) « L'économie que l'on peut espérer de ce genre
d'éclairage (le gaz portatif), dit M. Dumas, est loin d'être
évidente ; elle revient à peu près à celle qu'on pourrait
attendre, en remplaçant par des porteurs d'eau les tuyaux
principaux de conduite que l'on établit à grands frais
dans toutes les villes. » (*Chimie appliquée aux arts*,
t. I<sup>er</sup>.)

zomètre ordinaire en tôle. Pour faire entrer dans ce gazomètre le gaz apporté, on commençait naturellement par le mettre en communication avec le réservoir de la voiture ; puis on allégeait le gazomètre par des contre-poids et on le tirait au moyen d'un treuil, de manière à aspirer, en même temps qu'on agissait avec un autre treuil sur le couvercle du réservoir en tissu, pour forcer le gaz à sortir de celui-ci et à entrer dans le gazomètre. Enfin, on rétablissait l'état du gazomètre de manière à produire l'écoulement du gaz jusqu'aux becs à la pression voulue.

M. Hugon, qui fut gérant du Gaz portatif comprimé, jugeait, en 1857, ce système de la manière suivante :

« Vingt ans de luttes passées à chercher, à modifier, et finalement à transformer complètement cette industrie, avaient jeté sur elle une défaveur qui, sous certains rapports, pouvait parfaitement s'expliquer. Car, tandis que le gaz courant allait augmentant chaque année sa production, dans des proportions énormes, le gaz portatif, au contraire, la voyait diminuer sans cesse, et l'on pouvait prévoir le jour peu éloigné où ce mode d'éclairage serait complètement abandonné.

« Plusieurs causes produisaient ces tristes résultats :

1° Pour s'éclairer au gaz portatif, il fallait employer de grands gazomètres qu'on plaçait dans des caves, des cours ou des jardins ;

2° Ces gazomètres occupaient des places précieuses, et ils coûtaient beaucoup à établir. Leurs eaux se chargeaient d'odeurs pénétrantes qui viciaient l'air. Aussi l'autorité (et c'était juste) se montrait-elle très avare de permissions pour l'établissement de semblables appareils.

« Avec ces gazomètres, il eût été impossible d'entreprendre dans l'intérieur des villes l'éclairage d'établissements importants ; car pas un n'aurait eu la place nécessaire pour les contenir.

Puis les voitures servant au transport du gaz avaient un volume énorme, et pourtant elles ne pouvaient transporter en moyenne que 8$^m$300 par chaque voyage. Elles étaient d'une manœuvre lente et difficile et nécessitaient des réparations continuelles. Enfin, les frais de transport et de fabrication étaient tellement élevés, que la société du gaz portatif dut chercher son salut dans la compression, car là seulement était son avenir.

« Plusieurs années se passèrent en recherches, et enfin, en 1854-1855, le problème fut résolu.

« Ce problème était d'une solution difficile ; il se composait des opérations suivantes : il fallait 1° trouver une pompe pouvant comprimer économiquement le gaz ; 2° une voiture pour en transporter la plus grande quantité possible sous le plus petit volume ; 3° des récipients pour le contenir à plusieurs atmosphères ; 4° enfin, un régulateur pour écouler ou brûler le gaz à une pression constante, quelle que fût celle qui existât dans les récipients... »

Aujourd'hui le gaz portatif se fabrique avec du boghead ; il est comprimé à l'usine, à 11 atmosphères, dans des cylindres en tôle, à double rivure, terminés par deux calottes sphériques ; il est livré à 4 atmosphères chez les consommateurs.

Les cylindres des voitures sont au nombre de neuf par voiture ou de quatre ; ils communiquent par un tube et un robinet avec un autre tube collecteur qu'un autre robinet et un tuyau spécial mettent en

communication avec le récipient du consommateur.
Une voiture attelée de deux chevaux transporte, suivant l'état des routes, environ 40 mètres cubes,
quelle que soit la compression du gaz.

Comme les voitures déversent le gaz dans les cylindres des consommateurs à 4 atmosphères, et que
les voitures retournent à l'usine avec un volume
qu'elles ne peuvent écouler, les 40 mètres ci-dessus
ne profitent que de 7 atmosphères de compression,
ce qui réduit néanmoins le volume au septième, soit
1,000 litres à 143 litres, ou, ce qui revient au même,
1 mètre de gaz comprimé dans la voiture équivaut à
7 mètres sous la pression atmosphérique.

Ensuite, le pouvoir éclairant du gaz portatif peut
bien être à celui du gaz à la houille comme 4 est à 1.

Ce qui fait qu'en multipliant tous ces chiffres : 40
mètres dans la voiture, 7 fois le volume, 4 fois le
pouvoir éclairant, on trouve qu'une voiture à deux
chevaux, accompagnée de deux hommes (un cocher
et un facteur), transporte un volume de gaz riche
comprimé qui représente 1120 mètres de gaz à la
houille, dans un temps plus ou moins long, suivant
la distance entre l'usine et le consommateur.

A ces frais de transport, il faut ajouter les frais de
compression et l'intérêt du capital dépensé pour l'établissement des cylindres chez les particuliers ; frais
qui, pour le gaz courant, sont représentés simplement par l'intérêt du prix de la canalisation.

Nous ferons remarquer que nous venons de compter sur un pouvoir éclairant de 4 fois celui du gaz à
la houille, mais qu'il faudrait, tout en conservant
les mêmes frais, augmenter ou diminuer la quantité
de mètres de gaz de houille que représenteraient les

40 mètres de gaz portatif, comprimé à 7 atmosphères
dans la voiture, suivant que son titre baisserait ou
s'élèverait ; effectivement, si le gaz portatif n'avait
qu'un titre de 19 bougies 98, au lieu de 26 bougies
64, les 40 mètres ci-dessus ne représenteraient plus
1120 mètres, mais seulement 840 mètres de gaz courant.

## GAZ DE BOGHEAD.

Le titre du gaz à la houille est parfaitement dé-
fini par l'emploi d'un bec *normal*, au moyen duquel,
en brûlant 105 litres de gaz à l'heure, on doit avoir
une lumière égale à celle d'une lampe Carcel, brûlant 42 grammes d'huile à l'heure, ou 7 bougies, ce
qui donne un *titre* $(105 : 7 :: 100 : x)$ de 6 bougies 66 (V. *Photométrie*). .

N'ayant rien d'analogue pour les gaz riches, nous
admettrons que le gaz au boghead est non pas quatre fois, mais trois fois aussi éclairant que le gaz à
la houille. Ainsi le titre du gaz au boghead serait
d'environ 20 bougies. Effectivement, on a trouvé, en
pratique, qu'un bec de gaz de boghead, brûlant 40
litres à l'heure, remplaçait un bec de gaz à la houille,
brûlant 120 litres dans le même temps.

« 100 kilogrammes de boghead donnent au moins
30 mètres cubes de gaz d'une densité de 0,750 à
0,800. .

« Le poids du mètre cube de ce gaz $(775 \times 1,2925)$
est donc sensiblement de 1 kilogramme. On obtient
en outre 20 kilogrammes d'huile brute et environ
50 kilogrammes de résidus. Sept cornues, recevant
chacune 12 kilogrammes de boghead par opération,
en emploient 84 kilogrammes par heure, car on compte

30 minutes de distillation et 30 minutes pour le chargement et le déchargement. » (Payen.)

On voit que 100 kilogrammes de boghead donnent une quantité de gaz qui, en vertu de son pouvoir éclairant supposé triple de celui du gaz à la houille, représente une somme de lumière égale à celle de 90 mètres de gaz de houille.

Mais le boghead est une marchandise qui coûte trois à quatre fois plus cher que la houille et qui ne donne pas de coke. Il ne reste dans la cornue qu'une cendre qui ressemble à celle de l'ardoise. Seulement on a une grande quantité de goudrons qui se superposent spontanément par ordre de densité.

En distillant un mélange de 100 kilogrammes de ces goudrons, provenant du barillet et du condensateur, on obtient successivement les produits suivants :

| | |
|---|---|
| Eau | 5.7 |
| Huile légère, à 28° Cartier | 16.3 |
| Huile lourde | 30.0 |
| Brai | 40.0 |
| Perte | 8.0 |
| | 100.0 |

Cette distillation s'opère dans des appareils qui contiennent environ 3000 kilogrammes de goudron. Les produits sont variables avec la température.

Des vapeurs plus volatiles que celles qui se condensent dans le barillet et dans le réfrigérant, restent mélangés au gaz, tant qu'il n'est pas soumis à un abaissement de température ou à une augmentation sensible de pression. La compression à 11 atmosphères produit 100 grammes de carbures d'hydrogène liquides par mètre de gaz.

On ne connaît pas encore bien la composition de
ces carbures d'hydrogène, ni ceux des goudrons. Cependant on peut déjà la distinguer, d'après M. Payen,
de la manière suivante. Ils contiennent :

« De l'amylène $C^{10}H^{10}$, bouillant à $+ 30°$. densité de
vapeur 2,450.

« Benzine $C^{12}H^6$, bouillant à $+ 86°$, densité de vapeur
2,360.

« Densité liquide, 0,850.

« Cumène $C^{18}H^{12}$, bouillant à $+ 151°$, densité de vapeur 2,360.

« Eupione, bouillant à $+ 169°$.

« Acide phénique $C^{12}H^6O^2$, bouillant à $188°$.

« Densité liquide, 1,065.

« Ampeline $C^{23}H^6O^4$.

« De la picotine, de l'aniline, de la quinoléine, du
pynhal, de la petinine, de la paraffine $C^nH^n$, fondant à
$+ 47°$ et volatile à $370°$.

« Du brai gras ou sec, suivant qu'il est mou ou dur,
fondant à $150°$. »

Dans la fabrication du gaz au boghead, on se sert
de petites cornues en terre, qui n'ont que $0^m110$ de
hauteur.

L'épuration de ce gaz se fait à la chaux. Il en
faut 5 kilogrammes par 1000 kilogrammes de boghead distillé. Il n'y a pas d'autre appareil d'épuration que le condensateur et l'épurateur à chaux
sèche.

Avant l'usage du boghead, on fabriquait du gaz
riche au moyen de matières grasses, de résine, etc.,
solides ou liquides. Nous verrons plus loin les matières et les appareils qui peuvent servir à différents
genres de fabrication de ce gaz.

## CARBURATION DU GAZ

Quand le gaz à la houille n'a qu'un pouvoir éclairant par trop faible, on est obligé de l'enrichir. C'est une opération ruineuse pour une usine, si elle se répète souvent.

On mêle du boghead ou du cannel avec la houille; autrefois on mêlait de la résine, qui distillait plutôt qu'elle ne se décomposait : la majeure partie se condensait en huile avec le goudron.

Lorsque, faute de gaz par un accident quelconque, on est obligé d'employer une de ces matières pour éviter une extinction, la perte pour l'usine peut être énorme. D'abord la fabrication coûte beaucoup plus cher et, d'un autre côté, la recette diminue en proportion de l'augmentation du pouvoir éclairant du gaz, quand il est vendu au compteur.

### Carburation du gaz par les consommateurs

On a proposé autrefois un grand nombre d'appareils destinés à augmenter le pouvoir éclairant du gaz de houille chez les consommateurs, en le chargeant, préalablement à son arrivée aux becs, de vapeurs de carbures d'hydrogène légers, dont le type se trouve dans les huiles de condensation, résultant de la compression du gaz portatif.

Ce système ne peut guère avoir de succès chez les petits consommateurs, quand le gaz est brûlé dans l'intérieur, sans un fort aérage. Il donne beaucoup d'embarras, qui ne sont pas en rapport avec le profit qu'il peut procurer; puis il occasionne toujours une odeur désagréable et persistante. Mais on l'applique avec avantage dans certaines circonstances, comme, par exemple, dans une salle de spectacle, pour le lustre et même pour la rampe.

L'appareil dont on s'est servi à Paris pour l'éclairage de la salle, dans ces parties, consistait tout simplement en une boîte en tôle, contenant un carbure d'hydrogène liquide, sur le couvercle de laquelle on visse une bouteille en fer-blanc renversée, le tout hermétiquement clos, ce qui fait que le liquide a un niveau constant, le goulot de la bouteille dépassant la vis et plongeant par le bout dans la surface du carbure, qui est de la benzine. Le tuyau d'arrivée du gaz plonge dans la benzine de quelques centimètres, suivant que la pression le permet; le gaz barbote dans la benzine, se sature plus ou moins de vapeur de ce liquide, ressort par un autre tuyau placé, comme celui d'arrivée, sur le couvercle du carburateur, et se rend immédiatement au lustre et à la rampe. Ce carburateur se place dans les combles de la salle de spectacle. Son emploi, qui s'est continué, comme il vient d'être dit, pendant plusieurs années, et dans plusieurs théâtres à Paris, procurait un bénéfice de 25 à 30 0/0.

Ces grands carburateurs étaient montés à la manière des compteurs ; seulement le passage du gaz dans le tuyau n'est interrompu que quand on le veut, par un robinet, pour forcer le gaz à passer dans le carburateur. Pour éviter ou atténuer autant que possible l'odeur persistante de la benzine dans l'intérieur de la salle de spectacle, odeur qui résulte principalement du gaz carburé qui s'y répand sans brûler, il serait à propos de commencer par allumer les becs avant que de faire passer le gaz dans le carburateur, au lieu de carburer le gaz avant l'ouverture et l'allumage des becs.

Nous ne ferons pas mention des nombreuses dispositions d'appareils qui ont été essayées pour la carburation du gaz, depuis le *générateur trinitaire* Ador, où se trouve le *dilatateur*, qui consistait à faire passer le gaz dans une boule contenant du goudron et placée au-dessus de la flamme, jusqu'aux *inventions* plus récentes ; nous nous bornerons à parler du carburateur de M. Bézian, dont la description suivante est empruntée au journal *Le Gaz*, et du carburateur de M. Launay, qui a été l'objet d'un rapport favorable, par M. Payen.

*Carburateur de M. Vézian.* — « L'appareil se compose (fig. 291, 292 et 293) :

« 1° D'une boîte carburatrice K ;

« 2° D'un appendice latéral I dont la fonction est de rétablir le niveau des hydrocarbures ;

« 3° D'un récipient X placé dans un endroit aéré, cour ou corridor ; ce récipient contient le liquide destiné à l'enrichissement du gaz, et communique, au moyen de deux tuyaux, avec l'appareil K, installé auprès du compteur.

« Décrivons chaque objet l'un après l'autre, pour plus de clarté.

« Le carburateur K reçoit le gaz du compteur, auquel il se raccorde par le tuyau à raccord A, tuyau horizontal ou vertical à volonté, selon la disposition de la localité à éclairer.

« Du tuyau A le gaz arrive sous une espèce de cloche CC, qui sert d'enveloppe à la partie dudit tuyau qui s'élève dans la boîte K, laquelle est surmontée d'un appendice RR, afin de donner à cette

cloche et au tuyau A plus de développement au-
dessus du niveau des hydrocarbures que celui-ci traverse.

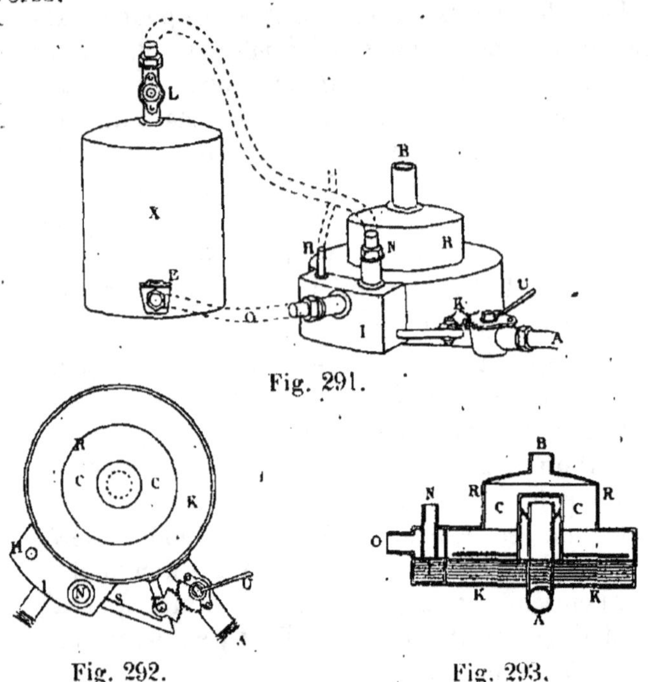

Fig. 291.

Fig. 292.                            Fig. 293.

« La cloche C, maintenue à une certaine distance
du tuyau A, par trois petites languettes métalliques
rivées, force le gaz à aller lécher les hydrocarbures ;
à cet effet, son orifice inférieur, par lequel seulement
le gaz trouve issue, plonge d'un ou deux millimètres
au plus dans le liquide ; mais, avant d'arriver au
niveau des hydrocarbures et à environ un centimètre au-dessus du niveau normal, une plaque horizontale F F est soudée au pourtour de la cloche et
occupe presque toute la surface du liquide.

« Au sortir de la cloche C, le gaz reste forcément
en contact avec les hydrocarbures, contraint qu'il est
de se répandre sous la plaque F F jusqu'à ce que,
arrivé au bord de cette plaque, il trouve un espace
réservé de 1 à 2 centimètres dans tout le pourtour,
espace par lequel il gagne l'appendice R pour s'écouler parfaitement carburé par le tuyau de sortie B.

« La marche du gaz dans l'appareil étant bien
comprise, passons à la description et au fonctionnement de l'appendice I qui forme comme un compartiment accessoire du carburateur.

« Cette partie de l'appareil est construite sur le
principe du vase à niveau constant de Mariotte.

« O, est un tube dit *tube alimentateur*, chargé de
recevoir le liquide du récipient X ; N, est un second
tube dont l'orifice inférieur coïncide exactement avec
le niveau normal du liquide dans l'appareil ; ce tube
a reçu de l'inventeur le nom d'*orifice de compensation*, parce que lorsque le niveau du liquide s'abaisse
dans le compartiment I, son extrémité inférieure venant à se séparer du liquide, l'air qui s'introduit
dans le compartiment par le tube d'air H, monte
dans le tube N, qui communique avec l'orifice supérieur du récipient d'hydrocarbures, pèse sur le
liquide et le force à s'écouler dans le compartiment I jusqu'au moment où le niveau étant rétabli,
l'orifice inférieur du tube N affleure de nouveau le
liquide.

« Il est nécessaire de faire observer que le tube
d'air H est prolongé jusqu'à l'extérieur de l'appartement, de manière à éviter à l'intérieur toute effusion
d'odeur.

« Le réservoir X placé, avons-nous dit, dans une

cour ou dans tout autre endroit parfaitement aéré, est garni de deux robinets, l'un supérieur L, l'autre inférieur E, et se relie au tube alimentateur O et à l'orifice de compensation N, au moyen de tuyaux placés dans l'appartement à la manière des tuyaux de gaz et de raccords de rappel, si bien que lorsque ce récipient est vide ou à peu près, on le remplace par un autre plein de liquide, et pour cela il suffit, après avoir fermé les deux robinets L et E, de dévisser les raccords.

« De cette manière, le remplacement du récipient peut s'opérer sans odeur.

« On comprend facilement comment le niveau du liquide se rétablit dans le compartiment I; c'est l'effet de la loi découverte par Mariotte, c'est l'application de la burette alimentaire des anciennes lampes à huile, avec cette seule différence qu'elle est placée à distance.

« Mais comment l'établissement du niveau normal dans le compartiment I agit-il dans le carburateur K, bien que la cloison de séparation soit hermétiquement close? C'est ce que nous n'avons pas encore décrit.

« La communication s'établit entre l'appareil et son appendice, au moyen d'un tube coudé S, garni d'un robinet T. La clef de ce robinet est munie d'une plaque formant une fraction de cercle et portant à son pourtour une dentelure qui est disposée de telle manière que, s'engrenant avec une pareille plaque dont est également munie la clef du robinet d'introduction du gaz U, le jeu de cette dernière clef la fasse mouvoir en sens inverse, c'est-à-dire que lorsqu'on ouvre le robinet U; on ferme le robinet T, et lorsque l'on

ferme le robinet U, le robinet T se rouvre naturellement.

« De cette manière, pendant que le gaz a accès
dans le carburateur, la communication par le tube S
est close, et elle se rétablit lorsque l'éclairage cesse.

« Il résulte de cette disposition, qu'au moment de
l'éclairage, le liquide est toujours à son niveau normal dans le carburateur, et que c'est pendant l'intervalle d'une période d'éclairage à une autre que le
niveau normal se rétablit, car alors la communication
s'étant rouverte par suite de la clôture du tube d'introduction, le liquide dont le niveau s'est abaissé
dans le carburateur, par suite de la consommation
des vapeurs dégagées et entraînées par le gaz,
s'abaisse dans le compartiment I, par un effet de la
loi naturelle du niveau; l'orifice de compensation se
découvre alors, l'air s'y introduit, et une quantité
suffisante de liquide arrive du réservoir X par le tube
alimentaire O; le niveau se rétablit alors à la fois et
dans le carburateur et dans le compartiment I, et
l'appareil est prêt à fonctionner de nouveau.... »
(E. Durand.)

*Carburateur de M. Launay.* — « L'appareil inventé
par M. Launay, dit M. Payen, est destiné à donner
au gaz de l'éclairage un pouvoir éclairant plus
considérable, j'ai examiné cet appareil, et j'ai
comparé sa construction avec les dispositions imaginées à diverses époques en vue d'un résultat analogue.

« Toutes les tentatives de ce genre parvenues à
ma connaissance ont échoué par des choses faciles à
comprendre : les appareils, placés à de grandes distances des becs, agissaient en forçant le gaz à bar-

boter dans des carbures d'hydrogène volatils. On obtenait ainsi une lumière plus grande, car, à volume égal, il se trouvait une plus grande quantité de carbone dans le gaz ; par conséquent, un plus grand nombre de particules charbonneuses étaient précipitées à la fois dans la flamme, dont le pouvoir éclairant est proportionné au nombre de ces particules rayonnantes. L'effet était très variable, suivant la température du gaz et de l'air atmosphérique. Durant les chaleurs de l'été, la tension des vapeurs était assez forte, et il arrivait aux becs une quantité de carbures suffisante pour produire l'effet voulu ; mais pendant les saisons froides d'une grande partie de l'année, le gaz entraînait trop peu de vapeurs ou les laissait condenser en fortes proportions avant son arrivée aux becs.

« On a essayé de remédier à cet inconvénient en faisant couler les liquides carburés, simultanément avec de l'eau, sur des corps incandescents ; les inconvénients se sont alors amoindris ; mais la condensation des liquides et la production de la lumière variaient encore suivant la longueur du parcours des tubes distributeurs, leur diamètre et la température ambiante. D'ailleurs les frais de chauffage dépassaient la valeur de l'accroissement de lumière.

« On a cherché à vaincre les difficultés en rapprochant des becs le vase contenant les hydrocarbures liquides ; mais alors le barbotage produisait dans le gaz des mouvements saccadés, et dans la lumière autant d'oscillations très fatigantes pour la vue.

« On a essayé d'obvier à ce défaut en chauffant les carbures, afin d'accroître leur tension ; mais cette opération supplémentaire était difficile à régler et constituait une complication peu pratique.

« On a enfin voulu produire le même effet en rapprochant assez le vase chargé de liquide carburant pour que la chaleur de la flamme s'y communiquât au degré convenable; mais, dans ce cas, chaque bec ayant son récipient spécial, le service de l'éclairage était très pénible, il exposait à de nombreux accidents, il occasionnait des déperditions de liquide et des fuites de vapeurs huileuses exhalant une odeur forte et désagréable.

« Toutes les dispositions imaginées par divers auteurs se résument, je crois, dans les systèmes ci-dessus indiqués ; aucune d'elles ne pouvait être à la fois régulièrement et économiquement praticable ; toutes furent successivement abandonnées. *Ce sont précisément les conditions utiles auxquelles les inventions précédentes n'avaient pu satisfaire qui me semblent caractériser nettement le système de M. Launay.*

« Ce système nouveau consiste en effet dans l'emploi d'un seul vase pour carburer le gaz distribué à tous les becs, soit d'un appartement, soit d'un établissement public ou privé. L'appareil se trouvant dans le local habité, est, par là même, à l'abri des variations extrêmes de température.

« Au lieu de charger le gaz de matières carburantes par le barbotage ou le chauffage, M. Launay augmente la superficie du liquide proportionnellement à l'effet qu'il veut produire. Il emploie une disposition très simple, qui consiste à placer dans le vase dit carburateur des mèches de coton maintenues verticalement et plongeant d'un bout dans le liquide ; celui-ci, en vertu de la force capillaire, monte dans toutes les mèches et s'y maintient au fur

et à mesure que l'espace saturé de vapeurs hydro-
carburées se renouvelle par le passage du gaz, qui
entraîne continuellement ces vapeurs vers les becs
allumés. C'est ainsi que, sous un petit volume, se
rencontre là surface convenable pour charger le gaz
de vapeurs carburantes, sans lui faire subir la moindre pression.

« Je ne sache pas que ces conditions de succès
aient été réalisées antérieurement à l'aide de moyens
aussi simples, aussi pratiques.

« Voici le résultat des essais que j'ai entrepris,
avec le concours de M. Chopin, sur l'appareil en
question.

« Dans une première série d'essais, j'ai constaté
que le passage du gaz de la Compagnie parisienne
dans l'appareil Launay avait sensiblement doublé
son pouvoir éclairant.

« Il s'agissait alors de déterminer les quantités de
carbures d'hydrogène consommés pour produire cet
effet.

« M. Chopin ayant posé, le 10 août dernier, un
appareil carburateur chez un de ses clients, a constaté le poids du liquide carburant avant et après
l'expérience faite sur 33 becs de gaz, du 10 au 23, ou
durant 13 jours. La consommation du gaz ordinaire
avait été préalablement déterminée ; on avait re-
connu, soit d'après les indications du compteur, soit
d'après le livret d'inscription du volume de gaz payé
à la Compagnie, que les 33 becs consommaient par
heure 5,973 litres de gaz.

« Pour obtenir une lumière sensiblement égale,
mais avec des flammes plus blanches et moins vacil-
lantes, en faisant passer le gaz dans l'appareil Launay,

on a employé en 13 jours, à 5 heures par jour, ou 65 heures, 212 mètres cubes, ce qui correspond, pour les 33 becs en une heure, à 3,261 litres au lieu de 5,973, et par conséquent représente une économie de 2,712 litres par heure. On en peut déduire encore que, dans cette expérience, 22 gr. 80 de liquide ont pu suppléer au pouvoir éclairant de 2,712 litres de gaz, ou enfin 10 gr. 75 de liquide représentent le pouvoir éclairant de 1 mètre cube de gaz de houille sous la pression et dans les conditions ordinaires.

« Sans doute, de légères variations pourraient avoir lieu suivant la température ambiante, la tension plus ou moins forte du liquide employé (l'huile légère rectifiée de houille ou de schiste).

« Mais en proportionnant bien les dimensions de l'appareil, et surtout les surfaces de contact, il sera toujours possible de produire l'effet précité et de vérifier les résultats obtenus ; rien n'empêchera, d'ailleurs, que cet effet lui-même ne serve de base aux transactions, et, dans ce cas, on réalisera les avantages suivants :

1° *Diminution du prix de revient ou économie formant la base des stipulations ;*

2° *Flamme plus tranquille et très favorable à la conservation de la vue ;*

3° *Gaz résidus de la combustion plus purs ou contenant environ moitié moins d'acide sulfurique provenant de la combustion de l'hydrogène sulfuré échappé aux épurateurs.*

« Il était curieux de comparer l'effet des hydrocarbures introduits dans le gaz obtenu de l'eau, avec le pouvoir éclairant produit par l'interposition du réseau de platine, qui devient incandescent dans cette flamme.

« Nous avons fait plusieurs expériences dans cette vue à l'usine construite à Passy par M. Gillard.

« Un bec de gaz de l'eau, garni de son réseau de platine, placé à 163 centimètres du photomètre, la dépense étant de 200 litres à l'heure, offrit une intensité lumineuse égale à celle d'un autre bec du même gaz carburé dans l'appareil Launay, placé à 192 centimètres du photomètre et dépensant 100 litres de gaz dans le même temps, d'où l'on peut déduire que la lumière produite à volume égal est dans le rapport de 100 à 31.9, ou que pour obtenir, avec le réseau de platine, autant de lumière qu'avec l'appareil Launay, il faudrait employer, dans le premier cas, 313 litres de gaz hydrogène, au lieu de 100 litres dans le second ; il reste à déterminer la quantité de carbures employée pour produire cet effet.

« Dans une autre série d'expériences, en réduisant le pouvoir lumineux à une égale intensité, la consommation dans le même temps se trouva être de 320 litres pour le bec brûlant le gaz avec réseau de platine, et de 100 litres seulement pour le bec à gaz carburé au moyen de l'appareil Launay.

« L'économie de gaz réalisée dans ces conditions coïncide avec la production d'une flamme plus blanche et plus facile à régler. Des résultats analogues ont été obtenus en employant des becs fendus et des becs Manchester, sans cheminée de verre, et dans tous les cas sans augmenter la pression et sans la moindre difficulté.

« Il me paraît donc évident que l'application de l'appareil carburateur Launay est de nature à réaliser plusieurs avantages notables, outre l'économie dépendante du prix des liquides hydrocarburés vola-

tils ; que cette économie peut être garantie aux consommateurs, en prenant pour base des transactions
la quantité de lumière produite par un volume déterminé du gaz ordinaire de la houille ou du gaz de
l'eau avec réseau de platine. »              PAYEN.

## Quantité d'huiles légères dépensée par mètre cube de gaz

M. Lefèvre a constaté, dans ses expériences, une
dépense de 44 à 45 grammes de benzine par mètre
cube de gaz, pour une augmentation de lumière de
75 à 80 p. 100 d'un gaz qui, sans carburation, donnait 7 bougies 30 avec une dépense de 144 litres ; ce
qui correspond à un titre de $7.3 \times 100 : 144 = 5,07$ et
à une augmentation de ce titre, du fait de la carburation, de près de 4.

« Les benzines du commerce, dit M. d'Hurcourt,
contiennent peu de véritable benzine ; elles ne sont le
plus souvent qu'un mélange d'huiles légères provenant de la distillation des goudrons de gaz. Ces
huiles varient de densité, les plus essentielles se vo-
latilisent d'abord en plus grande proportion et il ne
reste, ensuite, dans les carburateurs, que des huiles
plus lourdes produisant peu de vapeurs. — Cela
explique les résultats si avantageux constatés dans
des expériences d'essais, *que la pratique ne donne
plus ensuite.*

« La benzine n'est à rechercher pour la carburation qu'en raison de sa volatilité ; elle bout à 80°. —
Tout autre hydrocarbure ayant la même volatilité ou
une supérieure, pourrait la remplacer ou même lui
être préférée. C'est ainsi que les produits d'une usine
à gaz portatif, livrés au commerce, obtiennent, sous

16.

ce rapport, une préférence marquée sur toutes les autres benzines. Ces produits proviennent de la condensation du gaz soumis à la compression. »

« ...Ces hydrocarbures se vendent environ 1 fr. 60 le kilogramme ; 40 à 50 grammes suffisent pour doubler le pouvoir éclairant du gaz de houille ayant un titre de 5 à 6. Il est facile d'en déduire l'économie que donne leur emploi.

J'ai vu fonctionner beaucoup de carburateurs. Je dirai, nonobstant ce qui précède, qu'ils donnent tous, à peu près, les mêmes résultats ; que ces manipulations d'huiles légères sont dangereuses, désagréables, et que les soins qu'il faut donner à ces appareils, pour avoir constamment une lumière égale, nous feraient retourner à la lampe, si l'avantage du gaz courant, de ne demander aucune attention de la part du consommateur, n'en avait implanté pour toujours l'adoption parmi ceux qui se sont habitués à un éclairage dont ils n'ont pas à s'occuper.

### Expériences sur la carburation du gaz

M. Letheby s'est livré à diverses expériences dans le but de rechercher l'influence de la carburation sur le gaz de Londres, appliquée non loin des becs, en faisant passer le gaz à travers de la benzine ou autres hydrocarbures.

« Ces expériences, sans être favorables, n'ont cependant pas présenté un insuccès complet, dit M. Letheby. Il y a une grande différence à établir dans le cas où l'on fait usage de benzine pure ou bien de naphtes de houille. Ces sortes de naphtes, qui ont un poids spécifique peu élevé et qui bouillent à une basse température, abandonnent au gaz beaucoup de va-

peurs, mais sans augmenter son pouvoir éclairant, parce
que ces naphtes renferment peu de carbone et trop
d'hydrogène. Le meilleur naphte est celui du poids
spécifique de 0,848, qui a son point d'ébullition à 97° C.
Mais ce liquide est d'un prix élevé dans le commerce,
parce qu'il sert à la fabrication de l'aniline, et il est
douteux que sous le rapport économique, il y ait
avantage de se servir, pour augmenter le pouvoir
éclairant du gaz, d'une matière d'un prix aussi élevé.
Le gaz de Londres absorbe environ 100 grammes de
ce naphte par mètre cube, et le pouvoir éclairant en
est augmenté de 6,8 pour cent.

« Il est indispensable que le naphte soit un corps
homogène, et non pas un mélange de divers hydrocarbures volatils, parce qu'autrement la carburation
marche d'une manière inégale. Les premières portions
de gaz qui arrivent sont très carburées, tandis que
les dernières peuvent à peine se charger de carbone.

« En résumé, dit en terminant M. Letheby, il n'y
a pas de doute que 100 grammes de naphte de houille
ne puissent augmenter de 4,5 et jusqu'à 9 pour 100
le pouvoir éclairant d'un mètre cube de gaz, et que
ces 100 grammes de naphte ne coûtent à Londres
que le 1/3 de son équivalent en gaz d'éclairage ;
mais cette carburation ne peut être recommandée que
pour les gaz très légers. Un gaz préparé avec de bon
*cannel* (houille compacte) n'a pas besoin d'être carburé,
au contraire ce gaz abandonnerait ses hydro-carbures
pesants au naphte au travers duquel on le ferait
passer. »

### CARBURATION DE L'AIR

Après la carburation du gaz, celle de l'air atmosphérique. La *photogénisation* de l'air a été préconi-

sée par M. Mongruel, qui faisait de très jolies expériènces, dans la rue Vivienne, vers 1863. Il paraît qu'on avait déjà essayé avant cette époque de carburer l'air et que, dès 1847, un sieur Mansfield (qui a été tué plus tard par une explosion de son appareil) prenait un brevet pour la fabrication de matières bitumineuses assez volatiles pour qu'un courant d'air atmosphérique, à la température ordinaire, pût les entraîner en passant à travers et les porter dans une lampe, où elles brûlaient avec une flamme très lumineuse.

M. Mongruel employait un ventilateur pour forcer un courant d'air à barboter dans certaines huiles légères avant d'arriver pour se brûler au moyen d'un bec à gaz ordinaire.

Mais la plus curieuse invention de ce genre me paraît être celle de M. Mille. Son *gazo-lampe* est un appareil, « le premier, dit l'abbé Moigno, qui, sans le secours du feu et *sans mécanisme aucun*, ait fait passer l'air atmosphérique ambiant à l'état de gaz inflammable parfaitement propre au chauffage et à l'éclairage. Il est alimenté par les éthers ou essences *très légères* de pétrole, premier produit de la distillation des huiles brutes, et dont il faut absolument dépouiller ces huiles pour qu'on puisse les brûler sans danger, dans les lampes à mèche, américaines ou autres.

« Vaporisables au-dessous de 100°, ces essences pèsent de 650 à 720, la densité de l'eau étant prise pour 1000 ; elles ne contiennent aucun acide gras, et n'ont d'autre emploi que de remplacer, dans la peinture en bâtiment, l'essence de térébenthine. Les convertir en gaz est le meilleur parti qu'on puisse en

tirer. On peut les remplacer dans le gazo-lampe par
des huiles de houille très-légères ou essence de
benzine.

« Le gazo-lampe est tantôt portatif ou mobile, tantôt fixe ou immobile ; nous le décrirons tour à tour
dans ces deux formes.

### GAZO-LAMPE PORTATIF OU MOBILE

Il se compose essentiellement de deux récipients
concentriques, de forme quelconque, en général rectangulaire ou cylindrique (fig. 294) ; l'un extérieur
A B, en zinc, fer-blanc ou cuivre ;
l'autre intérieur A' B', en toile de fer
ou de cuivre. Le récipient intérieur,
qui n'est séparé du récipient extérieur
que par une mince couche d'air, est
rempli d'éponge, de pierre ponce, de
morceaux de coke, de coton ou de

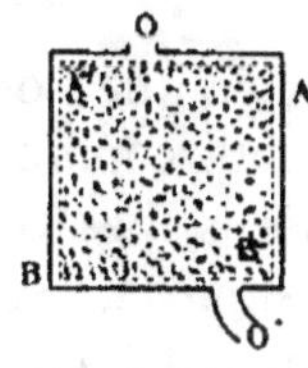
Fig. 294

toute autre substance absorbante non tassée. On verse
de l'essence de pétrole par l'ouverture O, de manière
que le corps poreux du récipient intérieur en soit
imbibé sans excès, et le gazo-lampe est prêt à fonctionner.

L'air atmosphérique, *par sa simple pression et
son pouvoir naturel de diffusion*, entre par l'ouverture O dans le récipient intérieur, le lèche sur sa
surface, traverse aussi la matière spongieuse, se
charge de vapeurs d'hydrocarbure, se transforme en
gaz plus lourd que l'air, descend au fond du récipient, sort par l'orifice O', et entre dans le tube
en caoutchouc ou en métal, qui le conduit au
bec, où il brûle avec une flamme très douce et très
blanche... »

## GAZO-LAMPE FIXE OU IMMOBILE

Sous une de ses formes les plus simples (fig. 295), il se compose de plusieurs cylindres plats et à large surface, en fer-blanc, en zinc ou en tôle, séparés l'un

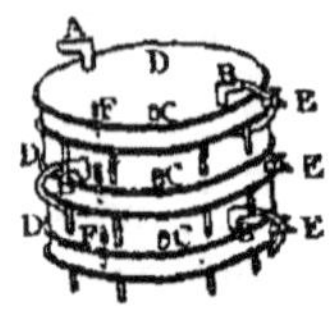

Fig. 295.

de l'autre soit par de simples pieds, soit par des boîtes aussi cylindriques, de même diamètre ou de diamètre plus petit. Les cylindres dont le diamètre et la hauteur (toujours inférieure cependant à 5 centimètres) varient à volonté, et dont le volume peut être ce que l'on voudra, sont destinés à contenir le liquide combustible, éthers de pétrole ou benzines légères. Les boîtes, si on les a substituées à de simples pieds, servent de support aux cylindres, et pourront à la rigueur, dans les cas extraordinaires, être remplies d'une chaude pour accélérer la production du gaz.

« Les cylindres successifs sont reliés les uns aux autres de haut en bas par des tubes en caoutchouc ou en métal. Chaque tube part d'une ouverture exactement opposée à celle par laquelle l'air, qui doit se charger ou qui est chargé de vapeurs, entre dans le cylindre, et vient aboutir sur le cylindre inférieur, à l'extrémité d'un diamètre perpendiculaire au diamètre d'entrée et de sortie du cylindre supérieur. A l'aide de ce nouvel appareil comme à l'aide du premier, les huiles légères de pétrole ou de benzine se transforment instantanément et partout en gaz, sans application de chaleur ou d'un mécanisme quelconque, sans gazomètre, sans ventilateur, sans réservoir d'air comprimé... »

Voici la légende de la figure 295 : D, D, D sont les
trois cylindres ; A est le tube d'entrée dans le premier cylindre, de l'air qui devra circuler dans tout
l'appareil et sortir transformé en gaz ; C, C, C sont
les tubes ou ouvertures par lesquelles on verse le
liquide dans les cylindres ; B, B, B sont les tubes qui
conduisent d'un cylindre à l'autre l'air chargé de
vapeurs de pétrole ; F, F, F sont les tubes munis de
petits flotteurs, destinés à montrer le niveau du
liquide dans les cylindres, et au besoin à donner le
volume du liquide consommé ; E, E, E, robinets placés tout à fait en bas des cylindres pour les vider au
besoin. Le gaz ou mélange saturé d'air et de vapeur
d'hydrocarbure sort par l'ouverture du dernier tube
B, du cylindre inférieur.

« Le très beau gaz fourni par le gazo-lampe portatif ou fixe, ajoute M. l'abbé Moigno, et qui brûle sans
mèche à la sortie d'une simple ouverture de grandeur convenable, bec papillon, bec Manchester, bec
cylindrique, etc., est un simple mélange d'air et de
vapeur qui n'a pas encore été suffisamment analysé,
mais qui peut contenir sur 100 parties 90 d'air et
10 de vapeur de pétrole, et ne peut jamais former un
mélange explosif. Ce mélange d'air et de vapeur est
plus lourd que l'air, et voilà pourquoi il s'écoule
spontanément par le tube de sortie, comme l'huile
dans les anciens quinquets. Lorsque l'appareil est
très bas, la tendance du gaz à sortir est presque nulle,
il brûle presque sans pression. A mesure que l'on
élève les récipients, la pression augmente, le gaz
sort avec plus de force, la flamme prend de plus
grandes proportions... »

Je suis obligé d'abréger et de supprimer beaucoup

de considérations dans lesquelles entre l'abbé ;
« mais, c'est vraiment un fait merveilleux, comme il
dit, que l'air ainsi abandonné à lui-même se charge
exactement de la quantité de vapeur hydrocarburée
nécessaire et suffisante pour le transformer en un gaz
magnifique... »

Cependant il ajoute : « Les défauts du gaz Mille,
compensés par tant et de si grands avantages, seraient d'avoir peu de pression, d'exiger par conséquent des tuyaux et des orifices d'un diamètre un
peu plus grand, de résister moins aux causes d'extinction, et de ne pouvoir naître en quantité très
considérable qu'autant que les liquides sont très
légers... »

Pour avoir une idée du prix de revient, dans une
expérience qui a duré 10 heures, avec un appareil
à compartiments, présentant une surface totale de
50 décimètres carrés; l'abbé Moigno dit avoir introduit 6 kil. 850 ou environ 10 litres d'essence, et avoir
marché pendant ces 10 heures, avec 4 becs allumés,
en dépensant 2 kil. 200 ou 3 lit. 38 de liquide coû-
tant 80 centimes le litre, et que le bec représentait
au moins une consommation à l'heure de 160 litres
de gaz ordinaire.

Reste à savoir quelle peut être la valeur du liquide
qui n'a pas servi. — Je ne parle pas d'un appareil
perfectionné décrit dans le « Résumé oral du progrès
scientifique et industriel, par M. l'abbé Moigno, n° de
juin 1864 », j'ai voulu seulement, par ce qui précède, donner une idée complète de ce moyen de
brûler des vapeurs d'hydrocarbures, n'ayant que
l'air pour véhicule, sans aucun autre artifice.

Pour en finir, j'ajouterai que j'ai vu, dans une

·expérience, fonctionner un appareil comme celui décrit plus haut, avec une grande régularité et donnant un très bel éclairage. Cet appareil pouvait avoir environ 40 centimètres de diamètre ; il était placé à l'étage supérieur de la maison et il alimentait une douzaine de becs à double courant d'air, montés sur une rampe qui se trouvait dans une cave.

## GAZ DIVERS

Nous savons que toutes les matières organiques, exposées brusquement à l'action d'une température élevée, produisent du gaz plus ou moins propre à l'éclairage. Il n'y a donc rien d'étonnant à ce qu'on ait proposé tant de choses diverses, depuis les marcs de fruits jusqu'aux hannetons, pour faire du gaz. — Souvent la difficulté n'est pas de transformer jusqu'à un certain point les matières en gaz, mais bien de se les procurer dans les conditions industrielles, commé quantité suffisante et comme prix à peu près constant.

Néanmoins nous allons parler des moyens d'obtenir lé gaz qui méritent d'être cités.

### GAZ DE RÉSINE

Dans certaines localités; comme au centre de la Russie, où la résine se trouve à bon marché, tandis que la houille est à un prix élevé, la résine pourrait être avantageuse pour faire du gaz. Soumise à la chaleur rouge, elle donne beaucoup de gaz d'un pouvoir éclairant double de celui de la houille ; il se condense de l'eau et plusieurs huiles volatiles qui se décomposent difficilement à cause de leur volatilité.

Pour faire le gaz de résine, on met celle-ci dans·

l'un des compartiments d'une caisse que divise verticalement une toile métallique. Cette caisse se place sur le fourneau de manière à recevoir la chaleur d'une cheminée courante qui va en travers, au-dessus de la voûte du four, avant de rejoindre la cheminée verticale. La chaleur fait fondre la résine. Quand elle est liquide, elle traverse les mailles de la toile métallique, qui s'oppose au passage de tout corps solide, et va dans le second compartiment de la caisse en question. A peu près au tiers de la hauteur de cette caisse, se trouve un robinet par lequel la résine s'écoule dans un siphon analogue à ceux dont il est parlé dans la fabrication du gaz à l'huile. — Les huiles volatiles des opérations précédentes se remettent dans la caisse avec la résine. — On a souvent des engorgements.

Quand l'appareil ne doit pas alimenter un grand nombre de becs, on peut le simplifier en n'employant comme gazomètre, qu'une très petite cloche dont les mouvements d'élévation et d'abaissement règlent l'arrivée du liquide en faisant tourner le robinet d'admission.

Ce moyen peut aussi bien s'employer pour le gaz à l'huile.

### GAZ AUX ACIDES GRAS

« On doit à M. Houzeau-Muiron d'avoir utilisé, pour la fabrication du gaz, dit M. d'Hurcourt, les résidus provenant de la distillation des acides gras extraits des graisses de Reims et de Tourcoing.

« Les huiles de Reims sont obtenues en saturant par l'acide sulfurique les eaux savonneuses qui contiennent un mélange des huiles employées au graissage des laines, avec le savon qui a servi au dégraissage.

« La graisse de Tourcoing provient du graissage de la laine avec le beurre et du dégraissage au savon ; le liquide savonneux et gras est saturé par l'acide sulfurique. La distillation de ces huiles laisse un résidu brun fluide qui prend, par le refroidissement, la consistance de l'asphalte ou du bitume concentré. Ces résidus chauffés acquièrent une fluidité parfaite et peuvent être coulés dans les cornues, comme il a été dit ci-dessus ; ils donnent un gaz qui, avec un bec dépensant 40 litres, possède un titre qui souvent dépasse 40. On les mêle ordinairement avec du goudron. »

GAZ AU SUIF

Gay-Lussac disait, il y a cinquante ou soixante ans, que, « si l'on s'était toujours éclairé par le gaz, et que quelqu'un se fût présenté avec une bougie, en disant : j'ai solidifié le gaz, et je peux porter ma provision de lumière dans ma poche sans avoir à craindre d'accident, on aurait été. dans l'admiration, et l'on n'aurait pas manqué d'adopter ce nouveau moyen qui permettrait de transporter la lumière où l'on voudrait, au lieu de l'avoir fixée dans une place à demeure. » (1)

En thèse générale, on est obligé de reconnaître la vérité de cette observation. Mais cependant le suif,

---

(1) M. Dumas a dit à peu près la même chose, par rapport au gaz à l'huile : « Si on avait d'abord inventé le gaz de la houille, puis qu'un inventeur eût trouvé le moyen de le rendre liquide, de supprimer la dépense des usines, des tuyaux, etc., en permettant à chacun d'employer ce liquide dans des appareils portatifs, tout le monde eût

comme l'huile, comme la résine, peuvent, dans certains cas particuliers, être utilement employés à la fabrication du gaz.

M. d'Hurcourt, en parlant de l'utilité des goudrons quand on veut distiller des matières organiques qui n'ont pas une fluidité parfaite, et dont on fait un mélange, dit qu'avec la résine on obtient, par kilogramme, 1,500 litres d'un gaz dont le titre varie de 12 à 15, et qu'avec le suif on a 800 litres par kilogramme de gaz dont le titre est de 50 avec un bec de 20 litres.

Il ne s'agit plus que de comparer le prix d'un kilogramme de chandelles avec le prix d'un kilogramme de matière, y compris les frais de décomposition ; puis de prendre en considération la qualité de la lumière. Quant à la fabrication, elle ne présente pas plus de difficulté que celle des gaz dont il est parlé plus haut.

### GAZ AUX HUILES MINÉRALES

Les huiles brutes, traitées en vue de les appliquer dans des lampes (huile de schiste, huile de pétrole, etc.), donnent à la distillation des produits impropres à cet usage. Ces produits donnent un gaz aussi beau et en même quantité que le suif.

### GAZ A AIR CARBURÉ PAR LES HUILES

*A priori*, les systèmes d'éclairage par l'air carburé, constituent un mauvais emploi des essences volatiles, puisque l'air ne contenant par lui-même

admiré cette invention. Or, ce gaz liquide, nous le possédons dans l'huile, et il paraît plus naturel de l'employer directement que dans de coûteux appareils. »

aucun élément combustible, c'est par la combustion
d'une partie des hydrocarbures en suspension que
doit être produit l'échauffement des gaz inertes (dont
le volume est considérable) pour les porter à la
température d'ignition.

L'essai a été fait en grand à Chichester, le prix de
revient du gaz était de 7 fr. 25 les 100 mètres cubes.
On employait des essences de pétrole d'une densité
inférieure à 0,680, dont le prix de revient était de
20 francs l'hectolitre rendu à l'usine. La consommation était de 200 litres d'essence pour 1.000 mètres
cubes de gaz livrés à la consommation. Cet éclairage
en grand a été abandonné, il peut être utile cependant dans le cas d'usines, manufactures, dans le
pays desquelles il n'existe pas d'usines à gaz.

---

# CHAPITRE XIX

## COKE

---

Le plus important produit que l'on obtient de la
distillation de la houille, après le gaz, est sans con-
tredit le coke. L'un des moyens le plus efficace pour
écouler le coke d'une usine, consiste à mettre en
vente, conjointement avec le coke tel qu'il sort des
cornues, du coke cassé.

La première catégorie convient parfaitement aux
usages industriels, mais non aux usages domesti-

ques; car pour brûler le coke dans les foyers d'appartements, il est nécessaire de le casser.

Au début, on cassait le coke à la main avec des marteaux en acier spéciaux; mais on ne pouvait obtenir un produit régulier et la main d'œuvre était très élevée.

On se sert maintenant de machines à concasser, dont les figures 296 et 297 représentent un des modèles les plus employés.

Deux arbres parallèles tournant en sens inverse portent chacun six plateaux en fonte, chaque plateau est armé de quinze dents en acier trempé. Les dents sont disposées de telle façon que les espaces libres au passage du coke broyé soient autant que possible égaux entre eux pendant une révolution entière. Une trémie, dans laquelle on verse le coke tout-venant, entoure et surmonte les cylindres concasseurs. Afin d'éviter la rupture des dents ou l'arrêt de la machine, dans le cas où des corps durs étrangers se trouveraient accidentellement mélangés avec le coke, ou même dans le cas où quelques morceaux de coke seraient trop résistants, l'arbre de l'un des cylindres concasseurs tourne dans des coussinets qui peuvent se déplacer horizontalement dans des glissières.

Tout le système est maintenu à distance par deux leviers coudés à contrepoids, convenablement réglés. Si une résistance trop grande vient à se produire, l'arbre s'éloigne en soulevant les contrepoids pour laisser le passage libre aux corps durs, et il revient aussitôt après à sa position normale.

Le coke broyé s'écoule dans un cylindre cribleur animé d'un mouvement de rotation. Le crible comporte trois séries de mailles; les plus fines; placées

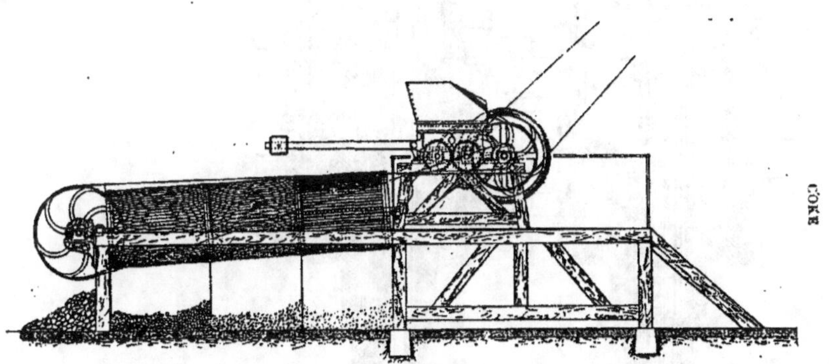

Fig. 296.

près du broyeur, laissent passer le poussier; les moyennes produisent le petit coke cassé appelé « noisette » ; les plus grosses produisent le coke cassé nº 1, et enfin par la base inférieure du cylindre, s'écoule le coke nº 2.

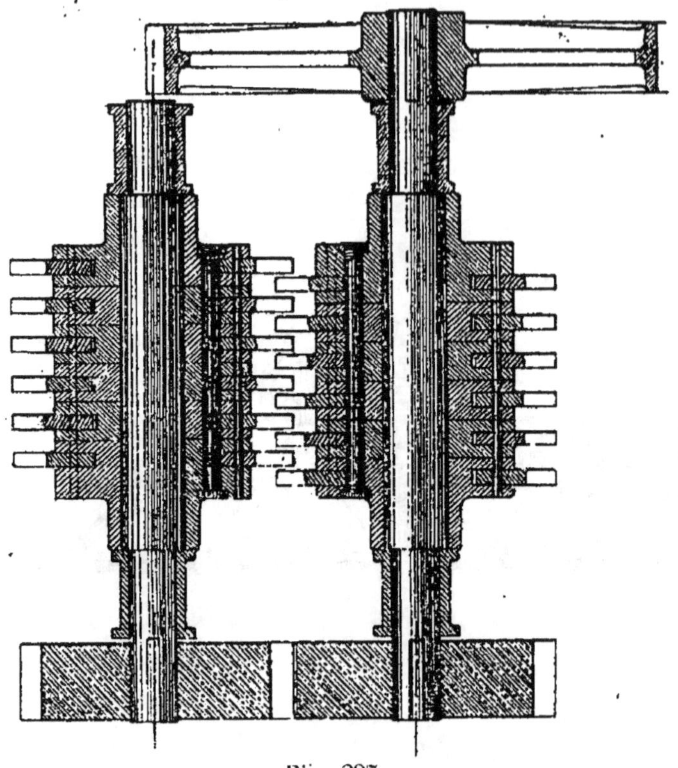

Fig. 297.

L'ensemble de cette machine est monté sur un bâtis en bois solidement fixé au sol.

La machine peut à volonté être actionnée à bras ou par un moteur mécanique, suivant sa dimension.

La machine indiquée dans le dessin, mue par un moteur à vapeur, et avec une vitesse des cylindres broyeurs de 17.5 tours par minute, peut recevoir 100 hectolitres de coke par heure et donne 79.8 hectolitres de coke n° 1 et n° 2, 13.40 hectolitres de noisette et 8.40 de poussier : soit au total 101.60 hectolitres. Cette différence s'explique par la manière d'opérer le mesurage : hectolitre comble pour le coke tout-venant, hectolitre ras pour le coke cassé. La force nécessaire est de 1 cheval et la machine exige huit hommes pour son service.

### CASSE-COKE DURAND ET CHAPITEL

Le principe de ce casse-coke est absolument différent de celui décrit plus haut. Il supprime le cassage par écrasement, compression ou serrage du coke. Dans cet appareil, le cassage s'opère identiquement de la même façon qu'à la main, à l'aide de petites massettes, qui frappent le coke à la volée et dans le vide. L'appareil se compose d'un arbre horizontal portant une série de cinq rondelles en fonte invariablement fixées sur l'arbre et écartées entre elles de 4 centimètres. Un trou est pratiqué dans chaque rondelle près de la circonférence, et un boulon engagé dans les trous, sert à relier les rondelles en fonte et à porter la pièce principale, qui est une massette, dont il a été parlé plus haut. Deux rondelles voisines renferment une massette et un boulon : donc quatre boulons et quatre massettes pour tout l'appareil. Cette massette est, à proprement parler, un fléau en acier ou en fonte ordinaire de 1 centimètre d'épaisseur, taillé sur deux tranchants comme une hachette à double tranchant. Par une de ses ex-

trémités, qui forme le manche, le fléau oscille folle-
ment sur le boulon qui le supporte, et, à l'aide de
la vitesse imprimée à l'arbre et aux rondelles, il est
emporté par la rotation et finit par se tendre de façon
à présenter à l'œil l'aspect d'une pièce fixe. Une trémie placée au-dessus de ce système permet l'introduction du coke, qui en tombant est rencontré par
les massettes, cassé et projeté dans une trémie. Pour
un appareil de 1<sup>m</sup>25 de long sur 1 mètre de hauteur
et de largeur, la production peut être de 2,000 hectolitres par jour. L'appareil manœuvré par deux
hommes seulement peut produire 40 hectolitres à
l'heure. La mise en tas se faisait autrefois dans les
grandes comme dans les petites usines au moyen
d'hommes, qui portaient le sac d'un hectolitre sur leur
dos, gravissaient des chemins en bois pour s'élever
au haut des tas et versaient le coke au sommet. Cette
main-d'œuvre très onéreuse a été remplacée dans les
grandes usines, soit par des tours placées au centre
du tas et au haut duquel le sac arrive élevé par un
treuil à chaînes, soit maintenant par des câbles mis
en mouvement par la machine du casse-coke, qui
roulent sur des galets fixés de distance en distance à
des potences, et qui portent des plateaux transpor-
tant les sacs aux endroits convenables où on les bascule.

# CHAPITRE XX

## EAUX AMMONIACALES

——

L'eau ammoniacale obtenue dans la fabrication
du gaz contient : de l'ammoniaque libre, du carbonate, de l'acétate, du sulfate et du sulfite d'ammoniaque, du sulfure, du sulfocyanure, du chlorure
d'ammonium et des sels d'amines organiques.

La valeur de l'eau ammoniacale en ammoniaque
se détermine par une méthode indiquée plus haut au
moyen de l'acide sulfurique titré.

### Traitement

Autrefois, lorsqu'on ne laissait pas perdre l'eau
ammoniacale, on se bornait fréquemment à la satu-
rer avec de l'acide sulfurique et à évaporer la solution jusqu'à cristallisation de sulfate d'ammoniaque.
Le sulfate obtenu par ce procédé offrait ordinairement
une couleur très sale, due à la présence de matières
goudronneuses et serait à peine vendable aujourd'hui.
D'ailleurs la dépense de combustible pour l'évaporation est supérieure à celle de l'expulsion de l'ammoniaque dans les appareils bien construits. Il vaut
mieux expulser l'ammoniaque de l'eau du gaz et
l'absorber par l'acide sulfurique. Si l'on veut obtenir tout le gaz ammoniac, on chasse celui-ci des sels
fixes au moyen de la chaux. On peut classer les appareils de la manière suivante :

*Première catégorie*

1° Appareils à colonne effectuant le traitement des eaux ammoniacales par le barbotage sans emploi de chaux ;

2° Appareils à chauffage au moyen de la vapeur, de deux chaudières accouplées contenant l'eau à traiter, circulation méthodique, emploi de la chaux dans la seconde période de travail.

*Deuxième catégorie*

1° Appareils à colonne verticale de concentration et chaudières pour traitement par la chaux (dernier type Mallet) ;

2° Appareils à colonne horizontale, nouveau système à écoulement continu, chauffage direct, circulation méthodique, système Solvay.

*Première catégorie*

Appareils faisant emploi pour le chauffage, de la vapeur d'eau produite sous pression dans des chaudières à vapeur distinctes.

### APPAREILS DE LA C^ie RICHER

Fig. 298. — A Citerne à eau ammoniacale.

B Pompe qui aspire l'eau de A et l'envoie dans le récipient C.

C Réservoir en tôle muni d'un serpentin servant à utiliser la chaleur perdue de la colonne pour l'échauffement de l'eau ammoniacale.

D Colonne à 20 plateaux dans laquelle s'opère le chauffage de l'eau ammoniacale par la vapeur venant des générateurs H.

E Bac contenant de l'acide sulfurique dans lequel barbotent les vapeurs ammoniacales.

F Chaudière servant à l'évaporation des eaux acides saturées provenant du bac E.

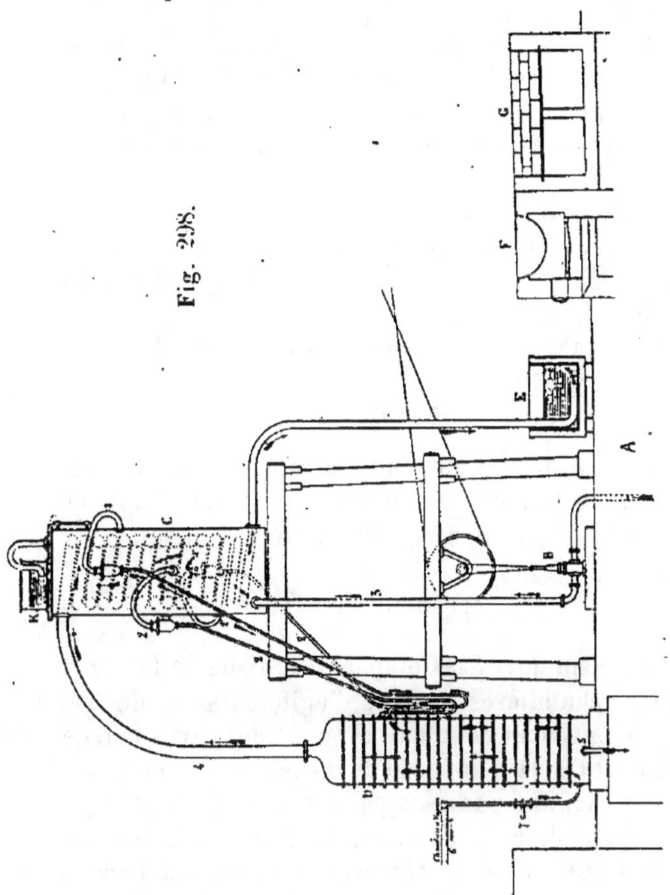


G Séchoir à sulfate.

K Appareil laissant échapper dans un petit bac contenant de l'acide, les vapeurs qui peuvent se dégager par le fait du premier échauffement contenues dans la bâche à serpentin.

I Tuyau amenant dans la colonne l'eau déjà échauffée provenant de la partie supérieure de la bâche à serpentin.

2,2' Tuyaux analyseurs, ramenant dans la citerne l'eau ammoniacale condensée dans le serpentin.

3 Tuyau amenant l'eau puisée dans la citerne.

4 Tuyau de dégagements des vapeurs ammoniacales.

5 Tuyau de vidange.

6 Tuyau d'arrivée de vapeur.

Les flèches bleues ou ━━━━➤ indiquent la marche de l'eau.

Les flèches bleues ou ━ ‑ ‑ ➤ indiquent la marche de la vapeur.

### Résultats

On laisse 15 0/0 de l'ammoniaque totale dans les eaux de vidange; la consommation de chauffage est 350 k. de charbon par 100 k. de sel obtenu.

### APPAREIL MALLET

Encore employé à la Compagnie Parisienne (fig. 299).

A B C chaudières munies d'agitateurs H, de $5^{m3}$ chaque. A B sont chauffées directement par le feu. La chaudière C sert d'appareil de lavage, en même temps elle est chauffée par les vapeurs sortant de B; de C, le gaz se rend dans un serpentin long de 20 à 25 mètres, qui se trouve dans le réservoir F et qui est refroidi par l'eau du gaz. Le liquide condensé dans le serpentin coule dans S et de là dans le collecteur Y. Les gaz, qui s'échappent par la partie supérieure de S,

traversent un serpentin T refroidi par l'air extérieur
et se rendent par le tuyau U dans l'auge à absorption X. Les produits condensés en T retournent dans
le collecteur Y.

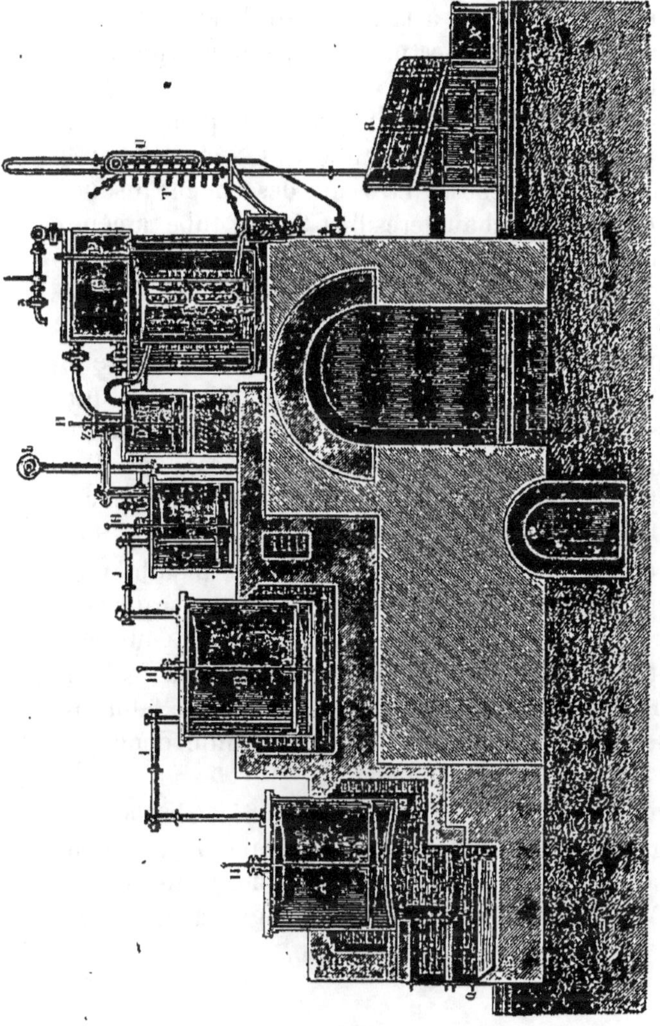

Fig. 299.

L'eau du gaz, complètement débarrassée du goudron, coule d'un réservoir par le robinet *a* dans le vase de jauge G. Ce dernier communique, à l'aide d'un robinet adapté à son fond, avec le réfrigérant F ; un tube s'adaptant à la partie supérieure conduit à la chaudière où s'effectue la préparation du sel de chaux.

Les chaudières A B C D communiquent entre elles inférieurement par les tubes K L N et supérieurement par les tubes I et J qui descendent jusque près du fond des chaudières B et C. Un tube amène le lait de chaux du réservoir E dans la chaudière B. Au moyen d'un tube, on peut faire passer le contenu du réservoir Y dans la chaudière D. Le tube P sert pour conduire en G les vapeurs qui se dégagent du réfrigérant F. Z est un robinet à trois voies, qui permet de mettre la chaudière D alternativement en communication avec les tubes qui s'y rendent. En Q se trouve le foyer, dont la flamme contourne d'abord la chaudière A, passe ensuite vers B. RR sont des supports en bois revêtus de plomb, qui servent pour faire égoutter les sels ammoniacaux séparés de l'acide. X est une caisse en plomb pour recevoir les eaux-mères, qui retournent en V. On compte par mètre cube d'eau ammoniacale 60 à 80 litres de chaux ; chaque tonne de houille donne 8 kilos 5 de sulfate d'ammoniaque.

L'appareil de M. Mallet a été modifié et la vapeur d'eau produite par l'eau ammoniacale déjà à peu près épuisée, est employée à échauffer l'eau neuve, qui s'écoule dans une colonne analogue à celle décrite, de la Compagnie Richer.

## APPAREIL SOLWAY

Fig. 300, 301 et 302.

A réservoirs jaugés à fonctionnement alternatif recevant l'eau ammoniacale envoyée de l'usine. B bac d'alimentation dans lequel l'eau arrive par un robinet à fermeture automatique maintenant constant le niveau dans la bâche B. C tuyau amenant l'eau ammoniacale à la partie inférieure de la bâche du serpentin ; l'eau arrive par l'un des trois robinets $c\ c'\ c''$ dont chacun correspond à l'écoulement d'une quantité déterminée, soit 18, 20, 24$^{m3}$ par jour. D tuyau amenant l'eau déjà en partie échauffée dans le dernier compartiment de l'appareil à distiller. E appareil proprement dit, formé de 14 chambres contiguës, munies chacune, sauf celles des deux extrémités, d'une disposition spéciale servant à l'écoulement du liquide et au dégagement du gaz. F foyer. G tuyau de vidange. H tuyau conduisant les gaz ammoniacaux dans le serpentin. I serpentin en plomb entouré d'eau ammoniacale. J bac servant à recueillir les eaux concentrées. K L barboteur arrêtant les vapeurs échappées du serpentin. N pompe aspirant les eaux concentrées de $m$ et les refoulant dans un grand réservoir plus élevé. O robinet recevant l'eau pour essai. Q manomètre à mercure indiquant la pression dans la dernière chambre. R manomètre de sûreté du premier compartiment. S tuyau servant à injecter de la vapeur dans le serpentin pour le désobstruer au besoin. P tuyau pour l'introduction de l'eau chaude pour le lavage journalier du serpentin.

Chaque compartiment renferme un réservoir qui, inférieurement, est en communication avec le com-

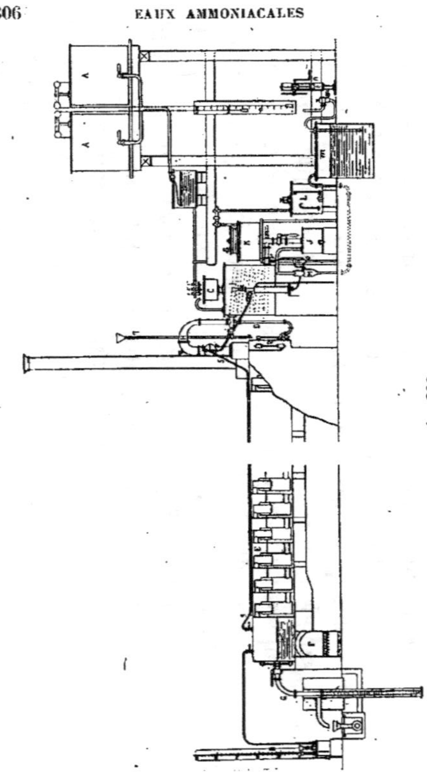

Fig. 300.

partiment voisin au moyen d'un ajutage. A la partie
supérieure de chaque cloison est adapté un autre
ajutage horizontal qui se termine par un tube vertical

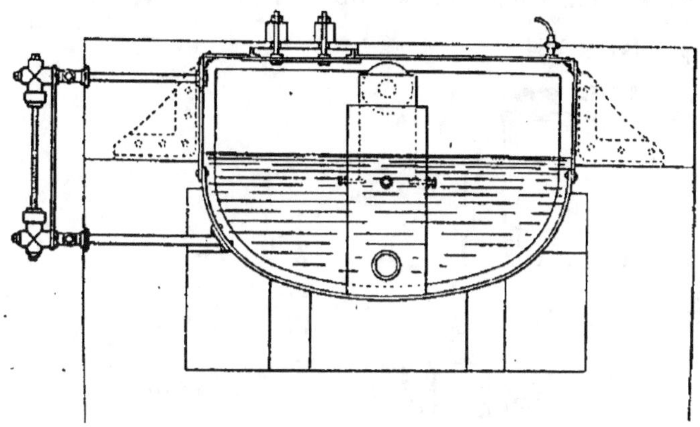

Fig. 301.

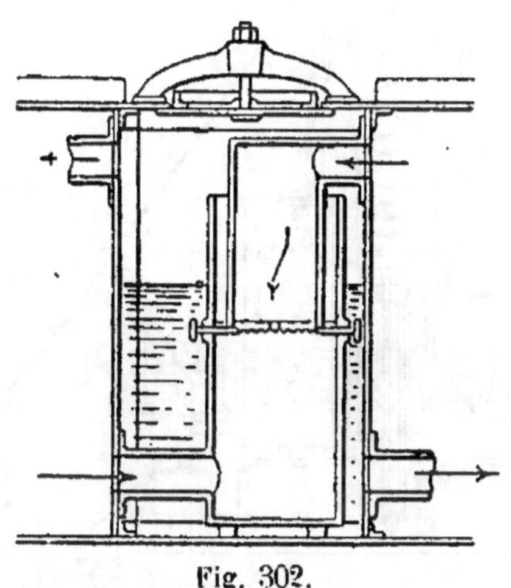

Fig. 302.

plus large, lequel conduit les vapeurs sous le liquide
dans le réservoir qui suit immédiatement. L'eau et

les vapeurs suivent une marche inverse dans la chaudière.

APPAREIL CHAMPONNOIS, A COLONNE DISTILLATOIRE

Fig. 303 et 304.

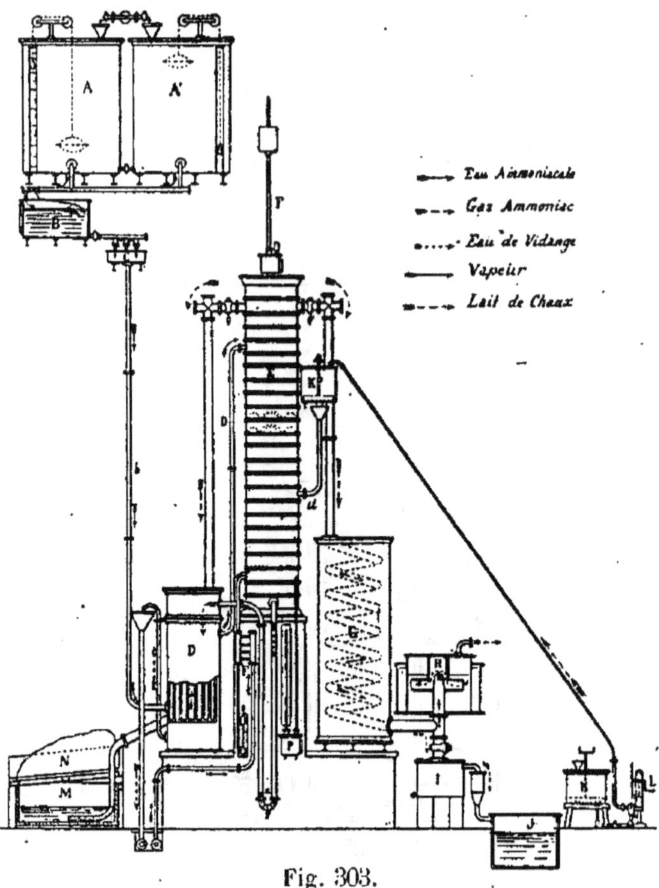


Fig. 303.

A réservoirs jaugés d'avance recevant l'eau ammoniacale à traiter;

B bac d'alimentation à robinet automatique à flotteur ;

C tuyau amenant l'eau à la partie inférieure de la bâche à saturation $cc'c''$ correspondant des écoulements de 18, 20, 21$^{m3}$ par 24 heures ;

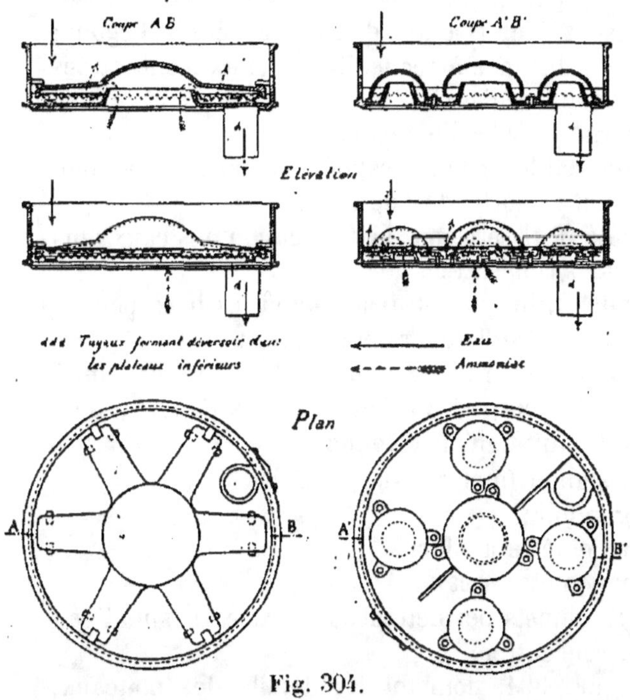


Fig. 304.

D rechauffeur et tuyau amenant l'eau déjà échauffée dans la partie supérieure de la colonne distillatoire ;

E appareil proprement dit, formé de 23 plateaux, dont 17 seulement sont munis de barboteurs, sur lesquels s'écoule l'eau ammoniacale, traversé en sens inverse par un courant de vapeur ;

— F appareil muni de plusieurs robinets de divers diamètres, dont le débit à pression constante est variable, et qui permet de régler l'introduction de la vapeur dans la colonne ;

G serpentin pour la marche à eau concentrée ;

*a* tuyau par lequel s'écoulent les eaux épuisées qui passent dans D avant d'être évacuées à l'égout ;

I bâche destinée à recueillir les eaux concentrées riches en ammoniaque ;

J citerne pour lesdites eaux ;

H appareil barboteur destiné à laver le gaz ammoniac avant sa sortie de l'appareil ;

Le côté Q' H sert pour la fabrication des eaux ammoniacales concentrées ;

Le côté Q, le gaz est dirigé dans les bacs pour la fabrication du sulfate d'ammoniaque ;

Le traitement par la chaux se fait en refoulant à l'aide de la pompe L un lait de chaux dans K, d'où il est introduit dans la colonne par U.

M cristalloir (marche au sulfate) ;

N égouttoir ;

O manomètre à sifflet ;

P manomètre à eau ;

Q, Q' robinets permettant la marche au sulfate ou à l'eau concentrée.

La figure 304, donnant les détails des plateaux, permet de se rendre compte du mécanisme du barbotage.

Nous ne pouvons donner tous les appareils employés dans cette fabrication, il suffit de citer les appareils de Seidel employés à Amsterdam — d'Elvers et Muller-Paek — de Grüneberg à Cologne — les colonnes Coffey, très employées en Angleterre.

## Usages

L'ammoniaque liquide est employée en pharmacie, dans la teinture et l'impression des étoffes, dans la fabrication des couleurs, des produits chimiques, la fabrication de la glace, et surtout la fabrication du carbonate de soude, sulfate d'ammoniaque dont la teneur en ammoniaque est comprise entre 23 et 27, il est souvent fraudé au moyen du sulfate de soude ou du sel marin. La plus grande partie est employée en agriculture, surtout pour la culture de la betterave à sucre.

Le carbonate d'ammoniaque est employé pour le lavage des laines et en teinture.

# CHAPITRE XXI

## GOUDRON

Le goudron est recueilli dans des citernes, ainsi que l'eau ammoniacale; et l'on fait la séparation de l'eau ammoniacale et du goudron, dans des réservoirs à chicanes ou à décantation.

Le goudron a une densité de 1.1 à 1.2 pour celui provenant de la distillation de la houille, celui des bogheads, cannels, schistes bitumineux, est beaucoup plus léger.

Avant que l'on se soit occupé industriellement de

séparer les éléments utiles du goudron, en le distillant, on cherchait à l'employer à divers usages.
C'est d'ailleurs ce qui arrive encore aujourd'hui dans
les usines trop peu importantes pour le distiller et
trop loin des centres de distillation.

On avait cherché à l'employer pour produire du
gaz d'éclairage, mais ces tentatives sont restées sans
résultat, parce que les substances qui, par leur décomposition à haute température fournissent des gaz
permanents, ne se trouvent dans le goudron qu'en
faible quantité. (Nous en avons parlé plus haut.)

On l'emploie également au chauffage des fours ; on
considère sa valeur calorifique comme égale à peu
près à une fois et demie à deux fois celle du coke.
(Nous en avons parlé plus haut.)

Le goudron a trouvé dans son emploi pour la conservation des matériaux de construction de toutes
sortes un débouché très important.

Pour les pierres, la maçonnerie, surtout lorsqu'elles
sont exposées à l'influence de vapeurs acides, comme
dans les fabriques de produits chimiques, on emploie
un fort enduit de goudron bouillant pour peindre les
murs.

Cet enduit, non seulement communique aux objets une résistance plus grande à l'humidité, aux acides, mais rend les pierres plus dures et par suite
plus aptes à résister à l'action des agents mécaniques.

On a trouvé également qu'un pavage en briques
dure beaucoup plus longtemps, lorsqu'on imprègne
préalablement les briques avec du goudron bouillant.

Le goudron est aussi employé pour enduire les

métaux. Si on l'applique chaud, on obtient un enduit noir, brillant et très résistant.

Quoique le goudron de houille soit employé pour la conservation du bois, il ne vaut pas pour cet usage le goudron de bois employé exclusivement dans les constructions maritimes, qui pénètre beaucoup plus profondément dans les pores du bois et joue le rôle d'agent conservateur.

La grande teneur du goudron de houille en carbone libre et en naphtaline offre au contraire des inconvénients. Le premier empêche la pénétration du goudron dans les pores les plus fins, la seconde, par son évaporation lente, même à la température ordinaire, donne lieu à la production de fissures dans l'enduit.

Le goudron sert à la fabrication du carton pour toiture ou du papier bitumé ; on fait passer le papier dans un bain de goudron bouillant, et on enlève l'excès au moyen d'un rouleau, qui en même temps, fait mieux pénétrer le goudron à l'intérieur du papier.

On se sert de goudron, ou mieux d'un mélange de brai avec de l'huile lourde, débarrassée d'anthracène et de phénol. Les toits mis en place, doivent, notamment pendant la première année, être enduits fréquemment avec un mélange analogue, et si l'on veut assurer leur conservation, il faut, après chaque application du mélange, le saupoudrer avec du sable.

On fabrique également avec le goudron le noir de lampe, employé pour la fabrication des couleurs, du cirage, etc.

On l'a même employé pour fabriquer de l'encre d'imprimerie.

On se sert aussi du brai provenant de la distillation du goudron, pour l'agglomération des menus de houille ou de coke.

### Distillation du goudron

Nous dirons quelques mots sur la distillation du goudron.

Pour que la distillation soit aussi tranquille que possible, il est indispensable que le goudron soit préalablement débarrassé aussi complètement que possible de l'eau ammoniacale, dont il renferme toujours une certaine quantité, parce ,que l'ébullition simultanée de l'eau et des huiles légères est souvent tumultueuse, et la masse peut même être projetée avec explosion.

Pour cela, il y a lieu de le déshydrater le plus possible avant; un long repos, quand il n'est pas trop épais, sépare une grande partie de l'eau ammoniacale.

On peut même le chauffer dans les réservoirs, par un serpentin avec de la vapeur à 17° pour hâter cette séparation. Les uns le chauffent à 20°, d'autres à 40° et même 80°. Dans ce dernier cas, il se produit déjà une distillation. On distille le goudron soit dans des chaudières en tôle horizontales ou verticales d'une contenance de 4 à 20 tonnes de capacité; l'épaisseur de la tôle considérée comme suffisante est de 10 à 13 $^m/_m$.

La cornue, composée d'un cylindre vertical, a 3 mètres de diamètre et 3.5 de hauteur (sans le dôme), elle est en tôle de fer de 10 $^m/_m$ d'épaisseur; on peut donner à la cornue une très légère inclinaison du côté du robinet de vidange qui doit être placé dans la partie plate du fond. L'on peut chauffer au coke, le fond de la cornue étant protégé par une voûte en maçonnerie. Au-dessus de canaux circulaires, la cornue est entourée par un mur épais de 22 centimètres, afin de diminuer les pertes de chaleur par rayonnement : ce mur se continue au-dessus du couvercle et même de la partie ascendante du chapiteau. Cette protection est nécessaire lorsque, comme on doit le recommander, les cornues à goudron sont établies tout à fait à l'air libre.

Les réfrigérants sont des espèces de serpentins contenus dans des bâches que l'on peut chauffer à l'aide de la vapeur. Ces serpentins peuvent également être mis en communication avec la vapeur d'une chaudière pour chasser les produits condensés.

A la suite des serpentins, se trouvent des récipients en nombre égal à celui des fractionnements, et l'on peut diriger à volonté le produit distillé dans l'un ou l'autre des récipients.

On doit avoir soin que les récipients pour les premiers produits distillés puissent être hermétiquement fermés, pour se mettre à l'abri aussi bien des pertes que des dangers d'incendie. Le premier récipient doit permettre de séparer les huiles de l'eau. Les récipients pour l'huile à acide phénique, et pour les huiles lourdes qui suivent, doivent être facilement accessibles, afin que l'on puisse toujours en retirer les masses cristallines qui s'y forment.

Lorsqu'on distille le goudron, il faut chauffer doucement au commencement pour éviter le débordement dû au boursouflement.

Quand le goudron commence à monter et à écumer, on peut faire écouler la majeure partie de l'eau ammoniacale par le robinet de trop plein; on fractionne ensuite au moyen d'un thermomètre placé dans la cornue; on fait les fractionnements différents suivant les usines.

En voici deux exemples :

| | | |
|---|---|---|
| Essence. . . . jusqu'à 105 à 110° | jusqu'à.. 165° | de 30 à 140° |
| Huiles légères. . jusqu'à 210 | jusqu'à.. 230 | |
| Huiles pour le phénol et la naphtaline. . . jusqu'à 240 | » | 150 à 210 |
| Huile lourde. . . jusqu'à 270 | jusqu'à.. 270 | |
| Huile à anthracène, au-dessus de . . . . . . . . . 270 | au-dessus 270 | 220 à 350 |

Autrefois on ne poussait pas la distillation trop loin, et on obtenait du brai gras, que l'on employait pour recouvrir les trottoirs et les chaussées des rues; maintenant, dans le but d'obtenir tout l'anthracène qui est un produit très recherché et précieux, on pousse la distillation jusqu'au brai sec.

On a favorisé la distillation par l'introduction de la vapeur d'eau non seulement dans la première période, mais dans la dernière, où on l'emploie à l'état surchauffé. La durée de la distillation est aussi très abrégée, le rendement en huile est plus grand, et l'obstruction des tuyaux réfrigérants disparaît totalement.

De plus, le dépôt de croûtes dures sur le fond

de la cornue devient impossible, parce que la température de la cornue est maintenue relativement basse, de sorte que le brai ne peut se transformer en coke et y brûler.

On obtient de bons résultats en distillant dans le vide.

Les résultats moyens sont les suivants :

|  | PAR TONNE | 0/0 | 0/0 | EN POIDS |
|---|---|---|---|---|
| Eau ammoniacale.... | 13 lit 4 | 5.5 | 4 | 4 0/0 |
| Essence............. | 28 lit 3 | » | » | 1.5 |
| Huile légère........ | 60 à 67 lit | 10.5 | 4 | 1.5 |
| Huile moyenne...... | » | » | » | 22.0 |
| Huile lourde........ | 303 lit | 27 | 32 | 4.0 |
| Brai............... | 550 kil | 57 | 56 | 67.0 |

Un goudron de charbon allemand donnait en fabrication :

0,6 0/0 de benzol,
0,4 de toluène,
0,5 d'homologues supérieurs,
8 à 12 de naphtaline pure,
5 à 6 de phénol,
0,25 à 0,3 d'anthracène.

## Usages du brai

Nous dirons quelques mots de chacun des produits obtenus et de leurs usages. On emploie le brai

18.

(asphalte) pour recouvrir les trottoirs et les chaussées des rues, comme ciment pour relier les pavés.
Mélangé avec l'asphalte naturel, il sert à isoler les
fondations des murailles afin de les préserver de
l'humidité du sol. On prépare également des pierres
moulées avec du brai et des roches moulues, que
l'on emploie comme des pavés ordinaires sur une
couche de sable ou de gravier.

On fait également avec du papier imbibé de brai
des tuyaux dits en asphalte. Ils sont imperméables
à l'eau, et résistent à une pression de **20** à **30** atmosphères. On les emploie beaucoup en Allemagne dans
les fabriques de produits chimiques, car ils sont inatta-
quables aux acides, et également comme porte-voix
dans la marine et comme isolant des fils télégraphi-
ques souterrains, et même comme conduites de gaz.

Le brai de goudron est employé pour la fabrication des briquettes avec du menu de houille ou de
coke aggloméré; il y entre dans une proportion comprise entre 5 0/0 et **10** 0/0. Ces briquettes sont très
employées pour le chauffage des locomotives et des
chaudières de bateaux. On les fabrique avec des
compresseurs très puissants dont il existe un grand
nombre de systèmes.

Le brai est également employé pour faire du vernis pour le fer et le bois ; on le mélange soit avec
des huiles légères, soit avec des huiles lourdes suivant le produit que l'on veut obtenir.

### Huile à anthracène

Ces huiles recueillies depuis le moment où le thermomètre marque **270** dans la vapeur, jusqu'à la fin de
la distillation, sont composées de naphtaline, anthra-

cène, phénanthrène, pyrène, chrysène, carbazol et d'huiles liquides à points d'ébullition élevés et peu connues. Le tout forme une masse de consistance un peu moins épaisse que le beurre, mélangée de gros grains cristallins et d'écailles de couleur jaune verdâtre. Le traitement de l'huile à anthracène consiste essentiellement à séparer par refroidissement et pressurage les hydrocarbures solides d'avec les liquides.

Les parties liquides sont utilisées comme huile de graissage. Les produits solides sont pressés dans des filtres-presses et essorés dans des turbines, puis de nouveau dans des presses hydrauliques. On le traite ensuite par le naphte pour dissolution obtenu dans les rectifications après le benzol et le toluène, entre 120° et 180°. Par des purifications et des dissolutions successives, on obtient une masse contenant 95 à 97 0/0 d'anthracène, qui par sublimation donne de l'anthracène pur, que l'on emploie à la fabrication de l'alizarine.

### Huile lourde

Contient de la naphtaline, anthracène, et phénol, créosote, aniline, des corps basiques et des huiles neutres liquides à la température ordinaire dont on n'a pu encore opérer la préparation à l'état pur.

L'huile lourde a été employée aux usages suivants : on la rectifie pour obtenir des produits plus faciles à utiliser. On la fait passer à travers des tubes chauffés au rouge pour produire du gaz d'éclairage et des hydrocarbures d'un emploi plus facile. On en imprègne le bois pour le conserver; on l'emploie pour ramollir le brai sec; comme huile de graissage, et pour remplacer l'huile de lin dans les couleurs à bon marché; comme combustible, pour la fabrication du noir de fumée ; comme antiseptique, et pour l'éclairage.

## Acide phénique

Les huiles légères les plus riches en phénol sont celles dont le poids spécifique est compris entre 0,980 et 1,000. Cette huile est traitée par une lessive de soude, qui dissout les phénols. Cette solution est décomposée par des acides minéraux et traitée pour acide phénique ; l'huile séparée de la lessive alcaline est distillée à nouveau et fournit avec d'autres produits, de la naphtaline. Les goudrons contiennent, suivant les charbons dont ils proviennent, de 5 à 10 0/0 de phénol.

## Naphtaline

On obtient de grandes quantités de ce corps en laissant simplement reposer l'huile lourde jusqu'à refroidissement complet. Par filtration, turbinage ou pressage, on sépare la naphtaline brute. Les frais de purification sont moins grands, lorsqu'on opère sur la naphtaline préparée avec l'huile dont on se sert pour la préparation du phénol, après que ce dernier a été extrait au moyen de la lessive de soude. En effet, lorsqu'on distille dans une cornue à huile légère, les huiles séparées du phénate de soude, il passe d'abord un peu d'huiles légères, mais plus tard de la naphtaline presque pure; on la purifie par un traitement à l'acide sulfurique et au bioxyde de manganèse et on la sublime dans des grandes chambres en bois de 3 mètres de large, 5 de long et $1^m05$ de hauteur, au moyen de la vapeur.

La naphtaline sert de matière première à la fabrication des matières colorantes, tel que le jaune de Martius (binitronaphtol), le rose de naphtaline (rouge de Magdala), l'acide phtalique qui sert à la préparation des eosines, et enfin la série des couleurs azoïques.

Elle sert aussi à carburer le gaz (lampe albo-carbone). Avec le brûleur albo-carbone, on a obtenu avec 83 litres de gaz et 4 gr. 9 de napthtaline le même pouvoir éclairant qu'avec 183 litres de gaz seul.

## Huile légère

Comprend la fraction de la première distillation du goudron qui passe entre l'essence de naphte et l'huile à acide carbolique. Cette huile renferme encore du benzol, une assez grande quantité de toluène et beaucoup des homologues supérieurs, mais il s'y trouve encore plus de phénol, de naphtaline et une portion des huiles liquides neutres inconnues qui existent dans l'huile lourde : son poids spécifique est 0,975, elle bout à 95° (le thermomètre plongé dans le liquide); il en distille peu avant que le thermomètre soit monté à 120°; à partir de ce moment jusqu'à 171°, il en distille environ 30 0/0; après, ce qui passe appartient à l'acide phénique.

L'huile légère rectifiée à nouveau entre 120° et 171° sert à l'éclairage extérieur, à la fabrication des vernis, au graissage des machines, etc.

## Essence de naphte

Est le premier produit obtenu directement du goudron jusqu'à 110°. Il renferme les éléments les plus volatils du goudron, le benzol et ses homolo-

gues, mais même des quantités notables de phénol,
naphtaline, aniline, etc. L'essence de naphte est soumise avant la rectification à un lavage chimique
consistant en un traitement par l'acide sulfurique,
qui enlève les bases (aniline, etc.), détruit les rési-
nes pyrogénées, et élimine tous les corps sur lesquels il agit; il forme avec la naphtaline et le phénol des acides sulfoconjugués qui se dissolvent dans
l'acide en excès. L'acide sulfurique agit très peu sur
le benzol et ses homologues, parce qu'il est froid et
en petite quantité.

Après décantation et séparation, les essences sont
traitées par une lessive de soude légère qui enlève
l'acide sulfurique et les acides sulfoconjugués.

Ces opérations se font dans des mélangeurs avec
agitateurs mus mécaniquement. Ce sont des vases
en bois revêtus de plomb dont les différentes pièces
sont soudées à la flamme d'hydrogène soufflée avec
de l'air (soudure autogène). Ils sont toujours couverts
pour éviter la perte du benzol par volatilisation pendant le travail. La quantité d'acide sulfurique à 66°
employée est environ égale à 12 0/0 en poids de l'huile
de naphte.

L'acide sulfurique qui a servi à l'opération, est
coloré en rouge et présente une odeur désagréable.
On l'emploie en Ecosse à la fabrication des super-
phosphates pour l'agriculture, les matières goudronneuses restant dedans, jouent un rôle d'agent des-
tructeur des larves d'insectes.

Après cette opération l'essence est distillée pour
benzol, et la distillation et le fractionnement faits
suivant les produits que l'on veut obtenir. Si l'on
veut préparer du benzol à 90 0/0 par exemple, on

recueille la première fraction jusqu'à 110, la seconde jusqu'à 140, la troisième jusqu'à 170, puis on s'arrête.

La première fraction, soumise à une nouvelle distillation, donne alors beaucoup de benzol à 50°/, il suffit de faire deux fractionnements, jusqu'à 140° et de 140 à 170°. La seconde ne fournit presque pas de produit passant au-dessous de 100° et ne donne que du naphte.

Les produits obtenus après première rectification sont de nouveau rectifiés, généralement au moyen de la vapeur.

Il est utile d'indiquer ici les lois qui régissent les distillations fractionnées.

Les différents éléments d'un mélange ne distillent pas simplement suivant l'ordre de leurs points d'ébullition ; il faut tenir compte non seulement de la tension de vapeur des corps non encore arrivés au point d'ébullition, mais encore de la densité de leurs vapeurs. Suivant certains auteurs, on trouve la quantité de chaque élément qui distille à une certaine température, en multipliant sa tension de vapeur au point d'ébullition du mélange par la densité de sa vapeur (ou, ce qui revient au même, son poids moléculaire). Ainsi, par exemple, l'esprit de bois ($CH^4O$ poids moléculaire = 32) bout à 66°, l'iodure de méthyle ($CH^3I$ poids moléculaire = 142) à 72° ; mais d'un mélange de ces deux corps il distille plus du dernier.

Un mélange de 91 parties de sulfure de carbone (point d'ébullition 47°) et de 9 parties d'alcool (point d'ébullition 78°) bout toujours à 43 et 44° et conserve sa composition pendant la distillation.

Le liquide qui a la tension de vapeur la plus élevée, a une distillation nécessairement plus rapide,

car ce qui manque en tension aux corps qui l'ac-
compagnent peut être remplacé par la plus grande
densité de vapeur de ces derniers. Si l'on désigne
par $t$ la tension et par $d$ la densité de vapeur, on a
$x = k\,t\,d$ pour différents liquides ; $k$ est une constante à déterminer par expérience pour chaque cas
particulier. Si les densités de vapeur et les tensions
sont inversement proportionnelles entre elles et si
les valeurs de $k$ sont égales, les produits $k^n\,t^n\,d^n$
seront tous égaux, c'est-à-dire que le mélange de-
meurera inaltéré pendant toute la durée de la distillation. Des séries homologues dont les termes diffèrent de $CH^2$ sont pour cette raison difficiles à séparer par distillation fractionnée, car pendant que la
tension de vapeur s'abaisse avec chaque $CH^2$ la densité de vapeur s'élève. Cela explique aussi pourquoi
un si grand nombre de corps distillent plus rapidement dans un courant de vapeur d'eau, car celle-ci
est un des corps les plus légers, tandis que leurs
vapeurs sont ordinairement lourdes.

La pression diminuant, la différence entre les tensions de vapeur de liquides différents augmente,
tandis que les densités de vapeur restent les mêmes ;
ils se laissent, par suite, séparer plus facilement les
uns des autres.

Un mélange de deux liquides différents non miscibles présente quand on le soumet à la distillation,
un point d'ébullition plus bas que celui de la substance la plus volatile. Un mélange de sulfure de
carbone (point d'ébullition **47°**) et d'eau bout à **43°**.
Naumann a généralisé cette observation, et il a
trouvé que le point d'ébullition constant du mélange
est toujours plus bas que celui de l'élément le plus

volatil : les quantités passées à la distillation sont aussi dans un rapport invariable. Elles sont égales au rapport des tensions de vapeurs des deux éléments, mesurées à la température d'ébullition, multiplié par leurs poids moléculaires.

Cette observation offre aussi de l'importance pour la distillation du goudron, parce que dans cette opération on a affaire à de l'eau et à des huiles non miscibles avec elle. Bien que par exemple, à 98° la tension de la vapeur de naphtaline ne soit que $20^{mm}$, et celle de la vapeur d'eau $172^{mm}$, il passe cependant à cette température 49 gr. 4 d'eau avec 8 gr. 9 de naphtaline.

Nous ne décrirons pas tous les appareils employés pour les rectifications à la vapeur, nous indiquerons seulement deux genres d'appareils qui ont servi de modèles à tous les autres.

### APPAREIL COUPIER

L'appareil est représenté dans la figure 305. A est le réservoir inférieur dans lequel pénètre le tube qui amène la vapeur et qui forme serpentin à l'intérieur ; il est muni d'un trou d'homme et d'un tuyau de vidange. B, tube d'introduction du benzol brut. N, colonne à rectification en fonte.

*Marche de l'appareil :*

La vapeur pénètre en A à la pression de deux atmosphères. Les vapeurs les moins volatiles sont condensées en N et retournent dans la cornue A. Les plus volatiles arrivent en D, où elles sont maintenues à une température telle, que l'hydrocarbure du mélange, bouillant à la température la plus basse, reste sous forme de vapeur, tandis que tout ce qui

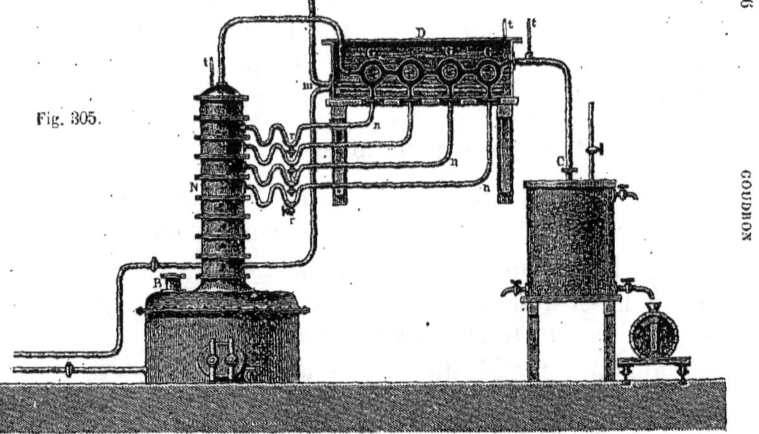

Fig. 305.

bout à une température plus élevée doit se condenser et retourner dans la cornue. Cet effet est produit
par le passage des vapeurs à travers l'espace annulaire des condensateurs placés les uns à côté des
autres, espace dans lequel elles sont baignées extérieurement et intérieurement, par conséquent
sur une grande surface, par le liquide contenu en D.

Lorsqu'on ne veut séparer que du benzol et du
toluène à l'état pur, il suffit de remplir le vase D
avec de l'eau, car pour le benzol bouillant à 80°5, la
température de D doit être maintenue (à l'aide du
serpentin à vapeur $m$ et du thermomètre $t$) à 60-70°
et pour le toluène, qui bout à 111°, une température
de 100° est suffisante. Mais si l'on veut travailler
pour xylène et même pour triméthylbenzols, il faut
remplir D avec une solution d'azotate d'ammoniaque (point d'ébullition 164°) ou avec de la paraffine.
Ce qui se condense dans les condensateurs annulaires G G, retourne en N par les tubes $n$, $n$, dont
les courbures empêchent les vapeurs de passer de
N dans G G, et l'on voit que le liquide condensé en
premier lieu, pénètre plus haut dans la colonne que
celui qui se condense plus tard. Les robinets $r$, $r$,
servent à prélever des échantillons et contrôler l'opération. Les vapeurs qui sortent du dernier condensateur se rendent dans le serpentin réfrigérant C, où
elles se condensent complètement. Lorsque par conséquent, on distillera un benzol brut, on maintiendra
d'abord l'eau de D à 60° à 70°. Dès qu'il ne coule
plus de benzol par le serpentin C, on change le récipient, et on laisse la température de D s'élever à 100°.
Il passe alors du toluène pur. Il faut alors envoyer
en A de la vapeur à la pression de 3$^{atm}$5. On peut

ensuite isoler les xylènes, les triméthylbenzols purs
de la même manière.

Coupier indique les produits obtenus : 100 litres
de benzol brut, commençant à bouillir à 62° et passant jusque 150° (c'est-à-dire d'un benzol dit à 50 0/0)
donnent :

6 litres essence légère composée de sulfure de
carbone, d'oléfines, etc., qu'on ajoute au naphte pour
dissolution (eau à détacher) ;

44 litres benzol pur — 17 litres toluène pur ;

6 litres entre le benzol et le toluène qui retourne
à la rectification ;

27 litres de produits à point d'ébullition plus
élevé qui autrefois n'étaient plus séparés et que l'on
mêlait à l'eau à détacher, mais aujourd'hui on en
tire souvent le xylène 9 litres.

Dans d'autres cas, on retire du benzol commercial
dit à 90 0/0 — 6 à 7 parties d'essence légère, 65 à
70 parties de benzol pur et beaucoup moins de toluène.

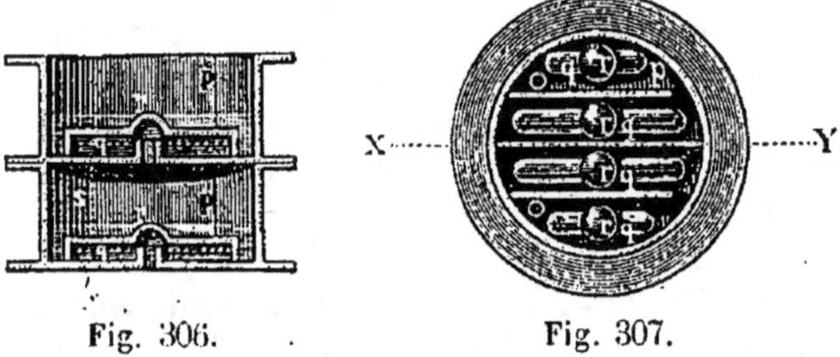


Fig. 306.                    Fig. 307.

En résumé, 100 parties de goudron fournissent
environ 0,6 partie de benzol, 0,4 de toluène et 0,5
d'homologues supérieurs. Les figures 306 et 307 mon-
trent la section et le plan des plateaux de la colonne

à rectification N. Les vapeurs montent dans les tubes $q$,
mais elles ne peuvent passer librement à travers les
capuchons $r$, et elles doivent se frayer une voie par
les trous de ces derniers, et le liquide qui se trouve
au-dessus. Celui-ci se compose de la portion du mélange des vapeurs condensées par le refroidissement
dû à l'air extérieur, coule peu à peu d'une plaque sur
l'autre par les tubes trop pleins S. Les chicanes $p$ $p$
forcent la vapeur et le liquide à demeurer en contact
réciproque le plus longtemps possible, de façon que,
d'une part, les éléments les moins volatils soient
séparés de la vapeur à l'état liquide, et d'autre part, les
éléments les plus facilement volatils du liquide soient
réduits en vapeur par la chaleur de la vapeur et entraî-
nés par elle. Cette opération souvent répétée dans les
9 ou 10 plateaux de la colonne, rend le fractionnement beaucoup plus parfait que ne le feraient sans
cela plusieurs rectifications.

### APPAREIL DE SAVALLE

Dans cet appareil, la condensation est produite
uniquement à l'aide d'un courant d'air, dont l'intensité est réglée au moyen d'un registre ; en outre, il
est pourvu de dispositifs pour régler la pression de
la vapeur et contrôler la vitesse de la distillation.

A est la cornue chauffée au moyen d'un serpentin (fig. 308) à vapeur, B la colonne rectangulaire
pour la première condensation, C le condenseur à
air pour la seconde condensation des hydrocarbures
à point d'ébullition plus élevé, qui ne doivent pas
se mêler avec le distillatum, D le réfrigérant à air, qui
refroidit et liquéfie le distillatum. L'air nécessaire est
amené par le ventilateur F au condenseur C par H,

et au réfrigérant D par I. J est le registre à l'aide
duquel on règle le courant d'air dans le condenseur;

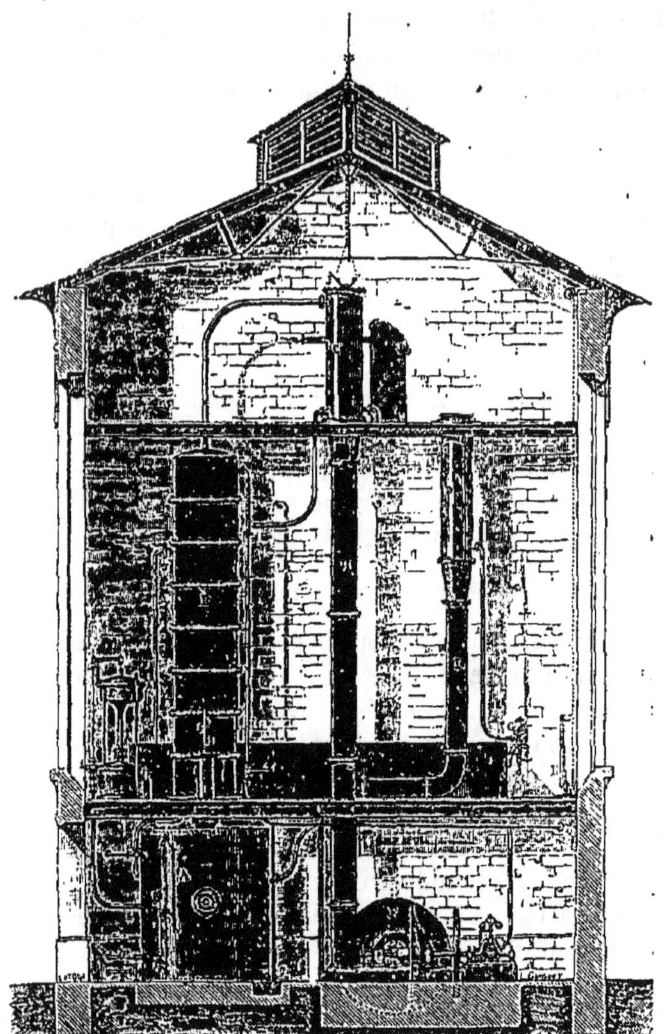

Fig. 308.

on le fait mouvoir à l'aide d'une chaîne, et on règle son ouverture au moyen du levier K. Le liquide condensé en D doit traverser l'éprouvette G, qui sert à contrôler la marche de la distillation. E est le régulateur de pression, à l'aide duquel on maintient la pression constante pendant toute la durée de la distillation.

Les produits à point d'ébullition élevé venant du condensateur traversent tous les compartiments de haut en bas. Les trous sont calculés de façon à ce que les vapeurs qui montent empêchent le liquide de tomber à travers, et de façon à ce qu'il reste toujours sur les cloisons une couche de liquide de 4 à 5 centimètres d'épaisseur, que les vapeurs doivent traverser, après leur passage à travers les trous.

Nous ne donnerons pas la description de l'éprouvette ni du régulateur de pression, un grand nombre d'appareils connus pouvant être employés dans ce but.

## Usages

Les benzols du commerce sont employés dans la fabrication des matières colorantes. Pour cela ils sont d'abord transformés en nitrobenzine, nitrotoluène, etc. Le benzol le plus pur sert à préparer l'essence de mirbane, employée comme succédané de l'essence d'amandes amères. Le benzol est employé comme dissolvant dans la fabrication des couleurs et du caoutchouc, des laques, vernis, etc. ; comme eau à détacher et également comme dissolvant dans l'extraction de l'iode.

Nous donnerons le schema de la distillation du goudron de houille d'après Lunge :

DÉSHYDRATATION :

| | |
|---|---|
| *a* par le repos . . . . . . . . . . | **Eau ammoniacale.** |
| *b* pendant le chauffage . . . . . . | |

DISTILLATION :

| | |
|---|---|
| I<sup>re</sup> fraction jusqu'à 170°. . . . . . | **Eau ammoniacale.** **Essence de naphte** Rectifiée dans la cornue à benzol. |

1 Produit jusqu'à 110°, lavé chimi-
   quement, distillé à la vapeur,
   donne *a* . . . . . . . . . . . **Benzol** à 90 0/0.
 *b* benzol faible passe à 2.

2 Produit jusqu'à 140°, traité comme
   1 donne *a* . . . . . . . . . . **Benzol** à 90 0/0.
 *b* . . . . . . . . . . . . . . **Benzol** à 50 0/0.
 *c* fraction moyenne est redistillée.
 *d* . . . . . . . . . . . . . . **Naphte** pour disso-
                                  lution.

3 Produit jusqu'à 178°, traité comme
   1 et 2 donne *a* . . . . . . . . **Naphte** pour disso-
                                    lution.

 *b* . . . . . . . . . . . . . . **Naphte** à brûler.
 *c* résidu de la cornue, passe à II.

II<sup>e</sup> fraction de 170° jusqu'à 230°, dite
   huile moyenne, lavée avec la les-
   sive de soude, donne :

1 Huile, distillée dans la cornue à
   huile légère.
 *a* distillatum jusqu'à 170°, passe à
    1 et 3.
 *b* distillatum jusqu'à 230°, donne. **Naphtaline.**
 *c* résidu, passe à III.

2 Lessive, décomposée par acide carbonique, donne :

*a* solution aqueuse de carbonate de soude, est rendue caustique par la chaux, et employée de nouveau.

*b* acide phénique brut, est purifié et donne α . . . . . . . . . . **Acide phénique.**

β retournant à II.

III<sup>e</sup> fraction de 230° à 270°, dite huile lourde (tant qu'elle ne dépose rien de solide); peut être traitée pour acide phénique et naphtaline, n'est ordinairement employée que comme huile créosotée pour l'imprégnation, quelquefois séparée en :

*a* . . . . . . . . . . . . . . . . **Huile** créosotée pour l'imprégnation.

*b* . . . . . . . . . . . . . . . . **Huile** de graissage.

IV<sup>e</sup> fraction, huile à anthracène, est filtrée ou pressée à froid ; donne :

1 Huiles, sont distillées et donnent :

*a* distillatum solide traité avec IV.2.

*b* distillatum liquide, passe à III.*b* ou est de nouveau distillé.

*c* résidu de brai ou de coke.

2 Résidu, est pressé à chaud et donne :

*a* huiles traitées comme IV.1.

*b* anthracène brut, est lavé avec du naphte, etc., et donne :

α . . . . . . . . . . . . . . . . **Anthracène.**

β dissolution, est distillée et donne :

*aa* naphte, est de nouveau utilisé pour le lavage.

*bb* phenanthrène, est brûlé pour.. **Noir de lampe.**

19.

V<sup>e</sup> fraction, brai ; utilisé tel quel pour
   briquettes ou vernis, etc. . . . . . **Brai.**
ou distillé et donne :

1 Anthracène brut traité comme IV.2.

2 Huiles de graissage, passent à III
   ou III.*b*.

3 Résidu . . . . . . . . . . . . . . . . **Coke.**

---

# CHAPITRE XXII

## CHAUFFAGE ET CUISINE AU GAZ

—

Le nombre des dispositions adoptées et des appareils pour l'utilisation du gaz est excessivement nombreux. Nous donnerons seulement quelques types et les résultats obtenus en moyenne.

L'emploi du gaz comme combustible évite toute espèce d'approvisionnement, et supprime le transport, la mise en cave, le montage de la cave jusqu'aux appareils, le local qui contient le combustible, l'enlèvement des cendres, la surveillance et l'alimentation des appareils, etc. Les foyers ou cheminées à gaz permettent en plus d'obtenir un chauffage d'intensité variable. Les appareils à gaz doivent être bien construits, donner un bon rendement calorifique, et munis d'un bon dispositif pour l'évacuation des produits de la combustion.

L'aspect extérieur de ces appareils est connu : calorifères en métal ou en faïence, avec ou sans four, disposés souvent pour occuper une encoignure de pièces. Nous ne donnerons donc que les dispositions intérieures montrant le fonctionnement.

La consommation, suivant les modèles, est de 300 à 650 litres à l'heure.

Ces appareils portent un réflecteur en cuivre pour réfléchir la chaleur à l'intérieur de la pièce.

On fait des appareils complets ou des foyers destinés à être placés devant ou dedans les cheminées déjà existantes.

On construit des foyers incandescents formés d'amiante et de terre réfractaire qui donnent l'imitation d'un feu de bois.

## FOYER GAMBIER

Le foyer moderne, *imaginé par M. Gambier*, présente quelques particularités intéressantes. La figure 309 permet de le comprendre dans tous ses détails.

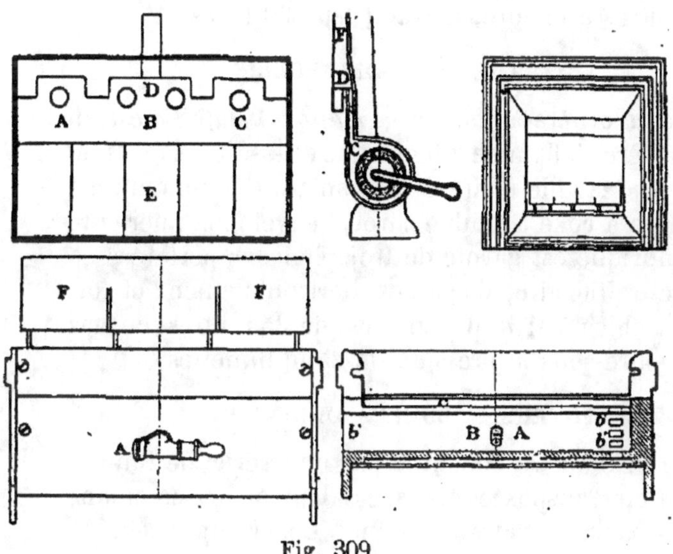

Fig. 309.

A tube d'introduction du gaz dans l'appareil.
B cylindre en fonte de fer disposé pour recevoir le
gaz projeté par le tube **A**, ainsi que l'air ambiant
qui y pénètre par l'ouverture de son extrémité *b'* et
pour laisser échapper le mélange gazeux (gaz et
air) par les ouvertures *b''* de son autre extrémité.

C espace annulaire formé autour du cylindre **A**,
par un autre cylindre en tôle où le mélange gazeux
se répand pour en sortir en une nappe mince par le
canal **D**, qui s'élève au-dessus de lui.

D canal de flamme en longue fente qui s'élève au-
dessus du cylindre par où le gaz s'échappe à l'air
libre et au sortir de laquelle il s'enflamme.

Une plaque F en métal, en cuivre, avec ou sans
garniture de platine, s'élève au-dessus de l'appareil
et la flamme brûle parallèlement et au-dessous de
cette plaque. A petit feu, cet appareil consomme
200 litres à l'heure, à grand feu 800 litres.

## CALORIFÈRE DELAFOLLIE

Le calorifère à gaz de la *maison Delafollie* est un
calorifère à flamme blanche, c'est-à-dire sans mélange préalable d'air. Il est construit comme un calorifère à coke à double paroi; l'enveloppe intérieure
cylindrique est garnie de trois cloisons perforées en
terre réfractaire, disposées horizontalement et formant chicanes; la dépense est de 350 litres de gaz
à l'heure sous la pression de 25 millimètres.

## FOYERS A BOULES ORDINAIRES

Le brûleur est constitué par une série de rampes
parallèles, disposées transversalement et comman-
dées chacune par un robinet. Ces rampes sont à

flammes bleues, et la disposition du brûleur est
telle que les robinets ne peuvent ni gripper, ni
chauffer. Ces brûleurs portent à l'incandescence des
boules en terre réfractaire mêlée d'amiante dont le
but est d'augmenter la surface de rayonnement, et
par suite la chaleur développée.

Ces calorifères sont construits également avec un
réservoir cylindrique en tôle, constituant un four étuve.

D'autres calorifères, dit Tambour, sont à flammes
blanches à débit fixe et invariable assuré au moyen
d'un rhéomètre. Les produits de la combustion, avant
de s'échapper par la cheminée d'évacuation, traversent
des plaques en terre, perforées, et ensuite un tambour extérieur auquel est raccordé le tuyau d'échappement ; ils abandonnent ainsi la majeure partie de
leur calorique. De plus, un courant d'air prenant
naissance à la base de l'appareil, traverse une série
de tubes en cuivre, chauffés extérieurement par les
gaz de la combustion et s'échappe à la partie supérieure de l'appareil, terminé à cet effet par un couvercle à jour.

## FOYERS RAYONNANTS

Ces appareils, construits par la Compagnie parisienne, constituent une application du chauffage au
gaz, de la terre réfractaire garnie, après fabrication,
de fibres ou de tresses de fibres d'amiante.

Ils se composent d'une rampe de gaz portant à l'incandescence une plaque de terre réfractaire garnie
d'amiante. Les produits de la combustion redescendent derrière la plaque à laquelle ils abandonnent la
majeure partie de leur calorique et s'échappent par
une tubulure latérale. De plus, de l'air pénètre par

la partie inférieure, circule entre les parois de la double enveloppe constituant le foyer et s'échappe par une bouche de chaleur ménagée à la partie supérieure de l'enveloppe.

La rampe de ces appareils est fractionnée pour donner plus ou moins de chaleur suivant les besoins.

On peut ajouter une grille contenant des boules réfractaires qui s'appuient sur elle et sur la plaque. On lui donne la forme d'un calorifère circulaire.

On a construit des poêles et cheminées système Clamond à récupération de chaleur.

### POÊLE WYBAUW

Le poêle Wybauw est également un foyer en tôle à réflecteur et à récupération de chaleur avec cheminée à registre automatique. La fig. 310 donne

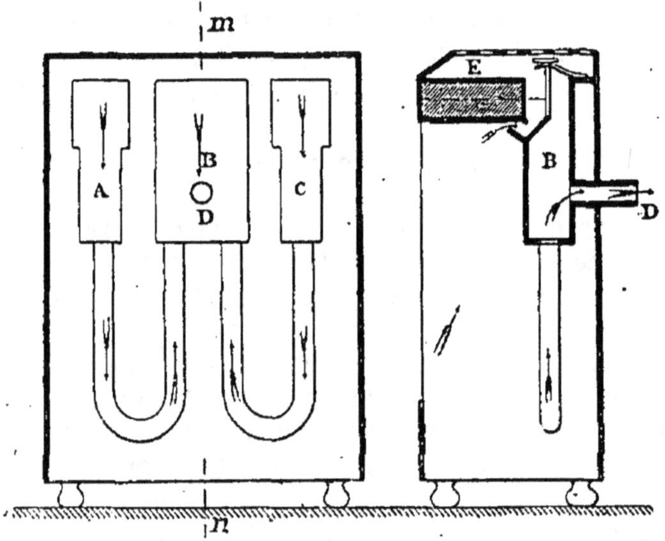


Fig. 310.

la disposition de cet appareil, dont le récupérateur est constitué par trois boîtes A B C. Les produits de la combustion reçue dans les boîtes A C redescendent par les conduites en U jusqu'au bas de l'appareil et remontent dans la boîte B, d'où ils s'échappent dans la cheminée par la buse D.

Les briques réfractaires représentées en E sont destinées à retenir la chaleur. A la partie supérieure du récupérateur se trouve un registre automatique commandé par un ressort dont la dilatation agissant sur un levier, ouvre ou ferme plus·ou moins le registre et modifie ainsi l'appel d'air..

## CALORIFÈRE « L'INCANDESCENT »

Le calorifère l'Incandescent chauffe à la fois par rayonnement et par circulation d'air chaud.

L'air froid arrive dans un cylindre en terre réfractaire par la partie inférieure d'un conduit vertical. La partie inférieure du cylindre en terre est entourée par des boules en terre réfractaire portées à l'incandescence par le brûleur circulaire. Les produits de la combustion circulent autour du cylindre en terre réfractaire contournant les chicanes concentriques au cylindre en terre et s'échappent par le tuyau d'évacuation dans la cheminée. L'air chauffé dans tout son parcours dans le cylindre s'échappe par les bouches et se répand dans la pièce. Le poële est muni d'un allumoir spécial pour le brûleur, il existe également une galerie chauffe-pieds.

La consommation est de 800 litres à l'heure, à une pression de 20 millimètres, et cette consommation peut être réduite à 100 litres sans que l'injecteur

s'enflamme. Cet appareil peut chauffer une pièce de
150 mètres cubes.

L'on construit également des feux bûches à gaz
que l'on peut placer dans une cheminée quelconque.

## POÊLE POTAIN

M. Potain a inventé un poêle très ingénieux. Le
caractère particulier de cet appareil consiste en ce
que l'air nécessaire à la combustion est pris en
dehors de la pièce, en même temps que les produits
de la combustion sont expulsés à l'extérieur.

L'appareil se compose de deux cylindres concentriques, un cylindre extérieur en tôle et un cylindre
intérieur en cuivre. Le brûleur est muni de régulateurs assurant la consommation normale du gaz.

L'air nécessaire à la combustion du gaz est puisé
au dehors par une tubulure faisant corps avec une
autre tubulure amenant l'air extérieur dans le cylindre en cuivre. Les produits de la combustion circulent autour du cylindre en cuivre et s'échappent
par un tuyau muni à son extrémité d'une lanterne
atténuant les coups de vent et prévenant les refou-
lements.

L'air arrivant par la tubulure indiquée ci-dessus
dans le cylindre intérieur en cuivre, s'y échauffe,
monte à la partie supérieure et se répand dans la
pièce sans avoir été en contact avec les produits de la
combustion du gaz. Un pareil poêle consumant 500 litres à l'heure, permet de chauffer une pièce cubant
80 mètres.

Nous ne nous étendrons pas plus sur tous les systèmes de poêles, cheminées avec ou sans récupération;
nous rappellerons seulement que les poêles sans dispo-

sitif d'évacuation à l'extérieur des produits de la combustion ont été condamnés par les hygiénistes, même les poëles dits à condensation, qui retiennent bien la vapeur d'eau provenant de la combustion du gaz, mais qui laissent échapper dans l'appartement l'acide carbonique et les produits complexes de la combustion souvent incomplète de la benzine et de la naphtaline du gaz, qui renferment des huiles empyreumatiques fort désagréables à sentir.

## CUISINE AU GAZ

L'usage du gaz pour la cuisine présente de grands avantages, la régularité du chauffage, la facilité du réglage, l'absence de manipulation et la propreté, le font souvent préférer aux combustibles solides, même dans les grandes installations.

Dans un appareil convenable, on peut faire bouillir un litre d'eau avec 35 à 40 litres de gaz, et pour conserver la température de 100°, il faut environ 20 litres de gaz à l'heure.

Pour un pot-au-feu, il faut environ 80 à 110 litres de gaz par kilogramme de viande.

Pour un rôti, environ 400 à 500 litres de gaz par kilo.

Pour des grillades (côtelettes ou beefsteacks), environ 250 litres par kilo.

### APPAREILS

Les brûleurs à gaz construits actuellement pour le chauffage culinaire peuvent se ramener à quelques types principaux basés eux-mêmes sur le principe du bec Bunsen.

Le *brûleur Bengel.* — Dans ce brûleur, le tube à

air est une couronne dans laquelle le gaz arrive par un injecteur, entraînant l'air avec lequel il se mélange avant d'arriver aux orifices ménagés sur la surface de la couronne et où se fait l'inflammation.

Le *brûleur Marini* se compose d'un tube vertical creux, vertical ou horizontal, fermé par un disque percé à la périphérie de cinq trous donnant libre passage à l'air. Le gaz arrive par le tube sur lequel est vissé le premier.

Le brûleur proprement dit est une rondelle creuse en fonte de fer, percée de deux ou trois rangées de trous.

Le *brûleur Raymond*, dit brûleur champignon, se compose de deux rondelles ou pièces concaves s'emboîtant l'une dans l'autre, en ne laissant que l'espace nécessaire pour obtenir la circulation libre du mélange d'air et de gaz.

Le gaz arrive au centre d'une proéminence demi-sphérique située immédiatement au-dessous et au centre des rondelles. Sur la périphérie sont ménagés des trous pour le passage de l'air appelé.

On doit à *M. Bengel* un perfectionnement de brûleur couronne ; il voulut faire profiter les flammes de l'air ambiant destiné à la combustion, de là le bec-couronne avec canaux disposés en rayons et repartissant régulièrement les flammes, et par conséquent la chaleur produite.

*M. Liotard* a modifié, par une disposition analogue, un des modèles de brûleurs pour diviser le brûleur en deux parties distinctes avec deux alimentations différentes.

Il nous reste à dire quelques mots des rôtissoires

et des fours à pâtisserie qu'on ne saurait évidemment séparer des appareils de cuisine.

La chaleur dans les rôtissoires est produite par une rampe à flammes blanches dont les jets sont très longs et le plus souvent horizontaux. La viande est placée dessous au devant de la flamme, mais n'est jamais en contact avec les produits de la combustion, dans la rôtissoire de construction française.

On accorde généralement au gaz cet avantage de produire en brûlant une certaine quantité d'eau, de sorte que les produits de la combustion n'ont pas tendance comme ceux du charbon qui ne contiennent pas de vapeur d'eau, à extraire de la viande la quantité d'eau nécessaire à leur saturation et, par suite, ne dessèchent pas la viande.

Les fours à pâtisserie, aujourd'hui très répandus dans les ménages, se composent en principe d'une boîte en tôle à double enveloppe entre les parois de laquelle on fait circuler les produits de combustion d'une ou plusieurs rampes de gaz analogues à celles des rôtissoires.

L'appareil est construit par la maison André, de Lyon, et comporte trois brûleurs consommant respectivement 360 — 180 — 80 litres à l'heure ; une rôtissoire consommant 650 litres à l'heure et un four chauffé par la rampe de la rôtissoire.

Une particularité intéressante des appareils construits par la maison Bugnot et Garnier, de Lyon, consiste dans l'usage d'un robinet automoteur.

### ROBINET BUGNOT

Ce robinet permet, lorsqu'on enlève un plat ou un récipient quelconque du feu sur lequel il est placé, de fermer automatiquement le gaz, grâce à un champignon qui se relève immédiatement au moyen d'un contre-poids maintenu dans l'axe du brûleur. D'autre part, un allumeur reste constamment ouvert et rallume le fourneau dès qu'on replace le vase sur le feu. La dépense du gaz consommé par l'allumeur ne dépasse pas un ou deux centimes à l'heure.

L'on construit aujourd'hui des fourneaux de cuisine au coke et au gaz. L'allumage du coke est fait au moyen d'un bec de gaz se dégageant dans un tube au-dessous de la grille et percé de trous qui disséminent la flamme dans le coke et rendent l'allumage facile. L'allumage est rapide, et la dépense (150 litres) de gaz est inférieure à celle des margotins, allume-feux, etc.

Le four peut être chauffé au gaz au moyen d'une rampe quand le coke n'est pas allumé. Dans ces appareils, la cuisine au gaz ne coûte que 20 0/0 de plus que celle faite avec le coke seul.

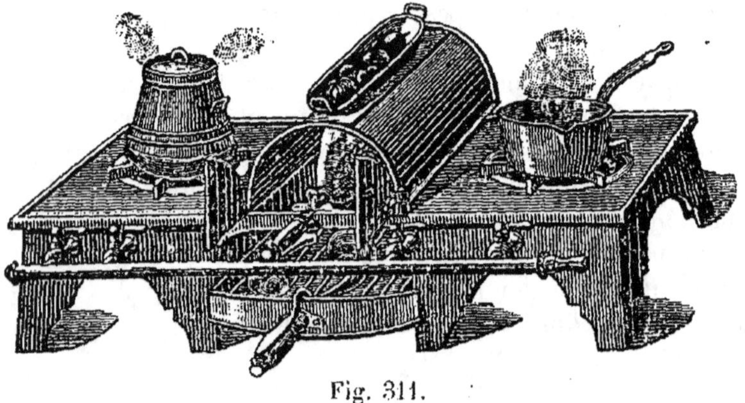

Fig. 311.

La cuisinière universelle de *M. Chabrier*, représentée fig. 311 ;

La rôtissoire *Leclercq-Fonteneau* (fig. 312);

Fig. 312.

## USAGES DOMESTIQUES DU GAZ

### THERMO-SIPHON POUR CHAUFFAGE DE BAINS

Cet appareil (fig. 313) fait corps avec la baignoire
à laquelle il est relié par deux tuyaux horizontaux.

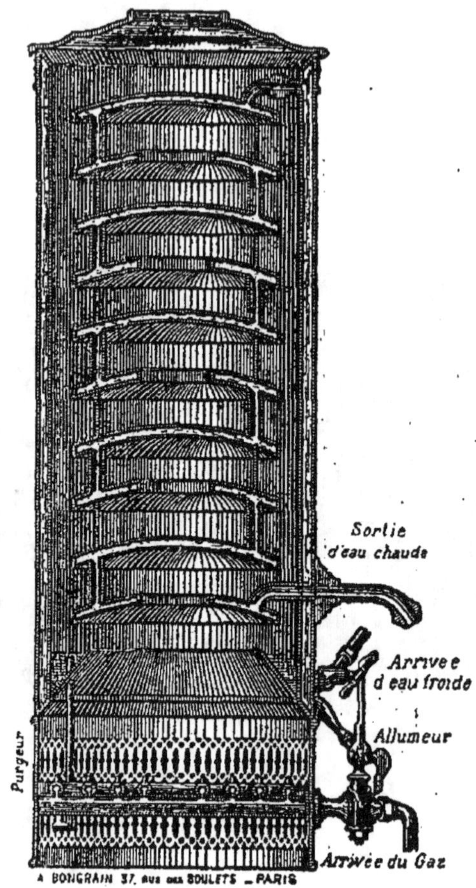


Fig. 313.

Les couches d'eau inférieures étant les premières échauffées se répandent dans la baignoire par la partie inférieure ; par suite de la différence de densité, l'eau la plus chaude tend à monter. Il s'établit ainsi une circulation continuelle entre la baignoire et l'appareil. Cet appareil demande beaucoup de temps pour le chauffage d'un bain, et les tuyaux s'encrassent rapidement. Ces appareils sont très employés pour le chauffage des serres.

On emploie aujourd'hui des appareils dans le genre de ceux indiqués ci-dessous et d'autres variantes. Nous signalerons cependant l'appareil construit par la maison Piet (fig. 314).

Il consiste en chaudières avec brûleurs mobiles à robinet d'arrêt de sûreté et bâche d'alimentation à flotteur. L'allumage se fait du dehors. D'autre part, en mettant les raccords en communication avec une canalisation d'eau froide sous pression, on peut obtenir des douches mitigées à toute température voulue. Ces chaudières ont une contenance de 90 à 200 litres. A représente une chaudière à eau à triple corps $a$ $b'$ $c'$ et tuyau central $d'$. B, rampe à gaz. C, robinet d'arrêt du gaz. E, poignée de manœuvre ne pouvant fonctionner que lorsque la rampe est dans la position indiquée sur le dessin. L, tuyau évacuant l'eau provenant de la combustion du gaz, recueillie : 1° dans la gorge I ; 2° dans le cuvelet K. G, réservoir avec robinet flotteur et trop plein, alimentant le siphon H. F, départ et prise d'eau chaude. M, chauffe-linge. N, chauffage spécial du chauffe-linge. O, allumeur.

L'on construit également des torréfacteurs à café, dans lesquels le gaz réunit l'avantage unique d'un

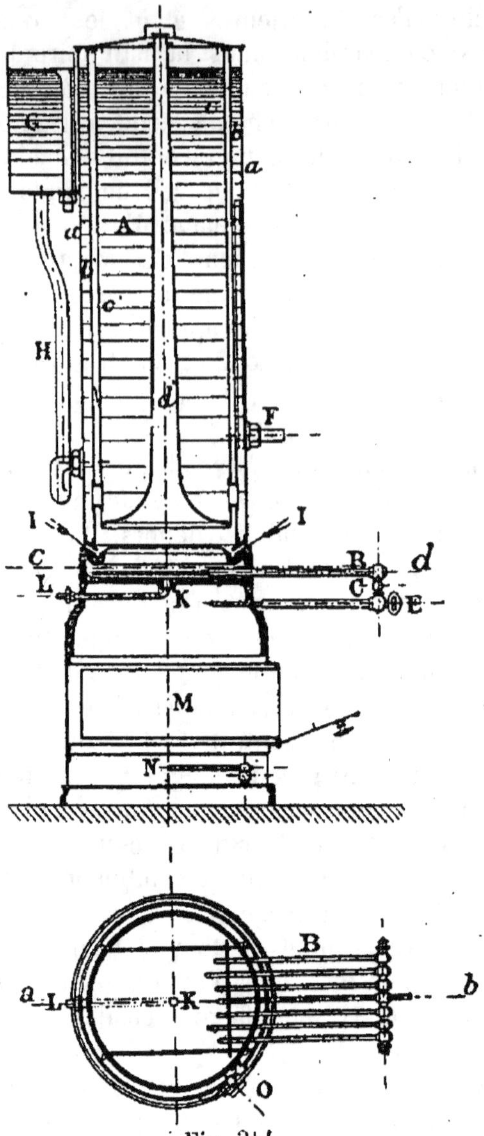

Fig. 314.

chauffage régulier et constant. Le « Familistère de Guise » construit ces appareils dans lesquels la torréfaction de 2 kil. 500 de café dure 30 minutes avec une dépense de gaz de 230 litres.

Cette maison construit également des chauffe-fers à repasser.

Mais de plus, aujourd'hui, l'on construit des fers à repasser chauffés au gaz.

### Système Sarriot

Le brûleur situé à l'intérieur du fer est à flamme mélangée d'air. L'extrémité du tube est reliée à une conduite de gaz par un caoutchouc. La consommation de gaz ne dépasse pas 5 centimes à l'heure, il y a lieu de plus de tenir compte des pertes de temps évitées, et de l'usure du fer en moins.

#### EMPLOIS DANS L'INDUSTRIE

L'industrie du blanchissage emploie des repasseuses-lisseuses mécaniques, à pédale et à fer suspendu chauffé au gaz.

#### EMPLOI DES TUBES MÉTALLIQUES FLEXIBLES

Pour raccorder les appareils mobiles : lampes, fourneaux à gaz, on emploie universellement le tube de caoutchouc, qui présente les inconvénients dus à l'usure rapide, à l'odeur résultant de l'endosmose à travers les parois du tuyau.

On a cherché à remédier à ces inconvénients par l'emploi de tuyaux métalliques flexibles.

Le tube système Levavasseur est constitué par l'enroulement en spirale d'une bande métallique ayant comme section transversale la forme d'un S, de telle façon que chaque spire est recouverte par moitié par la spire précédente et recouvre elle-même la spire suivante. La partie recourbée de l'S accroche la suivante, de manière à résister à la traction suivant la longueur, et l'on conçoit que le tuyau pourra se ployer à la façon d'un ressort à boudin.

Pour assurer l'étanchéité, on enroule en même temps que la bande métallique, un fil de caoutchouc à section carrée qui se trouve comprimé entre les deux spires qui se recouvrent. C'est en réalité un joint continu de caoutchouc comprimé. Quant au raccord permettant de relier le tuyau sur les appareils et robinets, il consiste à employer un bout de caoutchouc moulé qui porte à l'intérieur un filetage de même pas que celui du tuyau. Le raccord est enfermé dans un tube métallique à griffes.

## USAGES INDUSTRIELS DU GAZ

### MACHINE SÉCHEUSE REPASSEUSE DE M. PIEL

Cette machine se compose d'un rouleau, entouré d'une couverture puis d'une flanelle, sur lequel vient appuyer un fer creux en fonte polie sur sa surface concave, épousant la forme du rouleau sur lequel il appuie par la manœuvre d'un contrepoids. Ce fer est chauffé sur toute sa longueur, qui est celle du rouleau, par une rampe de gaz. Les produits de la combustion déterminent sous le rouleau enveloppé eu cet endroit par une paroi en tôle, un appel d'air suffisant pour achever de sécher le tissu en entraînant la buée qui s'en dégage à la sortie du fer.

On construit également des *machines à griller les tissus* au moyen de rampe à gaz à flammes bleues.

Dans la confection on emploie des machines à *plisser*, à *coller* des fils sur le tuyauté, à faire des ruches de toute espèce, etc. Toutes ces machines utilisent le gaz pour chauffer intérieurement les cylindres dans lesquels est disposée une rampe à flammes bleues. Chaque appareil est muni d'une cheminée d'évacuation.

On utilise le gaz pour le *grattage des anciennes couches de peintures* au moyen d'un brûleur à gaz relié à une conduite de gaz. Nous ne parlerons que pour mémoire des allume-tabac, cacheteurs, chalumeaux, etc.

### CHAUDIÈRE THWAITE

Cette chaudière, décrite dans le *Journal des Usines à gaz*, emploie le gaz pour le chauffage de l'eau ; la fig. 315 représente une chaudière de 30 chevaux. Le gaz arrive dans la chambre de combustion A, où il rencontre l'air venant des orifices B. La flamme s'allonge en montant à l'intérieur du tube en terre réfractaire C qui est bien porté au rouge blanc. Elle passe par-dessus les bords de ce tube pour redescendre dans l'espace annulaire D ménagé entre la tôle de la chaudière et le tube, en restant en contact avec la surface baignée intérieurement par l'eau. La combustion s'achève dans la chambre annulaire E où les conduites F introduisent l'eau nécessaire. Les produits gazeux de la combustion montent par le faisceau tubulaire du générateur G dans la chambre supérieure H où ils sont divisés et ramenés en bas autour du tube renversé I. Dans cette dernière partie de leur trajet, ils sont en contact avec le dôme de vapeur de la chaudière, surchauffant la vapeur et achevant d'abandonner toute la chaleur qui peut

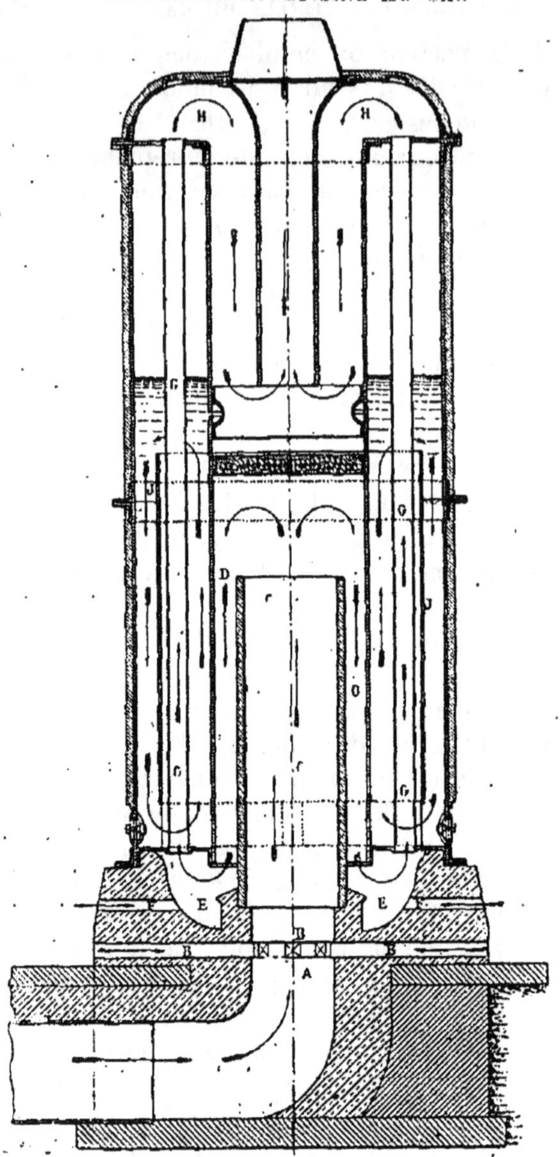

Fig. 315.

être absorbée. On voit sur le dessin comment ils se rendent à la cheminée.

## USAGE DU GAZ DANS LES LABORATOIRES

Nous indiquerons quelques appareils construits par la maison Wiesnegg. Le bec Bunsen forme la base de presque tous les appareils de chauffage au gaz. Le bec Bunsen donne une température d'environ 700°. En surmontant le bec de chapeaux de formes convenables, on divise la flamme en jets horizontaux, verticaux, ou même en un seul jet vertical aplati et on le rend propre ainsi au chauffage des ballons et cornues, même aussi au soufflage du verre.

### FOUR PERROT

M. Perrot augmente le pouvoir calorifique des fourneaux en les entourant d'une enveloppe intermédiaire dans laquelle les produits de combustion circulent avant de s'échapper par la cheminée (fig. 316) il mesure 0,35 de diamètre à la partie supérieure et 0,88 de hauteur. Il est muni d'un manomètre M indiquant la pression du gaz et d'un robinet d'arrivée de l'air A. La consommation à l'heure est de 2,400 litres. Le creuset au centre de l'appareil, et supporté par la tige S peut contenir 12 kilos de cuivre, ou 28 kilog. d'or qui sont portés à la température de fusion en 55 minutes pour le cuivre en 60 minutes pour l'or.

Des températures plus élevées sont obtenues à l'aide du bec Bunsen à air forcé ou chalumeau dû à M. Schlœsing. L'air comprimé au moyen d'une pompe, est envoyé dans le bec en un jet d'une section moyenne de 1/2 millimètre carré. Il entraîne avec lui le gaz et une grande quantité d'air atmosphérique.

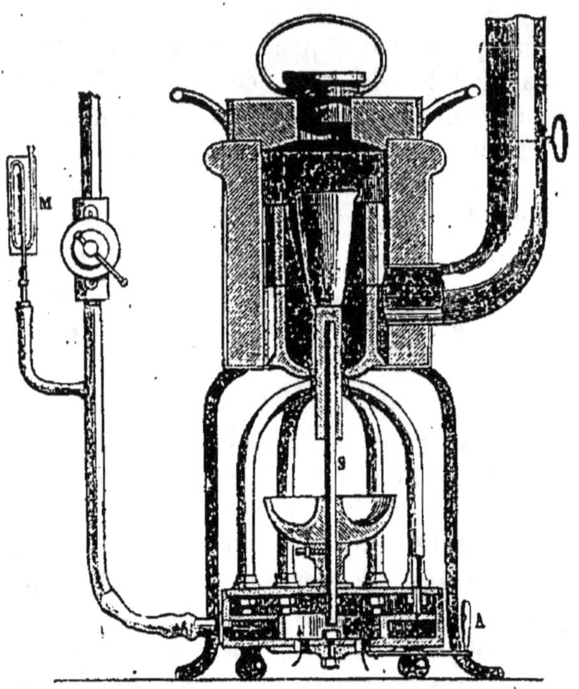

Fig. 316.

Le gaz est très employé dans les laboratoires pour le chauffage prolongé des étuves à température constante. Ces appareils doivent être d'un réglage facile, et conserver constante la température voulue. M. Schlœsing a inventé un régulateur basé sur la dilatation du mercure et représenté par les fig. 317 et 318.

L'extrémité d'un réservoir en verre, contenant du

mercure, est fermée par un corps flexible qui est le plus souvent une membrane en caoutchouc. La moindre variation de température raccourcit ou al-

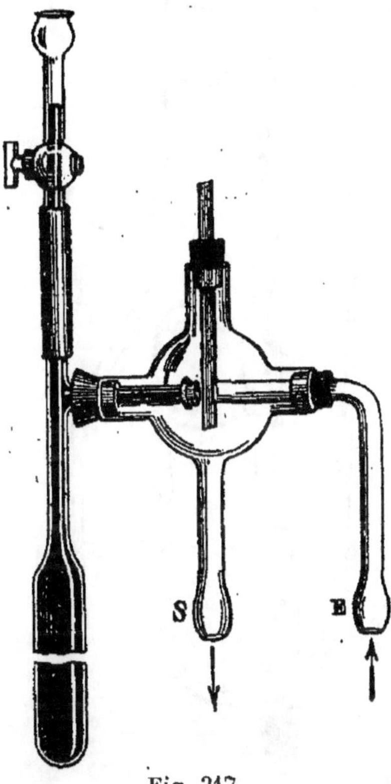



Fig. 317.

longe cette membrane, qui, s'éloignant ou se rap-prochant du tube d'introduction du gaz, augmente ou diminue la section de celle-ci. Pour que la membrane ne se coupe pas au contact du tube, on suspend en les deux pièces une palette parfaitement plane, qui obéissant au moindre mouvement du mercure, produit, en se rapprochant du tube, l'effet d'un robinet. M. d'Arsonval modifia très heureuse-

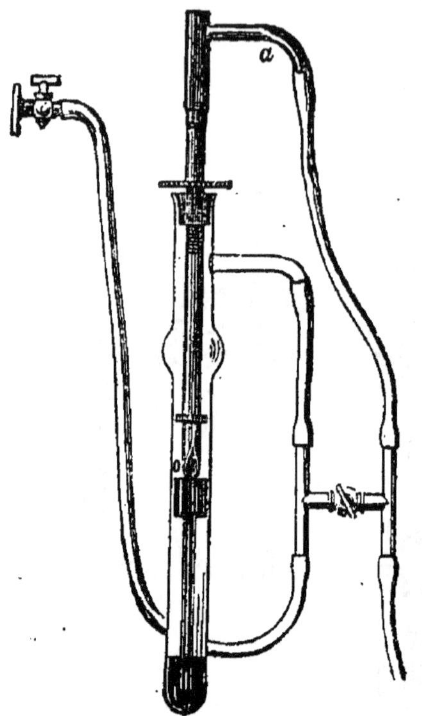


Fig. 318.

ment cet appareil. Il entoura complètement la chambre à chauffer d'un liquide dilatable, et le fit servir ainsi d'intermédiaire entre la flamme du gaz et l'espace à chauffer.

# CHAPITRE XXIII

## MOTEURS A GAZ

—

Nous ne pouvons faire ici l'historique des moteurs à gaz, cette étude cependant bien intéressante, exigerait un développement hors de proportion avec le cadre de cet ouvrage. Nous passerons de suite à la classification et à la description de quelques types, en prenant comme guide et en résumant le travail si remarquable de M. Witz sur les moteurs à gaz.

On peut les classer ainsi :

*Premier type.* — Moteurs à explosion sans compression ;

*Deuxième type.* — Moteurs à explosion avec compression ;

*Troisième type.* — Moteurs à combustion avec compression ;

*Quatrième type.* — Moteurs atmosphériques et mixtes.

L'ancien moteur Lenoir rentre dans le premier type. Pendant la première moitié de la course du piston, une certaine quantité de gaz et d'air est aspirée dans le cylindre, à la pression atmosphérique.

Cette masse gazeuse est alors isolée de toute communication avec l'extérieur, à ce moment une étincelle produit l'inflammation et la détonation du mélange. Le piston est poussé en avant, et les gaz se détendent jusqu'à la fin de la course. Au retour le piston expulse au dehors les gaz brûlés. Ce phénomène se reproduit à chaque course..Tel est le cycle des moteurs Lenoir, Hugon, Ravel, Benier, Forest.

Dans le deuxième type, le mélange de gaz et d'air est aspiré à la pression atmosphérique pendant la course entière du piston et ensuite comprimé à 3 ou 4 atmosphères par le retour du piston. On l'enflamme à la fin de la course ; le piston est chassé en avant, et expulse au retour les gaz brûlés..Tel est le cycle des moteurs à explosion avec compression préalable, moteurs Otto, Dugald Clerk, Otto-Crossley, Maxim, nouveau Lenoir, Benz, etc. La compression se fait, soit dans le cylindre lui-même, soit dans une chambre spéciale de compression.

Troisième type. — Le mélange est brûlé progressivement à pression constante, et on ne le fait pas, comme dans les types précédents, détoner à volume constant ; les moteurs qui emploient ce cycle sont les moteurs Braylon, Simon, Foulis, Crowe.

Quatrième type. — Otto et Langen attribuèrent l'échauffement énorme du cylindre Lenoir à la trop faible vitesse du piston. Ils rendirent le piston indépendant de tout mécanisme de transmission pendant l'explosion et n'utilisèrent sa puissance que pendant la course arrière. Ils obtinrent ce résultat au moyen d'une crémaillère portée par la tige du piston, elle n'engrenait avec l'arbre moteur, que pendant la descente produite par la pression atmosphérique.

Le cycle de ce moteur était le suivant : aspiration du mélange à la pression atmosphérique pendant un tiers de la course du piston ; explosion. Le piston lancé jusqu'au haut du cylindre, s'arrête lorsque les produits de la combustion refroidis par la détente et l'enveloppe, arrivent à une pression d'environ **1/4** d'atmosphère. La pression atmosphérique et le poids du piston, font redescendre celui-ci, qui refoule les gaz brûlés et les expulse au dehors. Ce type est presque complètement abandonné aujourd'hui.

Il existe maintenant des moteurs qui utilisent l'explosion pendant la montée du piston, et la pression atmosphérique pendant la descente (moteurs Bisschop, Gilles, François Schweizer.

Sans rappeler les calculs et les expériences qui ont été faits pour déterminer la meilleure manière d'utiliser le gaz dans les moteurs à gaz et sans établir de comparaison avec la machine à vapeur, nous pouvons cependant insister sur ce point remarquable que le moteur à gaz présente un rendement thermique théorique bien supérieur à celui du moteur à vapeur ; que les perfectionnements successifs qu'on y a apportés, ont amélioré d'une façon continue son rendement pratique, et qu'il y a lieu d'espérer que le rendement pratique de la machine à vapeur arrivée aujourd'hui presque à la perfection possible, sera dépassé par celui de la machine à gaz.

La comparaison des consommations de gaz par cheval et par heure, pour chacun des types indiqués plus haut, permet de les classer, et de comparer les avantages et les inconvénients des cycles employés et leur rendement dans la pratique.

Le *premier type* consomme 2,000 litres par cheval-heure effectif ;

Le *deuxième type* consomme 700 litres par cheval-heure effectif ;

Le *troisième type* consomme 900 litres par cheval-heure effectif ;

Le *quatrième type* consomme 950 litres par-cheval-heure effectif.

Théoriquement, ils auraient dû consommer respectivement 522 — 316 — 387 — 285 litres. Le rapport entre les chiffres de consommation théorique et réelle prend donc des valeurs égales à 0,26 — 0,45 — 0,43 — 0,44. Ce rapport indique le degré d'utilisation pratique vis-à-vis du desiderata indiqué par la théorie ; il montre les imperfections des cycles obtenus dans la pratique. On désigne ce rapport sous le nom de « coefficient d'utilisation pratique ».

Les moteurs du premier type à explosion, sans compression préalable, ont deux causes d'infériorité : leur cycle théorique est imparfait (puisque théoriquement ils doivent dépenser plus), mais encore, le cycle obtenu dans la pratique s'éloigne bien plus que dans les autres types, du cycle théorique ; le coefficient d'utilisation pratique ne dépasse pas 0,26.

Au contraire, nous voyons que les moteurs du deuxième type à compression préalable, réalisent le mieux ainsi que les moteurs du quatrième type, atmosphériques et mixtes, les conditions théoriques de leur cycle. Le coefficient d'utilisation pratique atteint 0,45 et 0,44 alors qu'il n'est que 0,35 et 0,43 pour les machines du premier et du troisième groupe. Ces faits s'expliquent et se vérifient théoriquement par l'étude de l'action de la paroi dans ces différents types. Et d'abord, les moteurs du premier type sans compression, ont le cycle le plus déformé, parce que la détonation coïncide avec la plus grande vitesse du piston et qu'elle se produit en présence d'une énorme surface de la paroi ; ajoutons que la détente est faible ; dans un moteur Lenoir il passait 75 0/0

du calorique au ruisseau et au tuyau d'échappement
des gaz brûlés.

Dans les moteurs du deuxième type, la compression réduit considérablement l'étendue des surfaces en présence desquelles s'effectue la réaction.

L'action de la paroi a été atténuée ; mais l'enveloppe refroidissante et la dilution exagérée du gaz dans le mélange explosif emportent encore trop de calorique.

Les moteurs du second groupe n'en sont pas moins les meilleurs ; on a pu obtenir une utilisation de **20 0/0** et même de **22 0/0**, le rendement théorique maximum étant de **38 0/0**, le coefficient d'utilisation pratique était donc dans ce cas de **0,57** ; bien plus élevé par suite que celui indiqué plus haut. On voit que de nouveaux perfectionnements peuvent faire espérer un rendement brillant pour ce type.

Les moteurs du troisième type réalisent également bien leur cycle théorique ; c'est encore par l'action de la paroi que s'explique ce fait. En effet, les pertes de chaleur subies par une masse gazeuse renfermée dans une enceinte dépendent de l'excès de température du gaz sur la paroi et de l'étendue des surfaces de contact : or le moteur à combustion avec compression préalable abaisse les températures au minimum et réduit les surfaces. C'est précisément parce que la température de la réaction est moindre que le cycle est inférieur ; mais c'est pour cela même que ce cycle est le mieux réalisé.

On peut le constater par l'étude d'un moteur Simon, l'eau contenue dans l'enveloppe ne circule pas, mais elle s'échauffe comme elle ferait dans une enceinte fermée, chauffée par le gaz comburant lui-même, à travers l'enveloppe du cylindre et par

les gaz brûlés de l'échappement, qui s'écoulent dans
une conduite tubulaire, à une température d'au plus
150°. On ne dépense que 4 litres par cheval-heure,
la perte de calorique correspondante est égale à
4 [606,5 + 0,305 (120 — 15)] calories ; en supposant
qu'introduite à 15° elle se vaporise à 120°. La paroi
emporte donc 2512 calories ; les gaz de l'échappement enlèvent environ 395 calories ; la perte totale
est donc de 2907 calories, soit d'environ 55 0/0.

Cette chaleur n'est pas complètement perdue
puisque la vapeur formée dans l'enveloppe va agir
sur le piston du moteur.

Les moteurs atmosphériques du quatrième type
sont les meilleurs, et ils ont la consommation la plus
faible par cheval-heure.

Leur cycle est comparable comme régularité à
celui du moteur Otto. La paroi n'a pas, comme dans
les autres une action néfaste ; mais leur infériorité
relative doit être attribuée à la défectuosité de la
partie mécanique qui crée des résistances considérables au mouvement.

Otto et Langen n'ont pu venir à bout de vaincre
ces obstacles sans lesquels ces moteurs auraient
remplacé ceux de tous les autres types.

Il ne reste comme représentant de ce type que le
moteur de Bisschop, mais encore n'est-il qu'un type
mixte qui ne réalise pas les avantages du vrai moteur atmosphérique.

Les moteurs à explosion avec compression pa-
raissent devoir l'emporter : les trois autres types ne
pourraient lutter avec eux. Ils sont d'ailleurs per-
fectibles. M. Witz pense que le moteur à gaz peut
subir encore de grands perfectionnements, appelle

l'attention des inventeurs sur la nécessité de diminuer les pertes par les parois, et pour cela, compléter les combustions et les détentes, marcher à grande vitesse à température élevée et travailler sans dilution exagérée avec une forte compression préalable.

Nous décrirons sommairement quelques moteurs choisis dans chacun des types indiqués plus haut.

### MOTEUR LENOIR ANCIEN TYPE

Le moteur Lenoir ressemble à la machine à vapeur. Le cylindre est plus gros, il y a deux tiroirs au lieu d'un, le reste ne diffère pas.

Dans le cylindre, il se fait par l'un des tiroirs, introduction d'un mélange d'air et de gaz : 90 d'air et 10 de gaz. Ce mélange rencontre une étincelle électrique, et s'enflamme. L'air échauffé se dilate ; une partie de l'oxygène de l'air brûle le carbone du gaz pour former de l'acide carbonique, l'hydrogène pour former de l'eau et toute cette masse de gaz exerce sur la surface du piston une pression que les organes de la machine transforment en travail. Le second tiroir est destiné à l'échappement des produits de la combustion. Rien de plus simple comme principe. Voyons les complications qu'introduit la pratique.

Il faut une étincelle électrique pour enflammer le mélange gazeux de l'intérieur du cylindre. Une pile de deux éléments Bunsen est placée près de la machine, elle actionne une bobine de Rhumkorff, qui peut seule donner une étincelle suffisante pour l'inflammation. Des fils de cuivre recouverts de gutta-percha conduisent le courant des bornes de la bobine à deux pièces spéciales appelées inflammateurs, qui sont fixés sur les deux fonds du cylindre. L'in-

flammateur est formé d'une tige de porcelaine percée de deux canaux, venus à la cuisson, dans lesquels sont placés deux fils de platine qui se rapprochent sans se toucher cependant, à l'extrémité de la
tige qui doit pénétrer dans le cylindre. L'un des fils
de platine est mis en communication avec la bobine
au moyen d'un commutateur à deux bornes, l'autre
est en communication avec la masse métallique du
cylindre et par suite avec la terre. Le courant de la
bobine qui arrive à l'un des fils de platine jaillit
entre les deux fils écartés, sous forme d'étincelle qui
enflamme le mélange d'air et de gaz.

Le moteur étant à double effet, l'étincelle doit
jaillir tantôt à l'avant, tantôt à l'arrière du cylindre.
Il y a deux inflammateurs, l'un à l'avant, l'autre à
l'arrière du cylindre, et le courant est envoyé tantôt
à l'un, tantôt à l'autre.

Le commutateur consiste en une planchette isolante de caoutchouc durci portant deux plots, l'un
d'eux est réuni par un fil à l'inflammateur d'avant,
l'autre à l'inflammateur d'arrière, l'axe de la manivelle communique avec l'une des bornes de la bobine de Rhumkorff. La manette fait passer le courant venant de la bobine tantôt par l'un des plots
tantôt par l'autre et produit à chaque fois une étincelle, à l'avant ou l'arrière du cylindre. Ce mouvement de la manette est produit par la machine elle-
même au moyen d'un distributeur, dont la disposition peut être variée.

Le mélange de gaz et d'air est obtenu de la façon
suivante. Le gaz est amené à la machine par un
tube de plomb; il s'écoule dans la machine, il y
entre sans aucun jeu de pompe, de soupape : l'air

s'introduit en même temps par un orifice communiquant librement avec l'atmosphère. Pour mettre la machine en marche, il suffit d'ouvrir le robinet, d'appuyer sur le volant de manière à faire avancer le piston de la moitié de sa course ; immédiatement l'espace compris entre le piston et le fond du cylindre se remplit d'air et de gaz, l'étincelle enflamme alors le mélange, la pression s'élève à 5 ou 6 atmosphères, le piston est poussé et le moteur se met en marche. Aussitôt le piston arrivé à fin de course, il tend à revenir en arrière, les gaz brûlés s'échappent dans l'atmosphère et ne forment plus contre-pression ; le piston est également entraîné par le volant. Aussitôt que le piston revient en arrière, l'opération indiquée plus haut se reproduit de l'autre côté de ce piston.

Les tiroirs sont analogues à ceux des machines à vapeur et sont réglés pour ouvrir ou fermer les lumières d'admission ou d'échappement au moment convenable.

L'inflammation successive des mélanges gazeux produirait dans le cylindre une température élevée, qui finirait par brûler les huiles, altérer le métal des parois et désorganiser le mécanisme. Pour obvier à cet échauffement, le cylindre a une double enveloppe dans laquelle circule un filet d'eau d'une façon continue.

### MOTEUR RAVEL

C'est un des premiers modèles construits pour de petites forces, et sa marche n'est très bonne que pour des forces inférieures à 1 cheval.

Le cylindre de ce moteur est oscillant, ce qui permet au piston d'attaquer directement la manivelle, ce cylindre à simple effet tourne sur un axe plein fixé à sa partie inférieure.

Le mécanisme de distribution est placé sur le devant du cylindre ; il se compose d'un tiroir, d'une contre-plaque et d'un obturateur. Le gaz arrive par la contre-plaque ; l'air afflue par la grande ouverture de l'obturateur ; une grille assure le mélange intime des deux fluides. L'obturateur maintient la contre-plaque contre le tiroir, au moyen de six écrous molletés, munis de rondelles de cuir, pour obvier aux effets de la dilatation. L'allumage se fait au moyen d'un bec de gaz, placé à la partie inférieure de la contre-plaque. Le tiroir porte une cavité qui est tantôt en regard du brûleur, tantôt en face de la lumière.

A chaque explosion, le bec est éteint, mais il est rallumé automatiquement au moyen d'un petit bec veilleur constamment allumé, devant lequel passe le tiroir dans sa descente.

Le tiroir conduit par un excentrique, est commandé directement par une coulisse, décrite de l'axe d'oscillation comme centre ; son mouvement est donc indépendant du cylindre.

L'échappement se fait sans le concours d'aucun tiroir, par le mouvement même du cylindre, comme suit : la partie arrière du cylindre présente une surface plane dans laquelle est pratiquée une large ouverture ; contre cette surface est appliquée la boîte, plane aussi et munie d'un orifice.

Ces deux orifices sont amenés en regard l'un de l'autre par suite du mouvement oscillant du cylindre, et les produits de la combustion, refoulés par le piston, s'échappent par cette ouverture.

La boîte d'échappement est attachée au bâti de la même façon que l'obturateur.

Le fonctionnement de ce moteur est le suivant. Le piston aspire pendant son ascension, un certain volume du mélange tonnant à travers la diffuseur pendant une fraction déterminée par le calage de la came.

Cette came relève alors le tiroir et la flamme du brûleur se trouve devant la lumière. L'admission cesse et l'explosion a lieu aussitôt. Le piston monte à la partie supérieure du cylindre, et le volant fait un demi-tour sous cette impulsion ; son inertie ramène le piston à la partie inférieure du cylindre et les gaz brûlés sont expulsés au dehors.

Pour éviter que ces gaz ne prennent le chemin du tiroir d'admission, il a fallu fermer l'arrivée de l'air par l'obturateur et celle du gaz par un robinet spécial qui sont actionnés par le mouvement du cylindre. Remarquons que ce robinet ne se rouvrira que graduellement au moment de l'admission, de manière à augmenter la richesse du mélange tonnant vers la fin de la course active du piston.

La vitesse de la machine est réglée par un régulateur à boules qui modère l'admission du gaz. Un courant d'eau traverse l'enveloppe du cylindre. La dépense est, dit-on, de 1,000 litres par cheval. Le moteur Ravel nouveau diffère complètement de celui-ci. L'air est comprimé par le piston lui-même et refoulé dans un réservoir placé extérieurement, le gaz est comprimé et refoulé dans un réservoir à part ; à la même pression que l'air, ils sont amenés dans une boîte de distribution dont les orifices sont réglés pour obtenir le mélange convenable ; introduits aussitôt dans le cylindre, ils sont immédiatement allumés par un brûleur *ad hoc.*

L'expulsion des gaz brûlés se fait au moyen d'une soupape manœuvrée par une came actionnée par l'arbre du volant.

## MOTEUR FOREST

Comme les précédents, il est à simple effet et sans compression préalable et à une seule impulsion par tour. La machine repose sur un double chevalet et le mouvement rectiligne alternatif du piston est transformé en un mouvement circulaire continu au moyen du balancier d'Olivier Ewans, fixé à sa partie inférieure à la plaque de fondation, et portant une bielle de retour parallèle au cylindre, qui vient s'articuler à une manivelle que porte le volant.

La distribution est faite au moyen d'un tiroir manœuvré par une came qui appuie constamment sur le tiroir à l'aide d'une roulette et d'un ressort. L'une des plaques du tiroir permet l'arrivée de l'air et l'autre plaque sert de réglage à l'arrivée d'air. Le gaz arrive par dessous et se distribue dans la chambre de mélange du tiroir, par des canaux verticaux et des diffuseurs ; le mélange est aspiré dans le cylindre par le mouvement même du piston. Le déflecteur force le mélange tonnant à passer devant la lumière par laquelle s'effectue l'allumage. Le piston ayant effectué un tiers environ de sa course, le tiroir avance, supprime l'admission et amène le brûleur dans l'axe de la lumière : l'explosion a lieu aussitôt. Au retour du piston, le tiroir revient en arrière et les produits de la combustion s'échappent par les ouvertures correspondant au tuyau de décharge. Le brûleur est alimenté de gaz ; il s'éteint par l'explosion, mais il vient se rallumer au bec veilleur.

Le refroidissement du cylindre se fait au moyen d'une nervure hélicoïdale très mince et très grande venue directement de fonte avec l'enveloppe. La dépense par cheval serait d'environ 1,400 litres.

MM. Benier, Hugon, Hutchison, etc., ont construit des moteurs de ce genre.

### Deuxième type

M. Dugald Cleck a créé le type des moteurs à compression préalable ; il est d'une construction simple et ne comporte aucun engrenage, et marche très régulièrement. Il est composé de deux cylindres parallèles. Le cylindre moteur, relié à l'arbre de couche par une bielle et une manivelle et le cylindre de compression dont le piston est commandé par un bouton fixé sur un des bras du volant à 90° de la manivelle. Pendant la moitié de sa course en avant, le piston du cylindre compresseur aspire un mélange contenant 1/7 de gaz et 6/7 d'air ; pendant l'autre moitié il n'absorbe que de l'air. On peut supposer que le mélange au 1/7 et l'air aspiré à la suite ne se mélangent pas.

Lorsque le piston de ce cylindre compresseur revient en arrière, il refoule d'abord l'air pendant un instant après celui pendant lequel le piston moteur a continué son mouvement en avant.

L'un est au commencement de sa course pendant que l'autre est au milieu de la sienne. Si les deux cylindres sont mis en communication à ce moment, l'air du cylindre compresseur reflue dans le cylindre moteur et chasse les gaz brûlés dans le coup précédent ; le mélange d'air et de gaz s'introduit ensuite et dans le mouvement de retour du piston moteur; il se trouve comprimé dans le cylindre moteur avant l'explosion.

Ce cylindre est refroidi au moyen d'un courant d'eau qui circule dans son enveloppe.

Ce moteur est mis en marche automatiquement par un mécanisme convenable, et peut même être compoundé. Le cylindre compresseur devient à double effet, et les gaz brûlés du cylindre moteur se détendent dans la marche en avant du piston, celui-ci les expulse comme précédemment mais sans le secours de l'air du cylindre compresseur. Ce moteur est construit pour des forces motrices considérables, et rivalise avec le moteur Otto dont nous allons parler.

## MOTEUR OTTO

Ce moteur est un des plus connus et à juste titre. Le cylindre horizontal est ouvert à l'avant. Le piston agit sur une bielle articulée à l'extrémité d'une manivelle fixée à un arbre horizontal portant un volant très lourd, dont la fonction est d'entraîner le piston pendant un tour et demi sur deux, celui-ci n'étant moteur que pendant un demi-tour sur deux. La marche du moteur est la suivante. Le piston marchant en avant aspire pendant cette période un mélange d'air et de gaz, à son retour en arrière il comprime celui-ci dans une chambre placée à l'arrière du cylindre et dont le volume est d'environ les 4/10 de celui-ci. L'explosion se produit à ce moment et pousse le piston, c'est la période d'effort moteur. Le piston en revenant en arrière produit l'évacuation des gaz brûlés.

Le volant doit emmagasiner pendant un demi-tour la puissance nécessaire pour compenser les efforts résistants qui agissent pendant un tour et demi, tout en conservant la même vitesse, il doit donc être très lourd pour remplir efficacement cette fonction. Ce moteur est très simple, le cycle des opérations s'accomplit dans un seul cylindre et l'admission et l'allumage sont effectués par le même tiroir, une soupape sert à l'évacuation des gaz brûlés.

L'arbre de couche commande le tiroir de distribution à l'aide de deux pignons dentés, actionnant un arbre intermédiaire qui fait un nombre de tours moitié de celui du volant. Cet arbre intermédiaire parallèle au cylindre, actionne le tiroir qui lui est perpendiculaire au moyen d'une barre reliée au tiroir. Il porte également deux cames qui se meuvent, la première au moyen du régulateur pour la manœuvre de la soupape d'admission, la seconde au moyen d'un levier actionné par l'arbre intermédiaire agit sur la soupape d'échappement placée sous le cylindre.

Un diffuseur placé près de la soupape d'admission assure le mélange convenable de l'air et du gaz. Deux brûleurs placés près d'elle sont mis en communication avec le cylindre au moment convenable par un orifice placé dans le tiroir, qui se découvre seulement à ce moment. En agissant sur la came qui commande l'admission, on peut supprimer pour la facilité de la manœuvre, la compression pendant la mise en marche.

Le graissage du tiroir et du cylindre est assuré au moyen de deux tubes qui reçoivent l'huile d'une petite turbine placée sur le cylindre et qui reçoit son mouvement de l'arbre intermédiaire au moyen d'une corde.

Le serrage du tiroir sur la culasse du cylindre est assuré au moyen de ressorts à boudin dont on peut régler la tension au moyen d'écrous à tête molletée.

Le refroidissement du cylindre est assuré au moyen d'un courant d'eau qui circule dans l'enveloppe et réglé par un robinet de façon que la température de l'eau ne dépasse pas 75°; on dispose sur la conduite du gaz un antifluctuateur de façon à éviter une trop grande dépression dans la conduite d'arrivée.

Les moteurs Koerting-Lieckfeld, Stockport d'Andrew, nouveau Lenoir, Béry, sont construits sur le même principe, avec des dispositions particulières à chaque inventeur.

### Troisième type. — Moteur à combustion avec compression

#### MOTEUR BRAYTON

L'inventeur carbure l'air au moyen de pétrole pulvérisé ; un volume de pétrole suffit pour carburer 24,000 volumes d'air. Ce moteur horizontal est à double effet. Il comporte deux cylindres, l'un pour la compression de l'air. L'autre est le cylindre moteur, le carburateur est alimenté par une pompe d'injection. L'air carburé est admis dans le piston pendant le tiers de sa course, il brûle au fur et à mesure de son admission dans ce cylindre ; la détente se produit pendant le reste de la course du piston. Pendant sa course d'arrière, celui-ci expulse les gaz brûlés.

Les mêmes phénomènes se reproduisent pour la course arrière et la course avant, puisque comme nous l'avons dit, le moteur est à double effet. Les deux cylindres placés l'un au-dessus de l'autre, ont leurs courses réglées au moyen de bielles articulées, l'une à l'extrémité d'un balancier, l'autre à la moitié de celui-ci ; la course du piston moteur est par suite plus longue que celle du piston compresseur, qui est également à double effet. L'air de ce cylindre est refoulé dans l'enveloppe du cylindre qui sert de réservoir, et passe de là au carburateur avant d'être envoyé au cylindre moteur.

Les soupapes de distribution et d'échappement sont manœuvrées par des cames, calées sur un arbre spécial mû au moyen de pignons dentés. Les soupapes d'admission et d'échappement sont placées sous le cylindre de part et d'autre de l'axe. Un régulateur règle l'admission. La vitesse du volant est comprise entre 100 et 200 tours par minute. La consommation de pétrole est de 1/2 litre par cheval-heure pour un moteur de 3 chevaux ; et de 4/5 litre pour un moteur de 1 cheval.

### MOTEUR LANGEN ET OTTO

Ce moteur est celui qui donnait autrefois le meilleur résultat : il dépensait seulement 750 litres par cheval-heure ; aujourd'hui il y a un assez grand nombre de moteurs qui dépensent moins. Nous le décrirons néanmoins pour son originalité, bien qu'il soit à peu près abandonné. Il consiste en un cylindre vertical très long, ouvert dans le haut. Dans ce cylindre se meut un piston muni d'une tige à crémaillère, qui agit sur un pignon fou sur l'arbre mo-

teur, qui porte le volant. Ce pignon, n'entraine l'arbre que pendant sa marche de haut en bas, au
moyen d'un embrayage spécial. La marche de ce
moteur est la suivante : le mélange tonnant introduit sous le piston et allumé, en faisant explosion,
presse brusquement le piston qui s'élève avec une
grande vitesse ; dans ce moment les rouleaux de
l'embrayage ne serrent pas contre le pignon et celui-
ci, poussé par la crémaillère, tourne en sens contraire
du sens moteur. La pression atmosphérique agissant
sur le piston le fait descendre ; la position des rouleaux de l'engrenage change, et ils viennent se coïn-
cer entre le pignon fou sur l'axe et un disque calé
sur celui-ci, la crémaillère entraîne donc l'axe et
l'effort moteur se produit pendant toute cette période, le piston expulse dans ce mouvement les gaz
brûlés ; un tiroir mis en marche par un arbre intermédiaire parallèle à l'axe moteur, assure l'alimentation du gaz et de l'air pendant la période convenable. Le cylindre n'est pas refroidi par un courant
d'eau comme nous l'avons vu dans les autres moteurs décrits, l'instantanéité de la détente produite par
l'explosion annulant l'effet du refroidissement de la
paroi ; de plus, cette détente se faisant très loin,
diminue la pression au commencement de la course
de haut en bas, et augmente ainsi le travail moteur.

Ce moteur présente de grands inconvénients, il
est bruyant, et l'effort moteur sur l'arbre est irrégu-
lier, mais c'est un des moteurs à gaz les plus écono-
miques. On peut régler la vitesse du moteur en diminuant ou en augmentant l'accès du gaz sous le
cylindre ; on peut également régler la descente en
allongeant le temps de la détente, en diminuant la

section du robinet de départ des gaz brûlés. La puissance de ces moteurs est donc très élastique, le même moteur a pu passer d'un certain travail à un travail double par une simple variation de vitesse et une diminution du nombre de coups de piston par minute.

Nous avons indiqué la marche des machines semi atmosphériques, le moteur Bisschof est un des plus connus et des plus remarquables du genre. Il est construit pour des forces de 3 à 75 kilogrammètres, c'est le petit moteur pour atelier de famille. Sa consommation est forte, un moteur de 3 kilogrammètres consomme 250 litres de gaz à l'heure ; celui de 5 kilog. 350 litres ; et celui d'un demi-cheval 1850 litres. Il ne serait pas économique pour des forces plus considérables.

## Applications immédiates

Il y aurait lieu pour les Compagnies de gaz de donner au public l'exemple de l'emploi des moteurs à gaz, et d'employer ceux-ci dans leurs usines le plus possible, pour faire marcher les extracteurs ; tourner les laveurs rotatifs, les pompes à eau, à goudron, casseurs de coke. Comme la puissance de fabrication varie du simple au double, on adopterait, pour ces moteurs, trois ou quatre vitesses qu'on obtiendrait sur le moteur et sur la transmission par des poulies à gradins convenablement choisies.

# AIDE-MÉMOIRE

## DE L'INGÉNIEUR-GAZIER

## MAÇONNERIE

### MATÉRIAUX DE CONSTRUCTION

Les pierres employées sont de diverses espèces, elles peuvent être siliceuses, calcaires, argileuses, ou gypseuses.

### Granit

Le granit est une pierre très dure, formée d'un agrégat de cristaux, reliés par un ciment également cristallin.

Ces cristaux sont du quartz (silice cristallisée), du feldspath (en général silicate d'alumine et de potasse), du mica (silicate d'alumine et d'oxyde de fer et quelques autres oxydes).

Nous n'indiquerons pas les diverses espèces de granit, toutes étant très bonnes pour la construction. Le granit ne fait pas effervescence avec les acides, comme les calcaires.

Quoique très dur, il est à la longue altérable par l'eau de pluie chargée d'acide carbonique, qui le désagrège et laisse le quartz, le silicate d'alumine, du feldspath, et les autres corps les uns à côté des autres sans cohésion.

Le seul obstacle à l'emploi du granit, dans la construction, est la difficulté de la taille, et par suite son prix élevé. Il sert principalement à faire les

bordures de trottoirs et les pavés; le granit tendre
peut s'employer comme moellons.

### Meulières

La meulière ou silex est formée de silice plus ou
moins dure. Ce silex est inattaquable par les acides,
et inaltérable au feu. On le trouve dans les terrains
crayeux, dans le calcaire carbonifère, ou dans les
marnes. Il présente les formes les plus variées, tantôt
masses compactes, caverneuses et cariées, ou ro-
gnons de silice hydratée. Il sert comme moellons
quand les morceaux sont assez gros; on peut même
l'employer pour les foyers.

La meulière est obligatoire pour les murs des
fosses d'aisances; on fait maintenant à Paris un
grand nombre de murs mitoyens en meulières, et
presque tous les murs de caves jusqu'au sol.

### Grès

Les grès sont formés de grains de sable siliceux
reliés entre eux par un ciment, qui peut être siliceux ou argileux. Les grès siliceux sont à grain
fin et très durs. Ils résistent bien à l'action de la
pluie, mais ils sont difficiles à tailler. Les grès argileux se taillent facilement au moment de l'extraction, et deviennent très durs après; mais le ciment
argileux est délayé par les pluies, et sa durée n'est
pas très longue, lorsqu'il n'est recouvert d'aucun
enduit, plâtre ou ciment.

Les grès calcaires résistent mal au feu, se dissolvent en partie dans les acides et sont également
attaquables par les eaux de pluie.

Les grès à gangue argileuse ou ferrugineuse ser-

vent à fabriquer des pouzzolanes et ciments artificiels.

Dans certains pays, on emploie comme pierres
dans la construction, des basaltes, des laves, des
pierres ponces ; ces dernières, très légères, réunies
par du ciment, donnent des constructions solides et
de longue durée.

## Pierres calcaires

Ces pierres sont formées en majeure partie de carbonate de chaux compact. Suivant les dépôts et leur
agglutination, on les distingue en pierres dures et
pierres tendres. Dans tous les cas, on ne doit les employer que lorsqu'elles sont restées à l'air pendant
quelque temps et qu'elles ont perdu leur eau de
carrière. Sans cette précaution, on serait exposé à
employer des pierres gélives, c'est-à-dire des pierres
qui éclatent et se réduisent en fragments lors de ge-
lées un peu fortes et prolongées.

Malgré cela, on doit toujours, dans les constructions en cours et restées en souffrance pendant
l'hiver, couvrir les pierres avec de la paille et des
recoupes.

On évite ainsi les éclatements que produirait la
gelée dans les pierres insuffisamment asséchées.

Les pierres sont dites de haut ou de bas appareil lorsqu'elles proviennent d'un banc épais ou d'un mince.
On doit le plus possible les employer dans la position
qu'elles occupaient dans la carrière.

Celles tirées du calcaire compact peuvent être employées en délit, c'est-à-dire sans tenir compte de
leur lit de carrière ; on en fait des colonnes, cham-
branles de portes, piédroits de fenêtres, etc. Il faut

éviter l'emploi des pierres poreuses, feuilletées, grenues.

Elles doivent être assez dures pour donner par le choc du marteau des arêtes vives.

On profite aujourd'hui de la moindre dureté de la pierre à la sortie de la carrière, pour faire aussitôt le travail de la taille et les expédier taillées sur dessins aux lieux de consommation.

Il ne reste plus à faire sur place que le travail de ravalement.

Les pierres tendres se taillent à la scie à dents, les dures à la scie lisse avec sable et eau.

La pierre dure donne sous le marteau un son clair, la tendre un son très sourd.

### Moellon

C'est une pierre irrégulière, de dimensions suffisantes pour être employée dans les constructions.

Il est formé des éclats de pierre et des rebuts des blocs; on l'extrait aussi des carrières dont les lits ou la qualité ne présentent pas assez d'avantage à les tirer en pierres d'appareils : toutes les carrières fournissent du moellon.

Le moellon dur est employé dans les fondations, le tendre est réservé pour les murs les moins chargés.

### Briques

Ce sont des pierres artificielles destinées à remplacer la pierre naturelle dans la construction des bâtiments ou des fours. Elles sont formées d'argile moulée, séchées d'abord à l'air, puis cuites en tas ou au four.

Une brique bien cuite rend un son clair sous le

choc d'un corps dur. Les briques se façonnent à la main ou à la machine, elles sont fabriquées avec de l'argile sablonneuse.

La forme des briques est celle d'un parallèlipipède rectangle ayant en longueur deux fois sa largeur et quatre fois son épaisseur. Leurs dimensions varient suivant les localités, la longueur est comprise entre 0,20 et 0,23 ; à Paris, les dimensions courantes sont 0,22 — 0,11 — 0,055 et le poids est d'environ 1ᵏ250.

La mauvaise brique a un son sourd et s'émiette assez facilement sous le doigt ; ceci résulte souvent d'une mauvaise cuisson, dans ce cas elle absorbe l'eau avec avidité, se rompt facilement et est gélive. La brique bien cuite a un son clair, elle doit être lourde et résistante.

On emploie souvent dans la construction de remplissage (planchers, cloisons, etc.) des briques creuses qui sont légères et peu conductrices.

Pour les fours, on emploie des briques réfractaires faites avec des argiles très siliceuses, ou alumineuses.

### Plâtre

Le plâtre est du sulfate de chaux anhydre, qui, mélangé avec de l'eau, devient hydraté et se prend en cristaux qui s'entrelacent et donnent à la masse une certaine résistance. Il doit être employé récemment cuit ; on doit éviter de le mettre à l'humidité et à l'air le plus possible avant son emploi, parce qu'il perd promptement la propriété de se solidifier en quelques instants, quand il est mêlé avec une quantité d'eau convenable, on dit qu'il est éventé. Suivant le travail à exécuter, on le gâche serré (c'est-à-dire avec peu d'eau), ou gâché clair (avec plus d'eau).

## Chaux

La chaux est obtenue par la calcination d'un calcaire (carbonate de chaux). Le calcaire pur fournit de la chaux grasse; les calcaires argileux, suivant les proportions de l'argile, donnent des chaux hydrauliques et des ciments. Quant aux calcaires siliceux, ils donnent des chaux maigres.

La chaux éminemment hydraulique contient 17 à 20 % d'argile pure.

La chaux moyennement hydraulique contient 17 à 15 % d'argile pure.

La chaux faiblement hydraulique contient 15 à 12 % d'argile pure.

Nous entendons par argile pure une argile contenant environ 64 parties de silice et 30 d'alumine.

On se sert, pour apprécier la prise d'une chaux, d'une aiguille de 1 millimètre de diamètre, limée au bout perpendiculairement à son axe et chargée d'un poids de 300 grammes en plomb. La chaux est dite prise quand elle supporte cette aiguille sans dépression sensible.

Suivant la saison, si la prise a eu lieu :

Du 2e au 6e jour, la chaux est éminemment hydraulique.

Du 6e au 8e jour, la chaux est moyennement hydraulique.

Du 9e au 15e jour, la chaux est faiblement hydraulique.

Le degré de cuisson a une influence considérable sur la qualité des produits obtenus. Si l'on cuit des calcaires renfermant 20 à 25 % d'argile, à une température simplement suffisante pour chasser l'acide carbonique, on obtient un produit qui, après prise, tombe rapidement en poussière. Tandis que si on pousse la cuisson presque à la température de vitrification, on obtient le ciment de Portland, qui fait prise dans un temps compris entre une demi-heure et dix-huit heures, suivant sa composition.

Les calcaires contenant 25 à 30 °/₀ d'argile traités de la même façon, donnent les ciments romains à prise rapide, tels que le Pouilly, Vassy, Porte-de-France.

En faisant des mélanges convenables de calcaire et d'argile, on obtient des ciments artificiels de bonne qualité.

Les chaux grasses augmentent beaucoup de volume au moment de l'extinction; un volume de chaux vive en pierres fournit deux volumes et même plus de chaux éteinte. Les chaux hydrauliques augmentent peu de volume. 1,000 kilog. de chaux grasse donnent de 1,75 à 2,5 mètres cubes de pâte.

### Mortiers

*Mortier de chaux grasse.* — Est formé de 50 parties de chaux grasse éteinte et de 100 parties de gros sable.

*Mortier de chaux médiocrement grasse.* — 55 parties de chaux éteinte et 100 parties de sable.

*Mortier de chaux maigre.* — 60 parties chaux éteinte et 100 parties de sable.

*Mortier de chaux hydraulique.* — 70 de chaux et 100 de sable.

*Mortier de Portland.* — 30 volumes de ciment et 100 de sable, et même pour 25 pour 100.

En règle générale, les mortiers de chaux grasse

peuvent s'employer aussitôt préparés, les mortiers de chaux hydraulique doivent être préparés de 4 à 6 jours, suivant l'espèce, avant leur emploi, et remués trois ou quatre fois pendant ce laps de temps.

Le mortier de ciment romain s'évente facilement et doit être employé aussitôt préparé.

Le mortier de Portland s'emploie à la fois pour le gros œuvre et les coulis ; le ciment romain pour les gros œuvres et les enduits exposés à l'eau ; on choisit particulièrement pour cet emploi le Vassy.

Les quantités de mortier employées dans les différentes maçonneries sont les suivantes, par mètre cube :

| | |
|---|---|
| Pierre de taille ou appareil. . . . . . . | 0.13 |
| Voûtes. . . . . . . . . . . . . . . . . . | 0.10 |
| Maçonnerie de moellons irréguliers . . | 0.40 |
| Maçonnerie de moellons appareillés. . | 0.32 |
| Blocage en meulière . . . . . . . . . | 0.45 |
| Meulière pour parement. . . . . . . | 0.35 |
| Maçonnerie de briques. . . . . . . . | 0.20 |

### Bétons

Dans les travaux à sec, on emploie 0,50 de mortier et 0,75 de cailloux, pour un mètre cube de béton.

Dans les travaux sous l'eau, on compte suivant les circonstances :

$0^m50$ de mortier . $0^m80$ de cailloux

et même :

$0^m50$ de mortier $0^m50$ de cailloux

en eau profonde :

$1^m00$ de mortier $0^m50$ de cailloux

## Résistance des matériaux employés
## dans la maçonnerie

| DÉSIGNATION DES CORPS | Charge de rupture à la compression par centimètre carré |
|---|---|
| Basalte de Suède et d'Auvergne. | 2.000 kil. |
| Lave dure. | 600 |
| Porphyre | 1.700 |
| Granit | 500 à 700 |
| Grès très dur | 800 |
| Marbre noir. | 790 |
| — blanc statuaire. | 310 |
| Pierre de Château-Landon | 350 à 700 |
| Pierre Liais de Bagneux | 300 |
| — Nanterre | 160 |
| — Méry bas. | 64 |
| — Méry milieu | 133 |
| — Méry haut | 250 |
| — Châtillon | 170 à 250 |
| Lambourde d'Arcueil. | 29 |
| Vergelé de Mery. | 49 |
| Marbre de l'Echaillon. | 800 à 930 |
| Pierre calcaire à tissu oolithique (globuleux). | 106 |
| Pierre calcaire compacté (lithog.). | 285 |
| Brique flamande tendre | 18 |
| — dure très cuite. | 150 |
| — rouge cuite. | 60 |
| — rouge pâle (mal cuite). | 40 |
| — crue. | 133 |
| — jaune très cuite. | 39 |
| — jaune vitrifiée. | 99 |

## Résistance des mortiers

| Mortiers : | PAR CENTIMÈTRE CARRÉ | |
|---|---|---|
| | à la traction | à l'écrasement |
| De chaux grasse . . . . . . . | 3k. | 20 à 40 k. |
| De chaux hydraulique . . . | 9 | 74 |
| De chaux très hydraulique . | 15 à 17. | 144 |
| De ciment romain . . . . . | 10 | 136 |
| De ciment de Portland après 5 jours de prise. . . . . . . | 41 | » |
| De ciment de Portland après 30 jours. . . . . . . . . . | 80 | » |

Ajoutons quelques renseignements généraux sur la résistance des matériaux de construction.

Les *pierres homogènes* ont une résistance indépendante de la position ; il n'en est pas de même pour les autres, la résistance perpendiculairement au lit est beaucoup plus considérable que parallèlement au lit, la différence peut atteindre le quart et même le tiers.

Les *pierres poreuses* sont également moins résistantes quand elles sont mouillées, la perte de résistance peut être de 25 à 30 0/0 sur la résistance de la pierre sèche.

Les *marbres* pèsent de 2,500 à 2,800 kilogs le mètre cube.

Les *calcaires compactes* homogènes, à grains fins,

comme le liais de Tonnerre, de l'Echaillon, pèsent 2,400 à 2,600 kilogs le mètre cube.

Les *calcaires à grains moins serrés*, roches des environs de Paris, de Lorraine, du Poitou, 2,200 à 2,500 kilogs le mètre cube.

Les *bancs francs* de Paris, de Lérouville, les *molasses* du Midi, 2,100 à 2,300 kilogs le mètre cube.

Les *calcaires demi-durs*, 1,400 à 2,100 kilogs le mètre cube, se débitent à la scie au grès (pierre de Tonnerre, de Caen, de Poitiers).

Les *calcaires tendres* se débitent à la scie à dents, vergelés et calcaires grossiers de l'Oise et l'Aisne, craie tuffeau de Touraine, calcaire de la Dordogne, de la Gironde et d'Angoulême.

## CONSTRUCTIONS

Il y a lieu de se rendre compte de la nature et de la solidité du terrain sur lequel on veut établir la construction. On peut établir les fondations sur le terrain lui-même quand il est constitué par :

1° Du rocher, quand la couche a une épaisseur d'environ 3 mètres et s'étend assez loin de chaque côté de la construction à établir ;

2° Du sable ayant une épaisseur de 4 à 5 mètres encaissé entre des terrains solides, et par suite incompressibles ;

3° Des marnes, argiles ou glaises d'une épaisseur de 2$^{m}$5 à 3 mètres, reposant sur un terrain sec et par suite non susceptibles de glissement.

Dans les terrains marécageux, qui sont toujours compressibles, il est indispensable d'établir des pilotis moisés, radier en béton, etc., pour consolider le terrain, et en établir un artificiellement.

Dans les terrains rapportés et les remblais qui ne présentent aucune cohésion, on creusera des puits jusqu'au bon sol, on les remplira de béton, et c'est sur ces points solides que l'on établira des voûtes, sur lesquelles seront montés les murs, etc.

## FONDATIONS

On se rendra compte du cube des déblais par quelques essais, le foisonnement des terres étant très variable avec les terrains, il varie du quart au tiers.

On calculera les surfaces des bases des murs de façon à ne pas faire supporter à la terre une charge de plus de **20** à **25,000** kilogs par mètre carré ; il sera d'ailleurs possible de se rendre compte de la compressibilité du terrain au moyen de quelques essais préalables, surtout quand il s'agira d'ouvrages importants, comme les massifs des fours, les citernes à goudron, ou les cuves de gazomètre.

On donne au soubassement des murs (mitoyens, de refends) **0,10** de plus que l'épaisseur des murs en élévation, on le monte jusqu'à **0,50** à un mètre au-dessus du sol, suivant le genre de bâtiment.

La base des fondations doit toujours être un plan horizontal, ou formée de redents horizontaux.

## MURS

Les murs faits en briques ont des épaisseurs dépendant des dimensions de la brique elle-même. Avec les briques de **0,22** — **0,11** — **0,055**, on fait des murs de **0,11** — **0,22** — **0,33** — **0,44** d'épaisseur ; le joint en plus ; son épaisseur est d'environ 0 à 10$^{mm}$. Le volume d'un mille de briques est d'environ 1,300 mètre cube, et son poids de 2.200 à 2.500 kilogs. Les briques posées de champ, fournissent des cloisons qui avec l'enduit, ont 8 centimètres d'épaisseur. Un mètre cube de construction contient environ 750 briques. Un mètre superficiel de parement vertical, nécessite 37 briques de champ, ou 67 briques posées à plat.

On emploie pour les cloisons des briques creuses dont le poids varie de 1 kil. 2 à 1 kil. 5.

### Poids du mètre cube de maçonnerie, et charge limite

| ESPÈCE DE MAÇONNERIE | POIDS DU MÈTRE CUBE | Charge usuelle par centim. carré |
|---|---|---|
| Pierre de taille . . . . . | 2.300 à 2.600 | 30$^k$ à 40$^k$ |
| Moellons. . . . . . . . . | 2.000 à 2.300 | 14 à 20 |
| Béton ordinaire. . . . . | 2.200 à 2.400 | 5 |
| Béton de ciment . . . . | 2.200 à 2.400 | 10 à 14 |
| Briques mortier ordinaire, | 1.600 à 1.900 | 6 |
| — de ciment. | 1.600 à 1.900 | 10 |

L'épaisseur d'un mur isolé ne portant que son poids est donnée par la formule :

$$e = \frac{1}{4}\sqrt{H}$$

H, la hauteur.

D'après Rondelet, l'épaisseur d'un mur non isolé compris entre deux murs de refend distant de $l$, est donnée par la formule :

$$e = \frac{l\,H}{12\sqrt{l^2 + H^2}}$$

avec un minimum de 0,40 pour les étages supérieurs. On augmente l'épaisseur de 0,12 ou 0,15 à chaque, en se rapprochant du sol.

Dans une construction soignée, les épaisseurs minima doivent être : pierre de taille, 0,20 ; moellons appareillés 0,45 ; moellons bruts, 0,65.

### MURS DE SOUTÈNEMENT

La paroi intérieure verticale et la paroi extérieure en plan incliné ; l'écartement des contreforts est compris entre 3 et 5,5 mètres au maximum.

Nous donnerons quelques chiffres utiles :

| HAUTEUR | ÉPAISSEUR DU MUR | | CONTREFORTS | |
|---|---|---|---|---|
| | En haut | En bas | Largeur | Épaisseur |
| 1.90 | 0.50 | 0.65 | 0.70 | 0.40 |
| 2.50 | 0.70 | 0.95 | 0 85 | 0.45 |
| 3.75 | 1.10 | 1.35 | 1.10 | 0.75 |
| 5.00 | 1.40 | 1.85 | 1.60 | 0.90 |
| 6.00 | 1.65 | 2.15 | 1.90 | 1.00 |
| 7.75 | 2.15 | 2.75 | 2.10 | 1.15 |
| 9.50 | 2.70 | 3.40 | 2.50 | 1.30 |

## CONSTRUCTIONS EN BOIS

### PANS DE BOIS

Les pans de bois de façade ont de 0ᵐ22 à 0ᵐ25 d'épaisseur, l'épaisseur se réduit de 0,01 par étage et les étages successifs sont en retraite.

Les poteaux corniers ont une saillie de 0,04.

Les pans de bois intérieurs, supportant les solives des planchers, ont 0,15 à 0,22 d'épaisseur. Les pans de bois pour cloisons varient de 0,08 à 0,15.

### PLANCHERS

L'écartement ordinaire est de 0,60. Dans les fortes charges, on prend 0,40, et dans les charges légères 0,80.

Si on suppose les solives écartées de 0,70, on trouve les dimensions suivantes pour différentes portées et usages des bâtiments :

| | PORTÉE | SOLIVES Largeur en centimèt | Hauteur en centimèt |
|---|---|---|---|
| Habitations : | | | |
| | 3ᵐ50 | 6 | 18 |
| Charge 250 kilos par mètre carré. | 5.00 | 9 | 26 |
| Bureaux, pièces de réception : | 3.00 | 7 | 20 |
| | 5.00 | 10 | 28 |
| Charge 350 kilos par mètre carré. | 7.00 | 12 | 36 |

On prend soin d'ancrer les solives de deux en deux avec des fers plats de 0,05 — 0,015.

Les planches de parquet ont de 30 à 0,045 d'épaisseur.

Pour les poutres formées par la réunion de plusieurs pièces de bois, assemblées par endentures avec clés et boulons, il ne faut compter que sur les trois quarts de la résistance que présenterait une pièce unique de même section; parce qu'avec le temps le bois se dessèche, les assemblages se desserrent et fléchissent.

Le colonel Emy a donné les dimensions des pièces composant les fermes de différentes portées :

| DIMENSIONS DES FERMES en mètres | | | ÉQUARRISSAGES DES PIÈCES en millimètres | | | | | | | | |
|---|---|---|---|---|---|---|---|---|---|---|---|
| Largeur ou portée | Hauteur | Distance des fermes | Tirants | Jambes de force | 1er Entrait | 2e Entrait | Arbalétrier | Liens | Poinçons | Pannes | Chevrons |
| 6.5 | 3.25 | 3.25 | 270 | » | 190 | » | 190 | 135 | 190 | » | 110 |
| 8 | 5 | 3.60 | 300 | » | 215 | » | 215 | 160 | 215 | » | 110 |
| 10 | 6.5 | 4 | 350 | » | 245 | » | 245 | 190 | 215 | » | 110 |
| 12 | 8 | 5 | 380 | 325 | 270 | 245 | 270 | 215 | 245 | » | 110 |
| 14 | 9 | 7.5 | 400 | 380 | 270 | 245 | 300 | 215 | 270 | » | 110 |

Au lieu des équarrissages, nous donnerons les dimensions mêmes des pièces pour les formes dites à « Entrait retroussé » (fig. 319) :

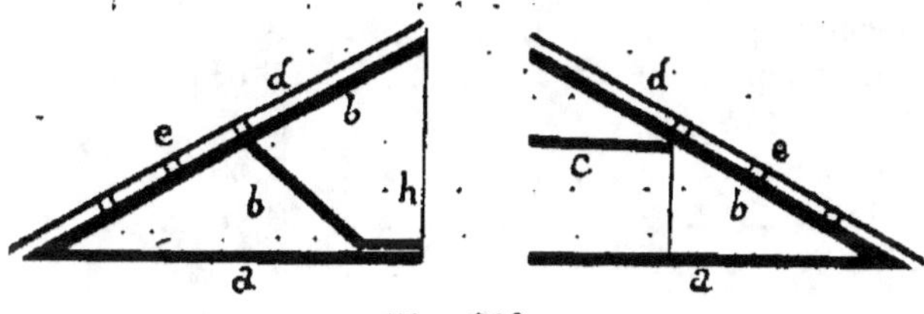

Fig. 319.

| INDICATION des pièces | PORTÉE EN MÈTRES Dimensions en centimètres | | | | | | |
|---|---|---|---|---|---|---|---|
|  | 9ᵐ | 10ᵐ | 12ᵐ | 15ᵐ | 18ᵐ | 21ᵐ | 24ᵐ |
| Entrait.... a | $\frac{13}{18}$ | $\frac{15}{18}$ | $\frac{15}{20}$ | $\frac{20}{23}$ | $\frac{23}{28}$ | $\frac{25}{28}$ | $\frac{25}{30}$ |
| Arbalétriers b | $\frac{13}{13}$ | $\frac{13}{15}$ | $\frac{15}{18}$ | $\frac{20}{20}$ | $\frac{23}{23}$ | $\frac{23}{25}$ | $\frac{25}{28}$ |
| Entrait retroussé... c | $\frac{13}{13}$ | $\frac{13}{15}$ | $\frac{15}{18}$ | $\frac{20}{20}$ | $\frac{23}{23}$ | $\frac{23}{25}$ | $\frac{25}{28}$ |
| Chevrons.. d | $\frac{5}{13}$ | $\frac{5}{13}$ | $\frac{5}{15}$ | $\frac{5}{15}$ | $\frac{5}{18}$ | $\frac{6}{20}$ | $\frac{8}{23}$ |
| Pannes .... e | $\frac{13}{15}$ | $\frac{13}{15}$ | $\frac{13}{15}$ | $\frac{15}{20}$ | $\frac{15}{23}$ | $\frac{15}{23}$ | $\frac{15}{23}$ |
| Contrefiches f | $\frac{8}{10}$ | $\frac{8}{13}$ | $\frac{8}{15}$ | $\frac{10}{20}$ | $\frac{13}{23}$ | $\frac{15}{23}$ | $\frac{15}{23}$ |
| Poinçon en fer....... h | 2.5 | 2.5 | 2.5 | 3 | 4 | 4.5 | 5 |
| Boulons..... | 2 | 2 | 2 | 2 | 3 | 3 | 3.5 |

## Poids des couvertures par mètre carré

| | |
|---|---|
| Tuiles . . . . . . . . . . . . . | 85 kilog. |
| Ardoises . . . . . . . . . . . . | 28 — |
| Cuivre laminé n° 25 . . . . . . . | 7ᵏ64 |
| Zinc n° 14 . . . . . . . . . . | 5.95 |
| — n° 16 . . . . . . . . . . . | 7.50 |
| Tôle. . . . . . . . . . . . . | 8 kilog. |
| Plomb. . . . . . . . . . . . . | 40 — |

Surcharge par mètre carré pour une épaisseur de neige de 0ᵐ25 : 25 kilos.

## Poteaux en chêne et sapin du Nord

La charge que l'on peut faire supporter par millimètre carré varie avec la hauteur :

| | |
|---|---|
| De 1 à 8 mètres . . . . . . . . . | 0ᵏ400 |
| De 1 à 12 — . . . . . . . . . | 0,330 |
| De 1 à 24 — . . . . . . . . . | 0,110 |

### CONSTRUCTION EN FER

#### PLANCHERS

En adoptant comme écartement des fers en double T, 0,80 et une charge de 250 kilogs par mètre carré de plancher, on trouve par le calcul les dimensions suivantes :

| Portée 3 mètres. | Hauteur du fer double T courant | 0,10 |
|---|---|---|
| — 4 — | — — | 0,12 |
| — 5 — | — — | 0,14 |
| — 6 — | — — | 0,16 |
| — 7 — | — — | 0,20 |
| — 8 — | — — | 0,22 |

## COMBLES EN FER

*Comble à la Polonceau* (fig. 320) *à une seule contre-fiche*. — Ce comble peut être employé jusqu'à 15 mètres de portée.

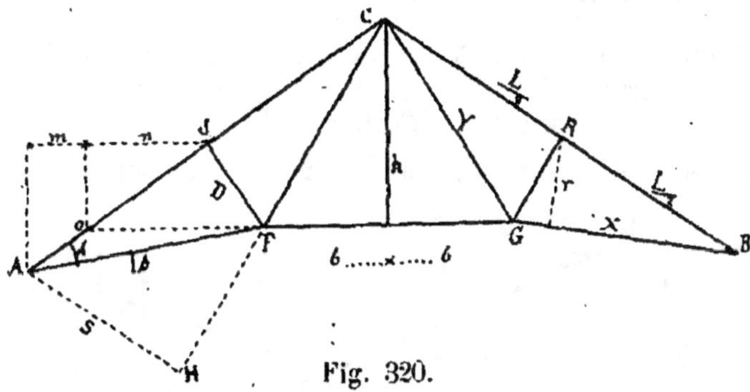

Fig. 320.

*Construction.* — On abaisse du point R milieu de C B une perpendiculaire sur G B. On prolonge F G jusqu'à sa rencontre avec l'arbalétrier A C en *o*. Soit *m* et *n* les projections de *o* A et *o* J sur une parallèle à A B menée de J. Soit S la perpendiculaire abaissée de A sur C F prolongée. Soit L la longueur de l'arbalétrier, et 2 *b* la portée A B. Les forces auxquelles sont soumises les diverses pièces sont :

Si on appelle Q la charge sur A,

$$\text{X, force agissant sur A F} = \frac{13}{32}\, Q\, \frac{b}{r}$$

$$\text{Y} \quad — \quad — \quad \text{F C} = \frac{Q}{16}\, S\, (13\,m + 10\,n)$$

$$\text{Z} \quad — \quad — \quad \text{F G} = \frac{Qb}{2h}$$

$$\text{D} \quad — \quad — \quad \text{J F} = -\frac{5}{8}\, Q\, \frac{b}{L}$$

La compression de l'arbalétrier dans la partie A J
est égale à
$$AJ = -X\,\frac{\cos \beta}{\cos \alpha}$$

et dans la partie
$$JC = -Y\,\frac{\sin (2\alpha - \beta)}{\sin \alpha}$$

On peut ainsi calculer l'épaisseur des pièces qui composent la ferme.

### FERME ANGLAISE

Elle peut être employée jusqu'à **20** mèt. de portée
(fig. 321).

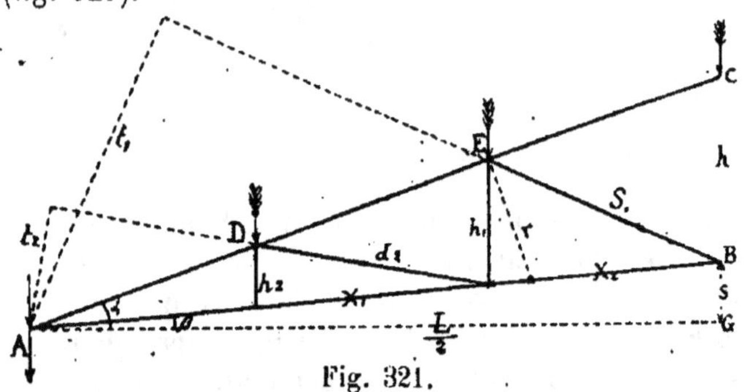

Fig. 321.

Les forces verticales dirigées de haut en bas appliquées en :
$$A = \frac{2}{15} Q \qquad\qquad D = \frac{11}{30} Q$$
$$E = \frac{11}{30} Q \qquad\qquad C = \frac{2}{15} Q$$

Les forces
$$X_1 = \frac{52}{90} Q \frac{L}{2r}$$
$$X_2 = \frac{41}{90} Q \frac{L}{2r}$$
$$H_1 = \frac{11}{60} Q$$
$$H = \frac{Q}{15h}\left(11h + 15s\right)$$

Le diamètre du poinçon $h_2$ est de 15 à 20 millimètres.

$$\delta_2 = \frac{11}{90} \, Q \, \frac{L}{2t_2}$$

$$\delta_1 = \frac{11}{30} \, Q \, \frac{L}{2t_1}$$

La compression de l'arbalétrier dans la partie A D

$$= -\frac{13}{15} \, Q \, \frac{\cos \beta}{\cos (\alpha - \beta)}$$

Pente des cheneaux par mètre courant : $1^{mm}2$ à
$1^{mm}5$, avec tuyau de descente pour chaque distance
de 10 à 15 mètres en plus, diamètre de ce tuyau de
8 à 15 centimètres.

### COLONNES EN FONTE OU EN FER

Colonne en fonte pleine :

$$d = 0,15 \, \sqrt{L} \, \sqrt[4]{P}$$

L la hauteur de la colonne ;
P poids supporté par la colonne ;
$d$ diamètre de la colonne.

### COLONNE EN FER FORGÉ PLEINE

$$d = 0,13 \, \sqrt{L} \, \sqrt[4]{P}$$

### COLONNE EN FONTE CREUSE

Le rapport du diamètre intérieur $d_1$ au diamètre
$d_0$ peut varier, appelons $\varphi$ ce rapport, $d$ le diamètre de la colonne calculée pleine, on a :

$$\varphi = \frac{d_1}{d_0} = \quad 0,5 \quad\quad 0,6 \quad\quad 0,7 \quad\quad 0,8 \quad\quad 0,9$$

$$\frac{d_0}{d} = \quad 1.016 \quad 1.035 \quad 1.07 \quad 1.14 \quad 1.31$$

Ce diamètre $d_0$ ne doit jamais être inférieur à

$$d_0 = \frac{0,46 \sqrt{P}}{\sqrt{1 - \varphi^2}}$$

Ou la charge supérieure à $P = 4.71 \, d_0^2 \, (1 - \varphi^2)$.

---

Nous donnerons successivement les tableaux suivants :

1° Poids en kilogrammes des fers plats, par mètre superficiel.

2° Poids par mètre courant des fers carrés ou ronds.

3° Poids en kilogrammes, par mètre courant, des fers cornières à ailes égales.

4° Poids par mètre carré des feuilles de divers métaux.

5° Epaisseur d'après leur diamètre intérieur, des tuyaux en fer étiré, en cuivre, et en plomb.

6° Poids de 1 mètre de tuyaux en fonte de différents calibres.

7° Résistance des bois à la flexion.

**Fers plats.** Poids en kilog. par mètre courant.

| ÉPAISSEUR en millimètres | LARGEUR EN MILLIMÈTRES | | | | | | | |
|---|---|---|---|---|---|---|---|---|
| | 10 | 15 | 20 | 25 | 30 | 35 | 40 | 45 |
| 4 | 0,312 | 0,467 | 0,623 | 0,779 | 0.935 | 1.091 | 1.249 | 1.402 |
| 6 | 0,467 | 0,701 | 0,935 | 1.169 | 1.402 | 1.636 | 1.870 | 2.103 |
| 8 | 0,623 | 0,935 | 1.246 | 1.558 | 1.870 | 2.181 | 2.493 | 2.804 |
| 10 | 0,779 | 1.169 | 1.558 | 1.948 | 2.337 | 2.724 | 3.116 | 3.506 |
| 12 | 0,935 | 1 402 | 1.870 | 2.337 | 2.804 | 3.272 | 3.739 | 4.207 |
| 14 | 1,090 | 1.636 | 2.181 | 2.717 | 3.270 | 3.917 | 4.362 | 4.908 |
| 16 | 1.246 | 1.870 | 2.493 | 3.116 | 3.739 | 4.462 | 4 986 | 5.609 |
| 18 | 1.402 | 2.103 | 2.804 | 3.506 | 4.207 | 4.998 | 5.609 | 6.301 |
| 20 | 1.558 | 2.337 | 3.116 | 3.895 | 4.674 | 5.453 | 6.232 | 7.011 |
| 22 | 1.714 | 2.571 | 3.428 | 4.285 | 5.141 | 5.998 | 6.855 | 7.712 |
| 24 | 1.870 | 2.804 | 3.739 | 4.674 | 5.609 | 6.544 | 7.478 | 8.413 |
| 25 | 1.948 | 2.921 | 3.895 | 4.869 | 5.843 | 6.816 | 7.790 | 8.764 |
| 26 | 2.025 | 3.038 | 4.051 | 5.064 | 6.076 | 7.089 | 8.102 | 9.114 |
| 28 | 2.181 | 3.272 | 4.422 | 5.523 | 6.644 | 7.734 | 8.825 | 9.915 |
| 30 | 2.337 | 3.506 | 4.674 | 5.843 | 7.011 | 8.180 | 9.348 | 10.52 |
| 35 | 2.727 | 4.090 | 5.453 | 6.816 | 8.180 | 9.543 | 10.91 | 12.27 |
| 40 | 3.116 | 4.674 | 6.232 | 7.790 | 9.348 | 10.91 | 12.46 | 14.02 |
| 45 | 3.506 | 5.258 | 7.011 | 8.764 | 10.52 | 12.27 | 14.02 | 15 77 |
| 50 | 3.895 | 5.843 | 7.790 | 9.738 | 11.69 | 13.63 | 15.58 | 17.53 |

**Fers plats** (*Suite*). Poids en kilog. par mètre courant.

| ÉPAISSEUR en millimètres | LARGEUR EN MILLIMÈTRES | | | | | | |
|---|---|---|---|---|---|---|---|
| | 50 | 55 | 60 | 65 | 70 | 75 | 80 |
| 4 | 1.558 | 1.714 | 1.870 | 2 025 | 2.181 | 2.337 | 2.493 |
| 6 | 2.337 | 2.571 | 2.804 | 3.038 | 3.272 | 3.506 | 3.739 |
| 8 | 3.116 | 3.428 | 3.739 | 4.051 | 4.362 | 4.674 | 4.986 |
| 10 | 3.895 | 4.285 | 4.674 | 5.064 | 5.453 | 5.843 | 6.232 |
| 12 | 4.674 | 5.141 | 5.609 | 6.076 | 6.544 | 7.011 | 7.478 |
| 14 | 5.453 | 5.998 | 6.544 | 7.089 | 7.634 | 8.180 | 8.728 |
| 16 | 6.232 | 6.855 | 7.478 | 8.102 | 8.725 | 9.348 | 9.971 |
| 18 | 7.011 | 7.712 | 8.414 | 9.114 | 9.815 | 10.52 | 11.22 |
| 20 | 7.790 | 8.569 | 9.35 | 10.13 | 10.91 | 11.69 | 12.46 |
| 22 | 8.569 | 9.426 | 10.28 | 11.14 | 12.00 | 12.85 | 13.71 |
| 24 | 9.348 | 10.28 | 11.22 | 12.15 | 13.09 | 14.02 | 14.96 |
| 25 | 9.738 | 10.71 | 11.69 | 12.66 | 13.63 | 14.61 | 15.58 |
| 26 | 10.13 | 11.14 | 12.15 | 13.17 | 14.18 | 15.19 | 16.20 |
| 28 | 11.00 | 12.00 | 13.09 | 14.18 | 15.27 | 16.36 | 17.45 |
| 30 | 11.69 | 12.86 | 14.02 | 15.19 | 16.36 | 17.53 | 18.70 |
| 35 | 13.63 | 14.99 | 16.36 | 17.72 | 19.09 | 20.45 | 21.81 |
| 40 | 15.58 | 17.14 | 18.70 | 20.25 | 21.81 | 23.37 | 24 93 |
| 45 | 17.53 | 19.28 | 21 03 | 22.78 | 24.54 | 26.29 | 28.04 |
| 50 | 19.48 | 21.42 | 23.37 | 25.32 | 27.27 | 29.21 | 31.16 |

**Fers plats** (*Suite*). Poids en kilog. par mètre courant.

| ÉPAISSEUR en millimètres | LARGEUR EN MILLIMÈTRES | | | | | | |
|---|---|---|---|---|---|---|---|
| | 85 | 90 | 95 | 100 | 110 | 120 | 130 |
| 4 | 2.649 | 2.804 | 2.960 | 3.116 | 3.428 | 3.729 | 4.051 |
| 6 | 3.973 | 4.207 | 4.440 | 4.674 | 5.141 | 5.609 | 6.076 |
| 8 | 5.297 | 5.609 | 5.920 | 6.232 | 6.855 | 7.478 | 8.102 |
| 10 | 6.622 | 7.001 | 7.401 | 7.790 | 8.569 | 9.348 | 10.13 |
| 12 | 7.946 | 8.413 | 8.881 | 9.348 | 10.28 | 11.22 | 12.15 |
| 14 | 9.270 | 9.815 | 10.36 | 10.91 | 12.00 | 13.09 | 14.18 |
| 16 | 10.59 | 11.22 | 11.84 | 12.46 | 13.71 | 14.96 | 16.20 |
| 18 | 11.92 | 12.62 | 13.32 | 14.02 | 15.42 | 16 83 | 18 23 |
| 20 | 13.24 | 14.02 | 14.80 | 15.58 | 17.14 | 18.70 | 20.25 |
| 22 | 14.57 | 15.42 | 16.28 | 17.14 | 18.85 | 20.57 | 22.28 |
| 24 | 15.89 | 16.83 | 17.76 | 18.70 | 20.57 | 22.44 | 24.30 |
| 25 | 16.55 | 17.53 | 18.50 | 19.48 | 21.42 | 23.37 | 25 32 |
| 26 | 17.22 | 18.23 | 19.24 | 20.25 | 22.28 | 24.30 | 26.33 |
| 28 | 18.54 | 19.63 | 20.72 | 21.81 | 23.99 | 26.17 | 28.36 |
| 30 | 19.86 | 21.03 | 22.20 | 23.37 | 25.71 | 28.04 | 30.38 |
| 35 | 23.17 | 24.54 | 25.90 | 27.27 | 29.96 | 32.72 | 35.44 |
| 40 | 26.49 | 28.04 | 29.60 | 31.16 | 34.28 | 37.39 | 40.51 |
| 45 | 29.80 | 31.55 | 33.30 | 35 06 | 38.56 | 42.07 | 45.57 |
| 50 | 33.11 | 35.06 | 37.70 | 38.95 | 42.85 | 46.74 | 50.64 |

**Fers plats** (*Suite et fin*). Poids en kilog. par mètre courant.

| ÉPAISSEUR en millimètres | LARGEUR EN MILLIMÈTRES | | | | | | |
|---|---|---|---|---|---|---|---|
| | 140 | 150 | 160 | 170 | 180 | 190 | 200 |
| 4 | 4.362 | 4.674 | 4.986 | 5.297 | 5 609 | 5.920 | 6.20 |
| 6 | 6.544 | 7.011 | 7.478 | 7.946 | 8.418 | 8.881 | 9.34 |
| 8 | 8.725 | 9.348 | 9.971 | 10.59 | 11.22 | 11.84 | 12.5 |
| 10 | 10.91 | 11.69 | 12.46 | 13.24 | 14.02 | 14.80 | 15.6 |
| 12 | 13.09 | 14.02 | 14.96 | 15.89 | 16.83 | 17.75 | 18.7 |
| 14 | 15.27 | 16.36 | 17.45 | 18.54 | 19.63 | 20.72 | 21 8 |
| 16 | 17.45 | 18.70 | 19.94 | 21.19 | 22.44 | 23.68 | 24.9 |
| 18 | 19.53 | 21.03 | 22.44 | 23.84 | 25.24 | 26.64 | 28.0 |
| 20 | 21.81 | 23.37 | 24.93 | 26.49 | 28.04 | 29.60 | 31.1 |
| 22 | 23.99 | 25.71 | 27.42 | 29.13 | 30 85 | 32.56 | 34.3 |
| 24 | 26.17 | 28.04 | 29.91 | 31.79 | 33.65 | 35.52 | 37.7 |
| 25 | 27.27 | 29.21 | 31.16 | 33.11 | 35.06 | 37.00 | 38.9 |
| 26 | 28.36 | 30.38 | 32.41 | 34.43 | 36.46 | 38.48 | 40.5 |
| 28 | 30.54 | 32 72 | 35.00 | 37.08 | 39.26 | 41.44 | 44.1 |
| 30 | 32.72 | 35.06 | 37.39 | 39.73 | 42.07 | 44.40 | 46.7 |
| 35 | 38.17 | 40.90 | 43.62 | 46 35 | 49.08 | 51.80 | 54.5 |
| 40 | 43.62 | 46.74 | 49.86 | 52.97 | 56.09 | 59.20 | 62.2 |
| 45 | 49.08 | 52.58 | 56.09 | 59.59 | 63.10 | 66.60 | 69.8 |
| 50 | 54.53 | 58.43 | 62.32 | 66.22 | 70.11 | 74.01 | 77.5 |

## Fers carrés ou ronds

Poids en kilogrammes par mètre courant

| DIAMÈTRE OU CÔTÉ | FER CARRÉ | FER ROND | DIAMÈTRE OU CÔTÉ | FER CARRÉ | FER ROND | DIAMÈTRE OU CÔTÉ | FER CARRÉ | FER ROND |
|---|---|---|---|---|---|---|---|---|
| m/m | kil. | kil. | m/m | kil. | kil. | m/m | kil. | kil. |
| 5 | 0,195 | 0,153 | 24 | 4.481 | 3.520 | 43 | 14.39 | 11.30 |
| 6 | 0,280 | 0,220 | 25 | 4.863 | 3.819 | 44 | 14.90 | 11.83 |
| 7 | 0,381 | 0,299 | 26 | 5.259 | 4.131 | 45 | 15.75 | 12.37 |
| 8 | 0,498 | 0,391 | 27 | 5.672 | 4.455 | 46 | 16.46 | 12.93 |
| 9 | 0,630 | 0,495 | 28 | 6.100 | 4.791 | 47 | 17.19 | 13.50 |
| 10 | 0,778 | 0,611 | 29 | 6.543 | 5.139 | 48 | 17.83 | 14.08 |
| 11 | 0,931 | 0,739 | 30 | 7.002 | 5.499 | 49 | 18.68 | 14.67 |
| 12 | 1.120 | 0,880 | 31 | 7.477 | 5.872 | 50 | 19.45 | 15.28 |
| 13 | 1.315 | 1.033 | 32 | 7.967 | 6.257 | 55 | 23.28 | 18.48 |
| 14 | 1 525 | 1.198 | 33 | 8 382 | 6.654 | 60 | 28.01 | 22.00 |
| 15 | 1.751 | 1.375 | 34 | 8.994 | 7.064 | 65 | 32.87 | 25.82 |
| 16 | 1.992 | 1.564 | 35 | 9.531 | 7.485 | 70 | 38.12 | 29.94 |
| 17 | 2.248 | 1.766 | 36 | 10.08 | 7.919 | 75 | 43.76 | 34.37 |
| 18 | 2.521 | 1.980 | 37 | 10.65 | 8.365 | 80 | 49.79 | 39.11 |
| 19 | 2.809 | 2.206 | 38 | 11.23 | 8.823 | 85 | 56.21 | 44.15 |
| 20 | 3.112 | 2.444 | 39 | 11.83 | 9.294 | 90 | 63.02 | 49.49 |
| 21 | 3.422 | 2.695 | 40 | 12.45 | 9.776 | 95 | 70.21 | 55.15 |
| 22 | 3.726 | 2.957 | 41 | 13.08 | 10.27 | 100 | 77.80 | 61.10 |
| 23 | 4.116 | 3.232 | 42 | 13.69 | 10.78 | 105 | 85.55 | 67.37 |

## FERS CORNIÈRES

Poids en kilog. par mètre courant des cornières à ailes égales

| Epaisseur en millimèt. | $\frac{100}{100}$ kil. | $\frac{90}{90}$ kil. | $\frac{85}{85}$ kil. | $\frac{80}{80}$ kil. | $\frac{75}{75}$ kil. | $\frac{70}{70}$ kil. | $\frac{65}{65}$ kil. | $\frac{60}{60}$ kil. | $\frac{55}{55}$ kil. | $\frac{50}{50}$ kil. |
|---|---|---|---|---|---|---|---|---|---|---|
| 15 | 21.6 | 19.3 | 18.1 | » | » | » | » | » | » | » |
| 14 | 20.3 | 18.1 | 17.0 | 15.9 | » | » | » | » | » | » |
| 13 | 19.0 | 16.9 | 15.9 | 14.9 | » | » | » | » | » | » |
| 12 | 17.6 | 15.7 | 14.7 | 13.8 | 12.9 | 11.9 | 11.0 | » | » | » |
| 11 | 16.2 | 14.5 | 13.6 | 12.8 | 11.9 | 11.0 | 10.2 | 9.35 | » | » |
| 10 | 14.8 | 13.3 | 12.5 | 11.7 | 10.9 | 10.1 | 9.4 | 8.60 | 7.80 | » |
| 9 | » | » | » | 10.5 | 9.9 | 9.2 | 8.5 | 7.80 | 7.09 | 6.38 |
| 8 | » | » | » | » | » | 8.2 | 7.5 | 7.00 | 6.36 | 5 74 |
| 7.5 | » | » | » | » | » | » | 7.0 | 6.57 | 5.99 | 5.40 |
| 7.0 | » | » | » | » | » | » | » | 6 20 | 5.62 | 5.01 |
| 6.5 | » | » | » | » | » | » | » | » | 5.25 | 4.73 |
| 6.0 | » | » | » | » | » | » | » | » | 4.86 | 4.02 |
| 5.5 | » | » | » | » | » | » | » | » | » | 4.00 |
| 5 | » | » | » | » | » | » | » | » | » | 3.06 |

Poids par mètre carré des feuilles de divers métaux

| ÉPAISSEUR en millimèt. | TOLE de FER | FONTE | ACIER | CUIVRE | LAITON | ZINC | PLOMB |
|---|---|---|---|---|---|---|---|
| 1 | 7.78 | 7.25 | 7.87 | 8.90 | 8.55 | 6.90 | 11.4 |
| 2 | 15.56 | 14.50 | 15.74 | 17.80 | 17.10 | 13.80 | 22.8 |
| 3 | 23.34 | 21.75 | 23.61 | 26.70 | 25.65 | 20.70 | 34.2 |
| 4 | 31.12 | 29.00 | 31.48 | 35.60 | 34.20 | 27.60 | 45.6 |
| 5 | 38.90 | 36.25 | 39.35 | 44.50 | 42.75 | 34.50 | 57.0 |
| 6 | 46.68 | 43.50 | 47.22 | 53.40 | 51 30 | 41.40 | 68.4 |
| 7 | 54.46 | 50.75 | 55.09 | 62.30 | 59.85 | 48.30 | 79.8 |
| 8 | 62.24 | 58.00 | 62.96 | 71.20 | 68.40 | 55.20 | 91.2 |
| 9 | 70.02 | 65.25 | 70.83 | 80.10 | 76.95 | 62.10 | 102.6 |
| 10 | 77.80 | 72.50 | 78.70 | 89.00 | 85.50 | 69.00 | 114.0 |
| 12 | 93.36 | 87.00 | 94.44 | 106.80 | 102.60 | 82.80 | 136 8 |
| 14 | 108 92 | 101.50 | 110.18 | 124.60 | 119.70 | 96.60 | 159.6 |
| 15 | 116.70 | 108.75 | 118.05 | 133.50 | 128.25 | 103.50 | 171.0 |
| 16 | 124 48 | 116.00 | 125.92 | 142.40 | 136.80 | 110.40 | 182.4 |
| 18 | 140.04 | 130.50 | 141.66 | 160.20 | 153.90 | 124.20 | 205.2 |
| 20 | 155.60 | 145.00 | 157.40 | 178.00 | 171.00 | 138.00 | 228.0 |

## TUYAUX EN FER ÉTIRÉ

| DIAMÈTRE intérieur | ÉPAISSEUR DES PAROIS EN MILLIMÈTRES | | | | | | | | |
|---|---|---|---|---|---|---|---|---|---|
| | 2 | 3 | 4 | 5 | 6 | 7 | 8 | 9 | 10 |
| millim | | | | | | | | | |
| 10 | 0.59 | 0.95 | 1.37 | 1.82 | 2.34 | 2.90 | 3.50 | 4.16 | 4.87 |
| 15 | 0.83 | 1.32 | 1.85 | 2.44 | 3.07 | 3.75 | 4.48 | 5.26 | 6.09 |
| 20 | 1.07 | 1.68 | 2.34 | 3.05 | 3.80 | 4.60 | 5.45 | 6 35 | 7.30 |
| 25 | 1.32 | 2.05 | 2.83 | 3.65 | 4.53 | 5.45 | 6.43 | 7.45 | 8.52 |
| 30 | 1.56 | 2.41 | 3.31 | 4.26 | 5.26 | 6.30 | 7.40 | 8.55 | 9.72 |
| 40 | 2.05 | 3.14 | 4.29 | 5.48 | 6.72 | 8.01 | 9.35 | 10.73 | 12.18 |
| 50 | 2.53 | 3.87 | 5.26 | 6.70 | 8 18 | 9.72 | 11.30 | 12.93 | 14.61 |
| 60 | 3.02 | 4.59 | 6.23 | 7.92 | 9.64 | 11.42 | 13.25 | 15.12 | 17.05 |
| 70 | 3.50 | 5 33 | 7.20 | 9.13 | 11.10 | 13.12 | 15.20 | 17.31 | 19.48 |
| 80 | 4.00 | 6.06 | 8.18 | 10.35 | 12.57 | 14.83 | 17.14 | 19.50 | 21.92 |

## TUYAUX EN CUIVRE

| DIAMÈTRE intérieur | 2 | 3 | 4 | 5 | 6 | 7 | 8 | 9 | 10 |
|---|---|---|---|---|---|---|---|---|---|
| 5 | 0.40 | 0.68 | 1.02 | 1 42 | 1.87 | 2.38 | 2.94 | 3.57 | 4.24 |
| 10 | 0.68 | 1.11 | 1.59 | 2.12 | 2.72 | 3.37 | 4.07 | 4.84 | 5.66 |
| 15 | 0.96 | 1.53 | 2.15 | 2.83 | 3.57 | 4.36 | 5.21 | 6.11 | 7.07 |
| 20 | 1.25 | 1.95 | 2.72 | 3.54 | 4.41 | 5.35 | 6.34 | 7.38 | 8.48 |
| 25 | 1.53 | 2.38 | 3.28 | 4.24 | 5.26 | 6.34 | 7.47 | 8.65 | 9 90 |
| 30 | 1.81 | 2.80 | 3.85 | 4.95 | 6.11 | 7.33 | 8.60 | 9.93 | 11.31 |
| 40 | 2.38 | 3.65 | 4.98 | 6.36 | 7.81 | 9.31 | 10.86 | 12.47 | 14.14 |
| 50 | 2.94 | 4.50 | 6 11 | 7.78 | 9.50 | 11.28 | 13.12 | 15.02 | 16.96 |
| 60 | 3.50 | 5.35 | 7.24 | 9.19 | 11.19 | 13.26 | 15.38 | 17.56 | 19.79 |
| 70 | 4.07 | 6.19 | 8.37 | 10.60 | 12.89 | 15.24 | 17.65 | 20.11 | 22.62 |

## TUYAUX EN PLOMB

| DIAMÈTRE intérieur | 2 | 3 | 4 | 5 | 6 | 7 | 8 | 9 | 10 |
|---|---|---|---|---|---|---|---|---|---|
| 10 | 0.86 | 1.39 | 2.00 | 2.68 | 3.43 | 4.25 | 5.14 | 6.10 | 7.13 |
| 13 | 1.07 | 1.71 | 2.43 | 3.21 | 4.07 | 5.00 | 6.00 | 7.06 | 8.20 |
| 15 | 1.21 | 1.93 | 2.71 | 3.57 | 4.50 | 5.50 | 6.57 | 7.71 | 8.91 |
| 20 | 1.57 | 2.46 | 3.43 | 4.46 | 5.57 | 6.74 | 8.00 | 9.31 | 10.71 |
| 25 | 1.93 | 3.00 | 4.14 | 5.35 | 6.63 | 7.98 | 9.42 | 10.91 | 12.48 |
| 30 | 2.28 | 3.53 | 4.85 | 6.24 | 7.70 | 9.24 | 10 85 | 12 52 | 14.26 |
| 40 | 3.00 | 4 60 | 6.28 | 8.03 | 9.84 | 11.73 | 13.70 | 15.73 | 17.83 |
| 50 | 3.71 | 5.67 | 7.71 | 9 81 | 11 98 | 14.23 | 16.55 | 18.94 | 21.39 |
| 60 | 4.42 | 6.74 | 9.13 | 11.59 | 14.12 | 16.73 | 19.41 | 22.15 | 24.96 |

## POIDS DES TUYAUX EN FONTE

Poids en kilog de 1 mètre de différents calibres

| Diamètre intérieur en millim. | ÉPAISSEUR DES PAROIS EN MILLIMÈTRES | | | | | | | |
|---|---|---|---|---|---|---|---|---|
| | 5 | 10 | 15 | 20 | 25 | 30 | 35 | 40 |
| 25 | 3.41 | 7.97 | 13.67 | 20.50 | » | » | » | » |
| 30 | 3.98 | 9.11 | 15.38 | 22.78 | » | » | » | » |
| 35 | 4.55 | 10.25 | 17.08 | 23.61 | » | » | » | » |
| 40 | 5.12 | 11.39 | 18.79 | 27.33 | » | » | » | » |
| 45 | 5.69 | 12.53 | 20.50 | 29.61 | » | » | » | » |
| 50 | 6.25 | 13.67 | 22.21 | 31.89 | 42.70 | » | » | » |
| 60 | 7.40 | 15.94 | 25.62 | 36.44 | 48.39 | » | » | » |
| 70 | 8.54 | 18.22 | 29.04 | 40.99 | 54.10 | 68.34 | » | » |
| 80 | 9.67 | 20.50 | 32.46 | 45.56 | 59.79 | 75.16 | » | » |
| 90 | 10.82 | 22.78 | 35.88 | 50.11 | 65.49 | 82.00 | 99.65 | » |
| 100 | 11.96 | 25.06 | 39.29 | 54.66 | 71.17 | 88.83 | 107.6 | 127.5 |
| 125 | » | 30.75 | 47.83 | 66.04 | 85.40 | 105.9 | 127.5 | 150.3 |
| 150 | » | » | 56.38 | 77.44 | 99.65 | 123.0 | 147.5 | 173.1 |
| 200 | » | » | 73.45 | 100.02 | 128.4 | 157.1 | 187.3 | 218.7 |
| 225 | » | » | 82.00 | 111.6 | 142.3 | 174.3 | 207.2 | 241.4 |
| 250 | » | » | 90.53 | 122.8 | 156.6 | 191 | 227 | 264 |
| 275 | » | » | 99.8 | 134.3 | 170 | 208 | 247 | 287 |
| 300 | » | » | 107.6 | 145.7 | 185 | 225 | 267 | 309 |
| 325 | » | » | 116.1 | 157.2 | 199 | 242 | 287 | 332 |
| 350 | » | » | 124.7 | 168.5 | 213 | 259 | 307 | 355 |
| 375 | » | » | 133.2 | 179.9 | 227 | 276 | 326 | 378 |
| 400 | » | » | 141.8 | 191.3 | 241 | 293 | 346 | 400 |

## RÉSISTANCE DES BOIS A LA FLEXION

Charge uniformément répartie $p = \dfrac{8}{L^2}\,\dfrac{RI}{n}$ — Désignation des pièces : $\dfrac{\text{Hauteur}}{\text{Base}}$

| Distance des points d'appui | Résistance par millim. | $\frac{80}{70}$ | $\frac{110}{80}$ | $\frac{120}{120}$ | $\frac{150}{150}$ | $\frac{120}{100}$ | $\frac{180}{150}$ | $\frac{220}{27}$ | $\frac{220}{41}$ | $\frac{220}{110}$ | $\frac{220}{150}$ | $\frac{222}{200}$ | $\frac{250}{150}$ |
|---|---|---|---|---|---|---|---|---|---|---|---|---|---|
| | 0k6 | $\frac{RI}{n}=39$ | 70 | 172 | 237 | 180 | 405 | 16 | 37 | 266 | 495 | 880 | 562 |
| | 0k8 | $\frac{RI}{n}=52$ | 93 | 230 | 450 | 240 | 540 | 21 | 49 | 355 | 660 | 1173 | 750 |
| 1 mèt. | 0k6 | 312 | 560 | 1376 | 2696 | 1440 | 3240 | 128 | 296 | 2128 | 3960 | 7040 | 4496 |
| | 0.8 | 416 | 744 | 1840 | 3600 | 1920 | 4320 | 168 | 392 | 2840 | 5680 | 9384 | 6000 |
| 2 mèt. | 0.6 | 73 | 140 | 344 | 674 | 360 | 810 | 32 | 74 | 532 | 990 | 1760 | 1124 |
| | 0.8 | 104 | 186 | 460 | 900 | 480 | 1080 | 42 | 98 | 710 | 1420 | 2346 | 1500 |
| 3 mèt. | 0.6 | 24 | 62 | 152 | 299 | 160 | 360 | 14 | 32 | 236 | 440 | 782 | 499 |
| | 0.8 | 46 | 82 | 204 | 400 | 213 | 480 | 18 | 43 | 315 | 631 | 1042 | 666 |
| 4 mèt. | 0.6 | 19 | 35 | 86 | 168 | 90 | 202 | 8 | 18 | 133 | 247 | 440 | 281 |
| | 0.8 | 26 | 46 | 115 | 225 | 120 | 270 | 10 | 24 | 177 | 355 | 586 | 375 |
| 5 mèt. | 0.6 | 14 | 35 | 55 | 107 | 57 | 129 | » | » | 85 | 158 | 281 | 179 |
| | 0.8 | 16 | 46 | 73 | 144 | 76 | 172 | » | » | 113 | 227 | 375 | 240 |
| 6 mèt. | 0.6 | » | » | 38 | 74 | 40 | 90 | » | » | 59 | 158 | 192 | 124 |
| | 0.8 | » | » | 51 | 100 | 53 | 120 | » | » | 78 | 211 | 260 | 166 |

RÉSISTANCE DES BOIS À LA FLEXION (*suite*)

Charge uniformément répartie $p = \dfrac{8}{l^2}\dfrac{RI}{n}$ — Désignation des pièces : $\dfrac{\text{Hauteur}}{\text{Base}}$



| Distance des points d'appui | Résistance par millim. | $\frac{250}{200}$ | $\frac{250}{250}$ | $\frac{300}{250}$ | $\frac{250}{130}$ | $\frac{250}{150}$ | $\frac{250}{180}$ | $\frac{250}{200}$ | $\frac{300}{220}$ | $\frac{100}{180}$ | $\frac{150}{180}$ | $\frac{70}{170}$ | $\frac{80}{110}$ |
|---|---|---|---|---|---|---|---|---|---|---|---|---|---|
| | $0^k6 \quad \frac{RI}{n}=1000$ | 1562 | 1875 | 812 | 937 | 1125 | 1250 | 2250 | 324 | 486 | 202 | 96 |
| | $0^k8 \quad \frac{RI}{n}=1332$ | 2083 | 2500 | 1033 | 1250 | 1500 | 1606 | 3000 | 432 | 648 | 269 | 129 |
| 1 mèt. | 0.6 | 8000 | 12496 | 15000 | 6496 | 7496 | 9000 | 10000 | 18000 | 2592 | 3880 | 1616 | 768 |
| | 0.8 | 10650 | 16664 | 20000 | 8864 | 10000 | 12000 | 13328 | 24000 | 3456 | 5184 | 2152 | 1032 |
| 2 mèt. | 0.6 | 2000 | 3124 | 3750 | 1624 | 1874 | 2250 | 2500 | 4500 | 648 | 972 | 404 | 198 |
| | 0.8 | 2664 | 4166 | 5000 | 2166 | 2500 | 3000 | 3332 | 6000 | 864 | 1296 | 538 | 258 |
| 3 mèt. | 0.6 | 888 | 1388 | 1666 | 721 | 832 | 1000 | 1111 | 2000 | 288 | 432 | 179 | 85 |
| | 0.8 | 1184 | 1851 | 2222 | 962 | 1111 | 1333 | 1480 | 2666 | 384 | 576 | 239 | 114 |
| 4 mèt. | 0.6 | 500 | 781 | 937 | 406 | 468 | 562 | 625 | 1125 | 162 | 243 | 101 | 48 |
| | 0.8 | 606 | 1041 | 1250 | 541 | 625 | 750 | 833 | 1500 | 216 | 324 | 157 | 64 |
| 5 mèt. | 0.6 | 320 | 455 | 600 | 259 | 299 | 360 | 400 | 720 | 103 | 153 | 64 | 30 |
| | 0.8 | 426 | 666 | 800 | 346 | 400 | 480 | 533 | 960 | 138 | 207 | 86 | 41 |
| 6 mèt. | 0.6 | 222 | 347 | 416 | 180 | 208 | 250 | 277 | 500 | 72 | 108 | 44 | » |
| | 0.8 | 296 | 462 | 555 | 240 | 277 | 233 | 370 | 666 | 96 | 144 | 59 | » |

Charge uniformément répartie $p = \dfrac{8}{L^2}\dfrac{RI}{n}$ — Désignation des pièces : $\dfrac{\text{Hauteur}}{\text{Base}}$

| Distance des points d'appui | Résistance par millim. | $\dfrac{250}{200}$ | $\dfrac{250}{250}$ | $\dfrac{300}{250}$ | $\dfrac{250}{130}$ | $\dfrac{250}{150}$ | $\dfrac{250}{180}$ | $\dfrac{250}{200}$ | $\dfrac{300}{220}$ | $\dfrac{100}{180}$ | $\dfrac{150}{120}$ | $\dfrac{70}{170}$ | $\dfrac{80}{110}$ |
|---|---|---|---|---|---|---|---|---|---|---|---|---|---|
| | $0^k6$ $\dfrac{RI}{n}=1000$ | 1562 | 1875 | 812 | 937 | 1125 | 1250 | 2250 | 324 | 486 | 202 | 96 |
| | $0^k8$ $\dfrac{RI}{n}=1332$ | 2083 | 2500 | 1033 | 1250 | 1500 | 1606 | 3000 | 432 | 648 | 269 | 129 |
| 7 mèt. | $0^k6$ | 162 | 255 | 306 | 132 | 152 | 183 | 204 | 367 | 52 | 79 | 32 | » |
| | 0.8 | 217 | 340 | 408 | 176 | 204 | 244 | 272 | 489 | 70 | 105 | 43 | » |
| 8 mèt. | 0.6 | 125 | 195 | 234 | 101 | 116 | 140 | 156 | 280 | 40 | 60 | » | » |
| | 0.8 | 166 | 260 | 312 | 135 | 156 | 187 | 208 | 375 | 54 | 81 | » | » |
| 9 mèt. | 0.6 | 98 | 154 | 184 | 80 | 92 | 111 | 123 | 222 | » | 48 | » | » |
| | 0.8 | 131 | 205 | 246 | 106 | 123 | 148 | 164 | 296 | » | 64 | » | » |
| 10 mèt. | 0.6 | 80 | 124 | 150 | 64 | 74 | 90 | 100 | 180 | » | 38 | » | » |
| | 0.8 | 106 | 166 | 200 | 86 | 100 | 120 | 133 | 240 | » | 51 | » | » |
| 11 mèt. | 0.6 | 66 | 103 | 123 | 53 | 61 | 74- | 82 | 148 | » | » | » | » |
| | 0.8 | 88 | 137 | 165 | 71 | 82 | 98 | 110 | 198 | » | » | » | » |
| 12 mèt. | 0.6 | 55 | 86 | 104 | 45 | 52 | 62 | 69 | 120 | » | » | » | » |
| | 0.8 | 73 | 115 | 138 | 60 | 69 | 83 | 92 | 166 | » | » | » | » |

Charge uniformément répartie $p = \dfrac{8}{L^2}\,\dfrac{RI}{n}$ — Désignation des pièces : $\dfrac{\text{Hauteur}}{\text{Base}}$

| Distance des points d'appui | Résistance par m | $\dfrac{220}{13}$ $\dfrac{RI}{n}=62$ | $\dfrac{220}{27}$ 131 | $\dfrac{220}{34}$ 164 | $\dfrac{220}{41}$ 198 | $\dfrac{220}{80}$ 387 | $\dfrac{220}{110}$ 532 | $\dfrac{220}{150}$ 726 | $\dfrac{220}{180}$ 871 | $\dfrac{220}{200}$ 969 |
|---|---|---|---|---|---|---|---|---|---|---|
| 1 mèt. | 60k | 496 | 1048 | 1312 | 1584 | 3096 | 4256 | 5806 | 6968 | 7752 |
| 2 » | » | 124 | 262 | 328 | 396 | 774 | 1064 | 1452 | 1742 | 1938 |
| 3 » | » | 55 | 116 | 145 | 176 | 344 | 472 | 645 | 774 | 861 |
| 4 » | » | 31 | 65 | 82 | 99 | 193 | 266 | 363 | 435 | 484 |
| 5 » | » | 19 | 41 | 52 | 63 | 123 | 170 | 232 | 278 | 310 |
| 6 » | » | 13 | 29 | 36 | 44 | 86 | 118 | 161 | 193 | 215 |
| 7 » | » | » | » | » | 32 | 63 | 86 | 118 | 142 | 158 |
| 8 » | » | » | » | » | » | » | » | 90 | 108 | 121 |
| 9 » | » | » | » | » | » | » | » | 71 | 86 | 95 |

# CHIMIE

## ÉQUIVALENTS ET POIDS ATOMIQUES
## DE QUELQUES CORPS

| CORPS SIMPLES | SYMBOLE | ÉQUIVA-LENT | POIDS ATOMIQUE |
|---|---|---|---|
| Aluminium . . . . . . . | Al | 13 5 | 27 |
| Argent . . . . . . . . | Ag | 108 | 107.7 |
| Azote. . . . . . . . . | Az | 14 | 14 |
| Baryum. . . . . . . . | Ba | 68.5 | 137 |
| Brome . . . . . . . . | Br | 80 | 79.8 |
| Calcium. . . . . . . . | Ca | 20 | 40 |
| Carbone . . . . . . . | C | 6 | 12 |
| Chlore . . . . . . . . | Cl | 35.5 | 35.4 |
| Cuivre . . . . . . . . | Cu | 31.75 | 63.3 |
| Etain. . . . . . . . . | Sn | 59 | 118 |
| Fer. . . . . . . . . | Fe | 28 | 56 |
| Iode . . . . . . . . . | I | 127 | 126.5 |
| Magnesium . . . . . . | Mg | 12 | 24.3 |
| Manganèse . . . . . . | Mn | 27.5 | 54.9 |
| Mercure . . . . . . . | Hg | 100 | 200 |
| Oxygène . . . . . . . | O | 8 | 16 |
| Phosphore . . . . . . | P | 31 | 31 |
| Platine . . . . . . . | Pt. | 98.5 | 194.4 |
| Plomb . . . . . . . . | Pb | 103.5 | 206.4 |
| Potassium. . . . . . . | K | 39 | 39 |
| Silicium . . . . . . . | Si | 14 | 28 |
| Sodium. . . . . . . . | Na | 23 | 23 |
| Soufre . . . . . . . . | S | 16 | 32 |
| Zinc . . . . . . . . . | Zn | 32.5 | 65 |

# RÉACTIONS PERMETTANT DE RECONNAÎTRE CES CORPS

## ALUMINIUM

Potasse. — Précipité blanc volumineux d'hydrate, soluble, se sépare nettement si l'on ajoute un sel ammoniacal dans la liqueur.

Carbonates de potasse, de soude, ou d'ammoniaque. — Même précipité, mais presque insoluble.

Carbonate de baryte. — Précipité complètement insoluble à froid.

Phosphate de sodium. — Précipité soluble.

Sulfate de potasse en solution concentrée. — Dépôt cristallin d'alun.

Sulfhydrate d'ammoniaque. — Précipité blanc soluble dans la potasse.

Acide sulfhydrique. — Rien.

## ARGENT

Potasse. — Précipité brun d'oxyde, noircit à l'ébullition, insoluble dans un excès de réactif, soluble dans l'ammoniaque.

Carbonate de potasse. — Précipité blanc jaunâtre, insoluble dans un excès de réactif, soluble dans l'ammoniaque.

Carbonate de baryte. — Rien.

Phosphate de soude. — Précipité insoluble, soluble dans l'ammoniaque.

Pyrophosphate de soude. — Précipité blanc.

Acide chlorhydrique et chlorures alcalins. — Précipité blanc, caillebotté, insoluble dans l'acide azotique, soluble dans l'ammoniaque, noircit à la lumière.

Acide sulfhydrique. — Précipité noir, soluble dans l'acide azotique bouillant.

Iodure de potassium. — Précipité jaune, insoluble dans $Az\,O^5\,H\,O$, peu soluble dans $Az\,H^3\,H\,O$.

Ferrocyanure de potassium. — Précipité blanc.

Ferricyanure de potassium. — Précipité brun-rouge.
Zinc métallique. — Dépôt gris d'argent.
Chromate de potasse. — Précipité brun-rouge.

AZOTE

## Sels ammoniacaux

Potasse. — A chaud dégagent ammoniac.
Acide sulfhydrique. — Rien.
Chlorure de baryum. — Rien.
Acide tartrique. — Liqueur concentrée, précipité cristal-
lin, soluble dans excès d'eau.
Acide hydrofluosilicique. — Liqueur étendue, rien.
Chlorure de platine. — Précipité jaune, peu soluble.
Hypobromite de soude. — Dégagement $Az.H^3$ à froid.
Acide sulfurique. — Rien.
Acide sulfurique et tournure de cuivre. — Rien.
Sulfate protoxyde de fer. — Rien.

## Azotites

Potasse. — Rien.
Acide sulfhydrique. — En liqueur acide, dépôt de soufre.
Chlorure de baryum. — Rien.
Acide tartrique. — Rien.
Acide hydrofluosilicique. — Rien.
Chlorure de platine. — Rien.
Hypobromite de soude. — Rien.
Acide sulfurique. — Dégagement acide hypoazotique.
Acide sulfurique et tournure de cuivre. — Rien.
Sulfate protoxyde de fer. — Sel avec acide sulfurique, colo-
ration rose ou pourpre.

## Azotates

Potasse. — Rien.
Acide sulfhydrique. — En liqueur acide, dépôt de soufre ;
liqueur étendue, rien.
Chlorure de baryum. — Rien.
Acide tartrique. — Rien.
Acide hydrofluosilicique. — Rien.
Chlorure de platine. — Rien.

Hypobromite de soude. — Rien.

Acide sulfurique. — Rien.

Acide sulfurique et tournure de cuivre. — Dégagement acide hypoazotique.

Sulfate protoxyde de fer. — Sel avec acide sulfurique, coloration rose ou pourpre.

### BARYUM

Acide sulfhydrique, sulfhydrate d'ammonium, $Az\,H^3$. Ferricyanure. — Rien.

Potasse. — En liqueur concentrée, dépôt cristallin.

Carbonate de potasse. — Précipité blanc, insoluble dans un excès de réactif.

Oxalate d'ammoniaque. — Précipité blanc, soluble dans H Cl.

Acide sulfurique. — Précipité blanc, insoluble dans H Cl.

Chromate de potasse. — Précipité jaune, soluble dans H Cl.

### BRÔME

Chlorure de baryum. — Rien.

Peroxyde de manganèse et acide sulfurique. — Par chauffage, dégagement de brôme.

Azotate d'argent. — Précipité blanc, insoluble dans $Az\,O^5\,H\,O$, soluble dans $Az\,H^3$.

Acétate de plomb. — Précipité blanc, soluble dans un excès d'eau.

Eau de chlore et sulfure de carbone. — Coloration rouge jaunâtre du sulfure.

### CALCIUM

Potasse. — Précipité blanc.

Ammoniaque. — Rien.

Carbonate de potasse. — Précipité blanc, insoluble dans l'excès de réactif.

Oxalate d'ammoniaque. — Précipité soluble dans H Cl.

Acide sulfurique. — Précipité soluble dans H Cl.

Acide sulfhydrique. — Rien.

CHLORE

### Chlorures

Azotate d'argent. — Précipité blanc, insoluble dans Az $O^5$ Ho, soluble dans Az $H^3$.

Acétate de plomb. — Précipité blanc, soluble dans excès d'eau.

Azotate de plomb. — Précipité blanc, devenant rouge, et brun.

Sulfate de manganèse. — Précipité brun.

Peroxyde de manganèse et acide sulfurique. — Dégagement de Cl.

Acide chlorhydrique. — Rien.

Indigo et un acide. — Rien.

### Hypochlorites

Azotate d'argent. — Précipité blanc.

Acétate de plomb. — Rien.

Azotate de plomb. — Rien.

Sulfate de manganèse. — Rien.

Peroxyde de manganèse et acide sulfurique. — Rien.

Acide chlorhydrique. — Dégagement de Chl.

Indigo et un acide. — Indigo décoloré.

### Chlorates

Azotate d'argent. — Rien.

Acétate de plomb. — Rien.

Azotate de plomb. — Rien.

Sulfate de manganèse. — Rien.

Peroxyde de manganèse et acide sulfurique. — Rien.

Acide chlorhydrique. — Rien.

Indigo et un acide. — Pas décoloré.

CUIVRE

### Sels de protoxyde

Potasse. — Précipité blanc ; excès de réactif, précipité jaune brunâtre insoluble.

Ammoniaque. — Précipité blanc, bleuit à l'air.

Carbonate de potasse. — Précipité jaune hydrate, de protoxyde.

Iodure de potassium. — Précipité blanc.

Sulfhydrate d'ammonium. — Précipité noir, presque insoluble dans Az H³.

Acide sulfhydrique. — Précipité noir, presque insoluble
dans Az H³.

## Sels de bioxyde

Potasse. — Précipité bleu, presque insoluble dans l'excès
réactif, devient noir par le chauffage.

Ammoniaque. — Précipité verdâtre, excès de réactif bleu
céleste.

Carbonate de potasse.— Pr. bleu-vert, soluble dans Az H³.

Carbonate d'ammoniaque. — Précipité verdâtre, bleu dans
l'excès réactif.

Ferricyanure de potassium. — Précipité jaune verdâtre,
insoluble dans H Cl.

Ferrocyanure de potassium.— Précipité rouge-brun, insoluble dans H Cl.

Acide sulfhydrique et sulfhydrate d'ammonium.— Précipité
noir un peu soluble.

Zinc métallique. — Dépôt brun foncé de cuivre métallique.

Lame de fer. — Dépôt rouge de cuivre métallique.

ÉTAIN

## Sels de protoxyde d'étain

Potasse. — Précipité blanc, soluble en excès réactif, devient noir par ébullition.

Ammoniaque. — Précipité blanc, insoluble en excès réactif, devient brun olive par ébullition.

Carbonate d'ammoniaque. — Précipité blanc, insoluble en
excès réactif.

Iodure de potassium. — Précipité blanc jaunâtre.

Acide sulfhydrique, sulfhydrate d'ammoniaque.— Précipité
brun foncé, soluble dans l'excès de sulfhydrate.

Acide oxalique, Ferrocya. — Précipité blanc.

Chlorure d'or et quelques gouttes acide azotique. — Précipité rouge ou brun pourpre.

Zinc métallique. — Dépôt d'étain métallique.

## Sels de peroxyde d'étain

Potasse. — Précipité blanc, soluble en excès réactif.

Ammoniaque. — Précipité blanc, soluble en excès réactif.

Carbonates alcalins. — Dégagement de $CO_2$, précipité blanc peu soluble en excès réactif.

Acide sulfhydrique. — Précipité jaune, soluble dans le sulfhydrate d'ammoniaque.

Ferrocya. — Précipité blanc gélatineux.

Ferricya. — Rien.

Sulfite de soude. — Précipité blanc à chaud.

Zinc métallique, en solution peu acide. — Dépôt d'étain spongieux et précipité blanc.

FER

## Sels de protoxyde

Potasse. — Précipité blanc devenant vert.

Carbonates alcalins. — Précipité blanc devenant vert.

Acide oxalique. — Précipité jaune se fait lentement.

Ferrocyan. — Précipité blanc, insoluble dans H Cl, bleui par Az $O^5$ H O.

Ferricya. — Précipité bleu foncé, insoluble H Cl.

Sulfocyanure. — Rien.

Acide sulfhydrique. — Rien ; solution étendue, coloration noire.

Sulfhydrate d'ammoniaque. — Précipité noir de sulfure, soluble H Cl.

Succinate d'ammoniaque. — Rien.

Tannin. — Rien.

Chlorure d'or. — Dépôt brun or métallique.

Permanganate de potasse. — Décoloré.

## Sels de peroxyde

Potasse. — Précipité rouge-brun.

Carbonates alcalins. — Précipité rouge-brun.

Acide oxalique. — Précipité jaunâtre.

Ferrocyan. — Précipité bleu de Prusse, insoluble dans
H Cl.

Ferricya. — Précipité brun-rouge.

Sulfocyanure. — Précipité rouge sang.

Acide sulfhydrique. — Précipité de soufre.

Sulfhydrate d'ammoniaque. — Précipité noir mêlé de
soufre.

Succinate d'ammoniaque. — Précipité brun, soluble.

Tannin. — Précipité noir bleuâtre.

Chlorure d'or. — Rien.

Permanganate de potasse. — Rien.

IODE

## Iodures

Eau de chlore. — Formation d'iode libre.

Acide sulfurique. — Formation d'iode libre.

Acétate de plomb. — Précipité jaune.

Azotate d'argent. — Précipité jaunâtre, insoluble dans
$Az\,O^5\,H\,O$.

Sulfate de cuivre. — Précipité blanc et coloration de la
liqueur en brun.

Perchlorure de fer. — Formation d'iode libre.

Chlorure de baryum. — Rien.

MAGNESIUM

Potasse. — Précipité blanc, insoluble en excès réactif,
soluble dans $Az\,H^3$.

Carbonate de potasse. — Précipité blanc, insoluble en excès
réactif, soluble dans $Az\,H^3$.

Oxalate d'ammoniaque. — Rien, formation très lente,
précipité crist. blanc.

Phosphate de soude et ammoniaque. — Précipité crist. de
  phosphate, peu soluble.
Ferrocya. — Précipité blanc.
Acide sulfurique. — Rien.
Acide sulfhydrique. — Rien.

MANGANÈSE

## Sels de protoxyde

Potasse. — Précipité blanc, bruni à l'air, insoluble dans
  excès réactif.
Carbonates alcalins. — Précipité blanc, brunit à l'air, peu
  soluble dans sel ammoniac.
Acide sulfhydrique. — Rien.
Sulfhydrate d'ammoniaque. — Précipité couleur chair,
  brunit à l'air, soluble dans les acides.
Acide chlorhydrique. — Rien.
Ferrocya. — Précipité blanc-rose.
Ferricya. — Précipité brun, insoluble H Cl.

## Sels de peroxyde

Potasse. — Précipité brun foncé, insoluble excès réactif.
Carbonates alcalins. — Précipité brun.
Acide sulfhydrique. — Précipité de soufre.
Sulfhydrate d'ammoniaque. — Précipité couleur chair.
Acide chlorhydrique. — Dégagement de Chl par la cha-
  leur.
Ferrocya. — Précipité gris-verdâtre.
Ferricya. — Précipité brun.

## Manganates

Potasse. — Rien.
Carbonates alcalins. — Rien.
Acide sulfhydrique. — Précipité de sulfure et de soufre.
Sulfhydrate d'ammoniaque. — Précipité de sulfure et de
  soufre.
Acide chlorhydrique. — Coloration rouge, dégagement de
  chlore par la chaleur.

Ferrocya. — Rien.
Ferricya. — Rien.

## Permanganates

Potasse. — Couleur rouge, devient verte à la chaleur.
Carbonates alcalins. — Rien.
Acide sulfhydrique. — Précipité de sulfure et de soufre.
Sulfhydrate d'ammoniaque. — Précipité de sulfure et de soufre.
Acide chlorhydrique. — Couleur rouge.
Ferrocya. — Rien.
Ferricya. — Rien.

### MERCURE

## Sels de protoxyde

Potasse. — Précipité gris noirâtre ou noir.
Ammoniaque. — Précipité gris noirâtre ou noir.
Carbonates alcalins. — Précipité blanc sale, noircit à la chaleur.
Acide sulfhydrique. — Précipité noir, insoluble dans H Cl.
Sulfhydrate d'ammoniaque. — Précipité noir, insoluble dans H Cl.
Acide chlorhydrique et chlorure. — Précipité blanc, insoluble acide étendu et coloré par l'ammoniaque.
Phosphate de soude. — Précipité blanc, insoluble excès réactif, devient gris par chauffage.
Iodure de potassium. — Précipité jaune-vert, excès de réactif fait passer au rouge, soluble dans excès de réactif.
Ferrocya. — Précipité blanc gélatineux.
Ferricya. — Précipité rouge-brun devenant blanc.
Cuivre. — Se recouvre dépôt gris de mercure.

## Sels de peroxyde

Potasse. — Précipité rouge-brun, excès réactif jaune.
Ammoniaque. — Précipité blanc, soluble dans excès R.
Carbonates alcalins. — Précipité rouge-brun.
Acide sulfhydrique. — Petite quantité, blanc ; excès réactif, noir, insoluble Az $O^5$ H O.

*Gaz.* Tome II. 24

Sulfhydrate d'ammoniaque. — Petite quantité, blanc : excès réactif noir, presque insoluble.

Acide chlorhydrique et chlorure. — Rien.

Phosphate de soude. — Rien, rouge avec le temps.

Iodure de potassium. — Précipité rouge, soluble excès de réactif.

Ferrocya. — Précipité blanc, devenant bleu.

Ferricya. — Rien.

Cuivre. — Dépôt gris de mercure.

PHOSPHORE

## Hypophosphites

Acide sulfurique. — Dégagement de gaz sulfureux et précipité de soufre.

Zinc et acide sulfurique. — Dégagement d'hydrogène phosphoré.

Chlorure de baryum. — Rien.

Chl. mercurique. — Précipité blanc avec excès réactif.

Sulfate de cuivre. — A chaud précipité rouge, ensuite dépôt de cuivre.

Azotate d'argent. — Précipité blanc, noircissant.

Sulfate de manganèse. — Rien.

Perchlorure de fer. — Rien.

Molybdate d'ammoniaque. — Rien.

## Phosphites

Acide sulfurique. — Rien.

Zinc et acide sulfurique. — Dégagement d'hydrogène phosphoré.

Chlorure de baryum. — Précipité blanc, soluble acide acétique.

Chl. mercurique. — A chaud, précipité blanc.

Sulfate de cuivre. — Rien.

Azotate d'argent. — Avec Az H$^3$, dépôt d'argent.

Sulfate de manganèse. — Rien.

Perchlorure de fer. — Rien.

Molybdate d'ammoniaque. — Rien.

## Phosphates ordinaires

Acide sulfurique. — Rien.

Zinc et acide sulfurique. — Rien.

Chlorure de baryum. — Précipité blanc, soluble H Cl.

Chl. mercurique. — Rien.

Sulfate de cuivre. — Rien.

Azotate d'argent. — Précipité jaune, soluble $Az\ O^5\ H\ O$, acide phosphorique libre, ne coagule pas albumine, ne précipite pas Ch. de baryum et sel ammoniac.

Sulfate de manganèse. — Précipité blanc cristallin.

Perchlorure de fer. — Précipité jaunâtre, soluble H Cl.

Molybdate d'ammoniaque. — Avec $Az\ O^5\ H\ O$, précipité jaune.

## Pyrophosphates

Acide sulfurique. — Rien.

Zinc et acide sulfurique. — Rien.

Chlorure de baryum. — Précipité blanc, soluble H Cl.

Chl. mercurique. — Rien.

Sulfate de cuivre. — Rien.

Azotate d'argent. — Précipité blanc, soluble $Az\ O^5\ H\ O$, acide libre se précipite par Ch. de baryum, ne coagule pas albumine.

Sulfate de manganèse. — Rien.

Perchlorure de fer. — Rien.

Molybdate d'ammoniaque. — A chaud précipité jaune.

## Métaphosphates

Acide sulfurique. — Rien.

Zinc et acide sulfurique. — Rien.

Chlorure de baryum. — Rien.

Chl. mercurique. — Rien.

Sulfate de cuivre. — Rien.

Azotate d'argent. — Précipité blanc, soluble $Az\ O^5\ H\ O$, acide libre coagule albumine et précipite en blanc sels de baryum et d'argent.

Sulfate de manganèse. — Rien ; avec $Az\ H^3$, précipité soluble dans $Az\ H^3\ Cl$.

Perchlorure de fer. — Rien.

Molybdate d'ammoniaque. — Rien.

## PLATINE

### Sels

Potasse. — Si c'est Chl. précipité jaune, soluble en excès réactif. — Oxysel précipité jaune-brun, insoluble en excès réactif.

Carbonaté de potasse. — Si c'est Chl. précipité jaune, insoluble dans l'excès réactif.

Carbonate de soude. — A froid, rien ; pr. brun par chauffage.

Chlorure de potassium. — Précipité crist. jaune dans liq. concentrée, liq. étendue se forme avec le temps.

Iodure de potassium. — Se colore en brun-rouge, puis se précipite en brun.

Acide sulfhydrique. — Précipité brun-noir, insoluble dans $HCl$.

Sulfhydrate d'ammoniaque. — Précipité brun-noir.

Acide sulfurique. — Rien.

Sulfate de protoxyde de fer. — Par chauffage, dépôt de platine métallique.

## PLOMB

Potasse. — Précipité blanc, soluble en excès réactif.

Ammoniaque. — Précipité blanc, insoluble en excès réactif.

Carbonate de potasse. — Précipité blanc, à peine soluble en excès réactif.

Carbonate de baryte. — Précipité blanc par ébullition prolongée.

Iodure de potassium. — Précipité jaune, soluble en excès réactif.

Chromaté de potasse. — Précipité jaune, insoluble dans $AzO^5HO$, soluble dans $KOHO$.

Acide chlorhydrique. — Précipité blanc, insoluble dans $AzH^3$.

Acide sulfhydrique. — Précipité noir, insoluble dans sulf-
hydrate d'Az H³.
Acide sulfurique. — Précipité blanc, presque insoluble
dans l'eau, noircit par sulfhydrate d'Az H³.
Ferrocya. — Précipité blanc.
Ferricya. — Rien.
Zinc métallique. — Dépôt gris de plomb métallique.

### POTASSIUM

Sulfate d'alumine. — Dépôt crist. d'alun se forme lentement.
Bichlorure de platine. — Précipité jaune, peu soluble dans
l'eau, insoluble dans l'alcool et l'éther.
Acide hydrofluosilicique. — Précipité gélat. opalin à peine
visible.
Acide tartrique. — Liqueur concentrée précipité crist.,
soluble en excès eau et KO HO et Cl.
Acide picrique. — Précipité jaune, insoluble dans l'alcool.
Acide perchlorique. — Précipité blanc crist. insoluble dans
l'alcool.
Acide sulfhydrique, carbonates alcalins. — Rien.

### SILICIUM

Les silicates fondus avec carbonate de potasse, donnent,
après dissolution, un précipité gélatineux de silice
hydratée un peu soluble dans l'eau. Si la solution est
évaporée à sec, la silice devient insoluble dans l'eau,
mais soluble dans l'acide fluorhydrique.

### SODIUM

Sulfate d'alumine. — Rien.
Bichlorure de platine. — Rien.
Acide hydrofluosilicique. — Précipité gélatin. dans liqueur
concentrée.
Acide tartrique. — Rien.

Acide perchlorique. — Rien.

Acide sulfhydrique, carbonates alcalins. — Rien.

Pyro-antimoniate, acide de potasse. — En liqueur neutre, précipité blanc cristallin.

SOUFRE

## Sulfures

Acides. — Dégagent $HS$.

Azotate d'argent. — Précipité noir.

Acétate de plomb. — Précipité noir, soluble $HCl$.

Chlorure de baryum. — Rien.

Perchlorure de fer. — Rien.

Bichlorure de mercure. — Rien.

Permanganate de potasse. — Rien.

Nitroprussiate de soude. — Coloration violet-rouge.

Indigo. — Rien.

Zinc et acide chlorhydrique. — Rien.

Sucre de canne. — Rien.

## Hydrosulfites

Acides. — Coloration jaune.

Azotate d'argent. — Dépôt gris noirâtre d'argent.

Acétate de plomb. — Rien.

Chlorure de baryum. — Rien.

Perchlorure de fer. — Rien.

Bichlorure de mercure. — Rien.

Permanganate de potasse. — Rien.

Nitroprussiate de soude. — Rien.

Indigo. — Décoloré immédiatement.

Zinc et acide chlorhydrique. — Rien.

Sucre de canne. — Rien.

## Hyposulfites

Acides. — Dépôt soufre et $SO^2$.

Azotate d'argent. — Précipité blanc, devenant jaune, puis noir.

Acétate de plomb. — Rien.

Chlorure de baryum. — Précipité blanc, soluble excès d'eau.

Perchlorure de fer. — Col. violet-rouge disparaissant.

Bichlorure de mercure. — Précipité blanc, noircit, excès réactif reste blanc.

Permanganate de potasse. — Réduction en liqueur acide.

Nitroprussiate de soude. — Rien.

Indigo. — Rien.

Zinc et acide chlorhydrique. — Dégagement de H S.

Sucre de canne. — Rien.

### Sulfites

Acides. — $SO^2$ sans dépôt.

Azotate d'argent. — Rien.

Acétate de plomb. — Rien.

Chlorure de baryum. — Précipité blanc, insoluble eau, soluble H Cl.

Perchlorure de fer. — Pas de coloration.

Bichlorure de mercure. — Précipité blanc, ne noircit pas.

Permanganate de potasse. — Réduction en liqueur acide.

Nitroprussiate de soude. — Avec sulfate de zinc en liqueur neutre, précipité rouge pourpre.

Indigo. — Rien.

Zinc et acide chlorhydrique. — Dégagement de H S.

Sucre de canne. — Rien.

### Sulfates

Acides. — Rien.

Azotate d'argent. — Rien.

Acétate de plomb. — Précipité blanc, soluble H Cl.

Chlorure de baryum. — Précipité blanc, insoluble dans l'eau, insoluble dans H Cl.

Perchlorure de fer. — Rien.

Bichlorure de mercure. — Rien.

Permanganate de potasse. — Rien.

Nitroprussiate de soude. — Rien.

Indigo. — Rien.

Zinc et acide chlorhydrique. — Rien.
Sucre de canne. — Noircit à 100° par acide sulfurique
libre.

ZINC

Potasse. — Précipité blanc gélatineux, soluble en excès
réactif.
Carbonate de potasse. — Précipité blanc, insoluble en
excès réactif.
Carbonate d'ammoniaque. — Précipité blanc, soluble en
excès réactif.
Carbonate de baryte. — A froid rien. — Se précipite len-
tement par ébullition.
Phosphate de soude. — Précipité blanc, en solution acide.
Sulfhydrate d'ammoniaque. — Précipité blanc, soluble
H Cl.
Ferrocya. — Précipité blanc, peu soluble H Cl.
Ferricya. — Précipité jaune rougeâtre, soluble H Cl.
Acide sulfhydrique. — Précipité blanc, soluble H Cl, inso-
luble dans sulfhydrate d'Az H$^3$.

## Ferricyanures

Azotate d'argent. — Précipité orange, soluble dans Az H$^3$.
Sulfate de cuivre. — Précipité vert jaunâtre, insoluble
H Cl.
Sulfate de protoxyde de fer. — Précipité bleu, insoluble
H Cl.
Acide sulfurique. — Acide concentré, dégagement de C O ;
acide étendu, dégagement d'acide carbonique.
Chlorure de calcium. — Rien.
Protochlorure de fer. — Coloration brune.

## Ferrocyanures

Azotate d'argent. — Précipité blanc, insoluble Az A$^3$.
Sulfate de cuivre. — Précipité rouge-brun, insoluble H Cl.
Sulfate de protoxyde de fer. — Précipité blanc, bleuis-
sant à l'air.

Acide sulfurique. — Même réaction que pour les ferricya-
nures.

Chlorure de calcium. — Solution très concentrée, précipite.

Protochlorure de fer. — Précipité bleu de Prusse, insoluble H Cl.

## Cyanures

Azotate d'argent. — Précipité blanc, soluble excès réactif,
peu soluble dans Az $H^3$.

Sulfate de cuivre. — Rien.

Sulfate de fer. — En liqueur neutre, précipité vert sale,
en liqueur acide, bleu de Prusse, insoluble H Cl.

Acides sulfurique ou chlorhydrique. — Dégagement odeur
d'amandes amères.

Acide nitrique. — Rien.

Chlorure de calcium. — Rien.

Perchlorure de fer. — Rien.

Acide molybdique dissous dans H Cl et Zn. — Rien.

## Sulfocyanates

Azotate d'argent. — Précipité blanc, soluble excès réactif
et Az $H^3$.

Sulfate de cuivre. — Précipité blanc, insoluble dans acide,
soluble Az $H^3$.

Sulfate de fer. — Rien.

Acides sulfurique ou chlorhydrique. — Liqueur concentrée
coloration jaune et dépôt lent.

Acide nitrique. — Etendu donne dépôt jaune.

Chlorure de calcium. — Rien.

Perchlorure de fer. — Coloration rouge, disparaît par
ébullition ou Az $O^5$ H O.

Acide molybdique dissous dans H Cl. — Coloration rouge,
que l'éther enlève à la liqueur.

## ANALYSE DES GAZ

*Acide carbonique.* — Soluble dans l'eau, absorbable par la potasse.

*Oxyde de carbone.* — Absorbable par protochlorure de cuivre ammoniacal.

*Sulfure de carbone.* — Absorbable par potasse alcoolique.

*Oxygène.* — Absorbable par pyrogallates alcalins, et le phosphore.

*Acide sulfureux.* — Soluble dans eau, potasse, ou bioxyde de plomb sec.

*Acide sulfhydrique.* — Soluble dans eau, potasse, sulfate de cuivre, absorbable par le brome.

*Ammoniaque.* — Soluble dans l'eau, absorbable par acide sulfurique, etc.

*Azote.* — Insoluble dans les dissolvants, reste comme résidu dans les analyses.

*Acide chlorhydrique.* — Absorbable par la potasse et l'eau.

*Chlore.* — Absorbable par l'eau et le mercure.

# PARTIE PHYSIQUE

## DEGRÉS FAHRENHEIT CORRESPONDANT AUX DEGRÉS CENTIGRADES

| FAHR. | CENTIGR. | FAHR. | CENTIGR. | FAHR. | CENTIGR. |
|---|---|---|---|---|---|
| 32 | 0.00 | 55 | 12.78 | 78 | 25.56 |
| 33 | 0.56 | 56 | 13.33 | 79 | 26.11 |
| 34 | 1.11 | 57 | 13.89 | 80 | 26.67 |
| 35 | 1.67 | 58 | 14.44 | 81 | 27.22 |
| 36 | 2.22 | 59 | 15.00 | 82 | 27.78 |
| 37 | 2.78 | 60 | 15.56 | 83 | 28.33 |
| 38 | 3.33 | 61 | 16.11 | 84 | 28.89 |
| 39 | 3.89 | 62 | 16.67 | 85 | 29.44 |
| 40 | 4.44 | 63 | 17.22 | 86 | 30.00 |
| 41 | 5.00 | 64 | 17.78 | 87 | 30.56 |
| 42 | 5.56 | 65 | 18.33 | 88 | 31.11 |
| 43 | 6.11 | 66 | 18.89 | 89 | 31.67 |
| 44 | 6.67 | 67 | 19.44 | 90 | 32.22 |
| 45 | 7.22 | 68 | 20 00 | 91 | 32.78 |
| 46 | 7.78 | 69 | 20.56 | 92 | 33.33 |
| 47 | 8.33 | 70 | 21.11 | 93 | 33.89 |
| 48 | 8.89 | 71 | 21.67 | 94 | 34.44 |
| 49 | 9.44 | 72 | 22.22 | 95 | 35.00 |
| 50 | 10.00 | 73 | 22.78 | 96 | 35.56 |
| 51 | 10.56 | 74 | 23.33 | 97 | 36.11 |
| 52 | 11.11 | 75 | 23.89 | 98 | 36.67 |
| 53 | 11.67 | 76 | 24.44 | 99 | 37.22 |
| 54 | 12.22 | 77 | 25.00 | 100 | 37.78 |

| FAHRENHEIT | CENTIGRADES |
|---|---|
| 100 | 55.56 |
| 200 | 111.11 |
| 300 | 166.67 |
| 400 | 222.22 |
| 500 | 277.78 |
| 600 | 333.33 |
| 700 | 388.89 |
| 800 | 444.44 |
| 900 | 500.00 |

1 degré Fahrenheit $=$ 0°55556 Centigrade.
1 — Centigrade $=$ 1°8 Fahrenheit.
5 — — $=$ 9°

Exemple :

585° Fahrenheit égalent 500° $=$ 277°78 Centigr.
85° $=$ 29°44 —

Fahrenheit 585° $=$ 307°22 Centigr.

___

## TRANSFORMATION DES DEGRÉS RÉAUMUR EN DEGRÉS CENTIGRADES

1° Réaumur $=$ 1°250 Centigr.
1° Centigr. $=$ 0°8 Réaumur.
5° Centigr. $=$ 4° Réaumur.

## COEFFICIENTS DE DILATATION LINÉAIRE
## ENTRE 0° ET 100°

| CORPS | COEFF. | CORPS | COEFF. |
|---|---|---|---|
| Décimales.... | 0,0000 | Décimales.... | 0,0000 |
| Aluminium......... | 2336 | Or................. | 1470 |
| Argent ........... | 1936 | Palladium recuit.... | 1186 |
| Carbone (diamant) . | 0132 | Platine............ | 0907 |
| Charbon de cornue.. | 0551 | Plomb........... | 2799 |
| Charbon (houille)... | 2811 | Soufre........... | 6748 |
| Cuivre........... | 1666 | Zinc.............. | 2269 |
| Cuivre de 0° à 300°. | 1883 | Bois de sapin en long | 0370 |
| Etain............. | 2269 | —     en travers | 0580 |
| Fer doux (fil)...... | 1440 | Bronze (Cu 8 Etain 1) | 1816 |
| Fonte grise ....... | 1075 | Cuivre jaune (laiton) | 1879 |
| Fer forgé ........ | 1140 | Glace ........... | 5140 |
| Fer forgé de 0°à 300° | 1330 | Marbre blanc....... | 0848 |
| Acier fondu trempé. | 1362 | Pierre à bâtir....... | 0649 |
| Acier fondu recuit.. | 1113 | Calcaire blanc...... | 0251 |
| Acier dur......... | 1400 | Granit............ | 0896 |
| Nickel à 50°....... | 1286 | Porcelaine 20° à 800° | 0413 |
| Nickel à 1000°...... | 1820 | —    1000° à 1400 | 0550 |

## COEFFICIENTS DE DILATATION CUBIQUE

| | | | Pression constante | Volume constant |
|---|---|---|---|---|
| Apparent du mercure dans le verre...... | 0,0001544 | Air atmosphérique ........ | 0,3670 | 0,3665 |
| | | Hydrogène... | 0,3661 | 0,3667 |
| Absolu du mercure...... | 0,0001801 | Azote ....... | 0,3670 | 0,3668 |
| Du verre blanc | 0,0000258 | Oxyde de carbone......... | 0,3669 | 0,3667 |
| Du verre vert. | 0,0000229 | Acide carbonique....... | 0,3710 | 0,3688 |
| Du verre ord<sup>re</sup> | 0,0000275 | | | |

*Gaz.* Tome II.                    25

## TENSIONS DE LA VAPEUR D'EAU EN MILLIMÈTRES DE MERCURE

| TEMPÉ-RATURE | TENSION | TEMPÉ-RATURE | TENSION | TEMPÉ-RATURE | TENSION |
|---|---|---|---|---|---|
| 0 | 4.57 | 80 | 354 | 160 | 4652 |
| 10 | 9.1 | 90 | 525 | 170 | 5962 |
| 20 | 17.4 | 100 | 760 | 180 | 7546 |
| 30 | 31.5 | 110 | 1075 | 190 | 9443 |
| 40 | 54.9 | 120 | 1491 | 200 | 11689 |
| 50 | 92.0 | 130 | 2030 | 210 | 14325 |
| 60 | 148.9 | 140 | 2718 | 220 | 17390 |
| 70 | 233.0 | 150 | 3581 | 225 | 19097 |

## DENSITÉS DES LIQUIDES CORRESPONDANT AUX DEGRÉS DE L'ARÉOMÈTRE BAUMÉ

| DEGRÉS | DENSITÉS | DEGRÉS | DENSITÉS | DEGRÉS | DENSITÉS |
|---|---|---|---|---|---|
| 0 | 1.000 | 11 | 1.0825 | 22 | 1.1798 |
| 1 | 1.0069 | 12 | 1.0907 | 23 | 1.1896 |
| 2 | 1.014 | 13 | 1.099 | 24 | 1.1994 |
| 3 | 1.021 | 14 | 1.1074 | 25 | 1.2095 |
| 4 | 1.0285 | 15 | 1.1160 | 30 | 1.2624 |
| 5 | 1.0358 | 16 | 1.1247 | 35 | 1.3202 |
| 6 | 1.0434 | 17 | 1.1335 | 40 | 1.3834 |
| 7 | 1.0509 | 18 | 1.1425 | 50 | 1.5301 |
| 8 | 1.0587 | 19 | 1.1516 | 60 | 1.7116 |
| 9 | 1.0665 | 20 | 1.1608 | 70 | 1.9421 |
| 10 | 1.0744 | 21 | 1.1702 | | |

## DENSITÉS DES LAITS DE CHAUX

| DEGRÉS BAUMÉ | DENSITÉS | CaO dans 100 kil. | CaO dans 100 lit. |
|---|---|---|---|
| 10 | 1.074 | 10.6 | 13.3 |
| 12 | 1.091 | 11.6 | 15.2 |
| 14 | 1.107 | 12.7 | 17.0 |
| 16 | 1.125 | 13.7 | 18.9 |
| 18 | 1.142 | 14.7 | 20.7 |
| 20 | 1.161 | 15.7 | 22.4 |
| 22 | 1.180 | 16.5 | 24.0 |
| 24 | 1.199 | 17.2 | 25.3 |
| 26 | 1.220 | 17.8 | 26.3 |
| 28 | 1.241 | 18.3 | 27.0 |
| 30 | 1.262 | 18.7 | 27.7 |

## POINTS DE FUSION ET D'ÉBULLITION

| | FUSION | ÉBULLITION | | FUSION | ÉBULLITION |
|---|---|---|---|---|---|
| Acide sulfuriqᵉ monohydraté . | 10.5 | 338 | Fer doux . . . | 1600 | |
| Acier . . . . | 1410 | | Fonte grise . . | 1220 | |
| Alliage Darcet, 5 Pb, 3 Sn, 8 Bi. | 94 | | Iode . . . . . | 113 | |
| | | | Mercure . . . | —38 | 357 |
| Aluminium . . | 625 | | Or pur . . . . | 1045 | |
| Argent . . . . | 954 | | Monnaie . . . | 1180 | |
| Bismuth . . . | 265 | | Phosphore . . | 44 | 290 |
| Brome . . . . | —7.3 | 63 | Platine . . . . | 1775 | |
| Bronze . . . . | 900 | | Plomb . . . . | 335 | 1040 |
| Cuivre . . . . | 1054 | | Soufre . . . . | 113 | 448 |
| Laiton . . . . | 1015 | | Sulfure de carbone . . . . | —110 | 46 |
| Eau de mer . . | —2.5 | 103 | | | |
| Etain . . . . . | 226 | | Zinc . . . . . | 412 | 929 |

## DENSITÉS

| LIQUIDES | |
|---|---|
| Eau de mer | 1.026 |
| Mercure à 0° | 13.596 |
| Sulfure de carbone | 1.263 |

| SOLIDES | |
|---|---|
| Aluminium | 2.60 |
| Argent | 10.53 |
| Carbone (diamant) | 3.52 |
| — graphite | 2.3 |
| Charbon de cornue | 1.88 |
| Cuivre | 8.92 |
| Etain | 7.29 |
| Fer | 7.86 |
| Acier | 7.7 |
| Fonte grise | 7.1 |
| — blanche | 7.6 |
| Iode | 4.95 |
| Nickel | 8.9 |
| Or | 19.32 |
| Palladium | 11.4 |
| Phosphore | 1.83 |
| — rouge | 2.24 |
| Platine fondu | 21.50 |
| Plomb | 11.37 |
| Zinc | 7.15 |

| OXYDES. — SELS | |
|---|---|
| Alumine | 2.85 |
| — sulfate | 1.62 |
| Ammoniac (chlorhydrate) | 1.52 |
| — sulfate | 1.76 |
| — sulfocyanure | 1.31 |
| Argent (bromure) | 6.33 |
| — chlorure | 5.55 |
| — iodure | 5.62 |
| — sulfure | 6.85 |
| Baryum (carbonate) | 4.27 |
| — chlorure | 3.04 |
| — sulfate | 4.33 |
| Calcium oxyde hydraté | 2.08 |
| — chlorure crist | 2.21 |

| Calcium carbonate | 2.72 |
|---|---|
| — sulfate anhyd | 2.97 |
| Cuivre sulfate crist | 2.27 |
| Fer sulfate proto | 1.88 |
| — peroxyde | 3.10 |
| Magnésie calcinée | 3.22 |
| Mercure bioxyde | 11.44 |
| — protosulfate | 7.56 |
| Nickel sulfate crist | 1.98 |
| Acide phosphorique | 1.88 |
| Plomb minium | 9.07 |
| — peroxyde | 8.91 |
| — carbonate précip | 6.43 |
| — sulfate — | 6.23 |
| Potassium carbonate | 2.29 |
| — sulfate | 2.65 |
| Sodium carbonate crist | 1.458 |
| — sulfate crist | 1.462 |
| Zinc oxyde | 5.65 |
| — sulfate crist | 2.01 |

| DIVERS | |
|---|---|
| Ardoise | 2.85 |
| Calcaire grossier | 2.0 |
| — granit | 2 71 |
| Grès (pavé) | 2.41 |
| Houille (gaillette) | 1.33 |
| Pierre meulière | 2.48 |
| Terre arable | 1.24 |
| Verre ordinaire | 2.64 |

### DENSITÉS DES GAZ
### (celle de l'air $= 1$)

| Acétylène | 0.92 |
|---|---|
| Acide carbonique | 1.529 |
| — sulfhydrique | 1.191 |
| Ammoniac | 0.590 |
| Azote | 0.972 |
| Chlore | 2.45 |
| Hydrogène | 0.06926 |
| Oxyde de carbone | 0.968 |
| Oxygène | 1.1056 |
| Vapeur d'eau | 0.6235 |

## TEMPÉRATURE D'ÉBULLITION DE QUELQUES
## SOLUTIONS SATURÉES

|  | POINT d'ébullition | POIDS DE SEL pour 100 d'eau |
|---|---|---|
| Carbonate de potasse. . . . | 135 | 205 |
| — de soude. . . . . . | 104.6 | 48.5 |
| Chlorhydrate d'ammoniaque. | 114 | 89 |
| Chlorure de calcium . . . . | 179 | 325 |
| — de sodium . . . . | 108 | 40 |

# RENSEIGNEMENTS DIVERS

### MESURES LINÉAIRES ANCIENNES

Une toise (6 pieds) . . . vaut en mètre 1.94904
Un pied (12 pouces) . . . » 0,32484
Un pouce (12 lignes) . . . » 0,02707
Une ligne . . . . . . . . » 0,002256

### MESURES LINÉAIRES ANGLAISES

Un fathom (2 yards). . . vaut en mètre 1.8288
Un yard (3 feet). . . . . » 0,9144
Un foot ou pied (12 inches) » 0,3048
Un inch ou pouce. . . . . » 0,02540

### MESURES DE SURFACE

Une toise carrée . . . . . . . . . . = $3^{m^2}7987$
Un pied carré . . . . . . . . . . = 0,1055
Un pouce carré . . . . . . . . . . = 0,0007327

## MESURES DE CAPACITÉ

| | | |
|---|---|---|
| Une toise cube . . . . . . . . . . | = | $7^{m3}4039$ |
| Un pied » . . . . . . . . . . | = | 0,03428 |
| Un pouce » . . . . . . . . . | = | 0,00001983 |
| Un setier » . . . . . . . . . | = | 0,156 |
| Un muid » . . . . . . . . . | = | 0,251 |
| Un boisseau » . . . . . . . . . | = | 0,013 |
| Une pinte » . . . . . . . . . | = | 0,000931 |
| Un poisson » . . . . . . . . . | = | 0,000116 |
| Un canon » . . . . . . . . . | = | 0,000200 |

## MESURES ANGLAISES DE CAPACITÉ

| | | |
|---|---|---|
| Un gallon (8 pints) . . . . . . . . | = | $4^{lit}5434$ |
| Un pint { 4,659 cubic inches / 20 fluid onces } . . . . | = | 0,5679 |
| Un fluid once . . . . . . . . . . | = | 0,02839 |
| Un cubic once . . . . . . . . . | = | 0,01638 |

On déduit de là :

| | | |
|---|---|---|
| Un mètre cube . . . . . | = | 220.09 gallons. |
| Un litre . . . . . . . . | = | 1.760 pints. |
| Un litre . . . . . . . . | = | 61.02 cubic inches. |

## ANCIENS POIDS

| | | |
|---|---|---|
| Une livre (16 onces) . . . . . . . . | = | $0^k4895$ |
| Un marc (8 onces) . . . . . . . . . | = | 0,2447 |
| Une once (8 gros) . . . . . . . . | = | 0,03059 |
| Un gros (72 grains) . . . . . . . . | = | 0,00382 |
| Un grain . . . . . . . . . . . . | = | 0,000053 |

On déduit de là :

Un kilog. = 2 livres, 0 onces, 5 gros, 351 grains.
Un gram. = 0 » 0 » 0 » 19 »

## SURFACES PLANES

*Triangle quelconque.* — La surface = au produit de la base par la moitié de la hauteur.

Si $a$, $b$, $c$, $2p$ désignent les côtés et le périmètre,

la surface $S = \sqrt{p\,(p - a)\,(p - b)\,(p - c)}$.

*Triangle rectangle.* — $c$, l'hypothénuse, et $a$ et $b$ les deux autres côtés,

$$c = \sqrt{a^2 + b^2} \qquad a = \sqrt{c^2 - b^2} \qquad b = \sqrt{c^2 - a^2}.$$

*Triangle acutangle.* — $a$, $b$, $c$, les côtés ; $h$, la hauteur ; $e.. d$, les projections de $a$ et de $c$ sur $b$, on a :

$$a^2 = b^2 + c^2 - 2bd \qquad h = \sqrt{a^2 - c^2} = \sqrt{c^2 - d^2}.$$
$$c^2 = a^2 + b^2 - 2bc$$

*Triangle obtusangle.* — Pour le côté opposé à l'angle obtu, le signe de l'expression précédente change :

$$a^2 = b^2 + c^2 + 2bd.$$

*Trapèze.* — $a$, $b$, côtés parallèles ; $h$, la hauteur.

$$\text{Surface} = \frac{(a + b)\,h}{2} \qquad a = \frac{2S}{h} - b$$

$$h = \frac{2S}{a + b} \qquad b = \frac{2S}{h} - a$$

*Circonférence.* — La longueur de la circonférence $= \pi d = 2\pi r$ ; $d$, le diamètre ; $r$, le rayon ; $\pi$ le rapport de la circonférence au diamètre qui est égal à 3.14159.

$$\text{Cercle :} \qquad \text{Surface} = \frac{\pi d^2}{4} = \pi r^2.$$

*Secteur*. — $a$, arc ; $\alpha$, l'angle au centre correspondant.

$$\text{Arc } a = \frac{\pi\, r\, \alpha}{180} \qquad S = \frac{a\,r}{2} \qquad \alpha = \frac{180\, a}{\pi\, r}.$$

*Segment*. — $a$, arc ; $c$, la longueur de la corde ;
$h$, la flèche.

$$S = \frac{a\,r - c\,(r - h)}{2}.$$

Si $\alpha$ l'angle au centre du segment,

$$S = \left(\frac{\pi\,\alpha}{180} = \sin \alpha\right) \frac{r^2}{2}.$$

La corde $\quad C = 2\sqrt{h\,(2r - h)}.$

*Surface couronne* :

$$R - r = d \quad S = \pi\,(R + r)\,(R - r).$$

ou $$S = \pi\,(2r + d)\,d.$$

*Surface ellipse* :  $a$, $b$, étant les demi-axes,

$$S = \pi\,a\,b.$$

*Parabole*. — Rapportée à ses axes, $x$ l'abscisse et
$y$ l'ordonnée limitant la surface,

$$S = \frac{4}{3}\,y\,h.$$

La longueur d'un arc de parabole à branches peu
ouvertes

$$L = 2y\left[1 + \frac{8}{3}\cdot\frac{4\,x^2}{y^2}\right]$$

## VOLUMES

*Cylindre* :   $S = 2\pi r h$   $V = \pi r^2 h$.

*Cylindre à section oblique.* — $h_1$ et $h_2$ la plus grande et la plus petite génératrice.

$$S = \pi r (h_1 + h_2) \qquad V = \pi r^2 \frac{h_1 + h_2}{2} .$$

*Cylindre creux* :

$$S = 2\pi h (R + r) \qquad V = \pi h (R^2 - r^2).$$

*Onglet cylindrique* (figure 322) :

S latérale $= 2RH$

$$V = \frac{2}{3} R^2 H .$$

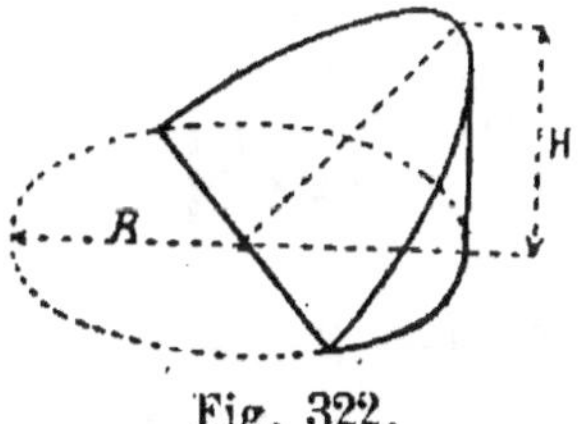


Fig. 322.

*Sphère* :   $S = 4\pi R^2$   $V = \frac{4}{3} \pi R^3$ .

*Secteur sphérique.* — $m$, diamètre du cercle de base ; $n$, la hauteur de la flèche.

$$S = \frac{\pi R}{2} (4n + m) \qquad V = \frac{2}{3} \pi R^2 n .$$

*Segment sphérique.* — Même notation que pour le secteur.

$$S = 2\pi Rn \qquad V = \pi n^2 \left(R - \frac{1}{3} n\right).$$

*Zone sphérique.* — H, la hauteur de la zone ; B, $b$, les surfaces des bases de la zone, on a :

$$S = 2\pi R H \qquad V = \left(\frac{B + b}{2}\right) H + \frac{1}{6} \pi H^3$$

ou, en appelant $m$ et $n$ les rayons des bases de la zone :

$$V = \frac{1}{6} \pi H \left[3m^2 + 3n^2 + H^2\right] .$$

25.

*Prisme droit* : S = périmètre de la base $\times$ la hauteur.

$$V = \text{surface de la base} \times \text{la hauteur.}$$

*Pyramide* : S = périmètre de la base $\times \frac{1}{2}$ hauteur.

$$V = \text{base} \times \frac{H}{3}.$$

*Cône* :       $S = \pi R l$     (*l* la génératrice).

$$V = \frac{H}{3} \times \text{base}.$$

*Tronc de pyramide*. — S et *s* les surfaces des bases,

$$V = \frac{H}{3}\left[ S + s + \sqrt{S, s} \right]$$

*Tronc de cône* :

$$S = \pi l \left[ R + r \right]$$

$$V = \pi \frac{H}{3}\left[ R^2 + r^2 + Rr \right]$$

*Tonneau*. — D, diamètre à l'équateur ; *d*, diamètre des extrémités ; H, la hauteur totale.

$$V = 1.0453 \, H \left[ 0.4 \, D^2 + 0,2 \, Dd + 0,15 \, d^2 \right].$$

*Volume d'un tas quelconque de terre ou de matériaux*. — C'est généralement un solide limité par deux plans horizontaux et des talus d'inclinaison variable. Si les deux bases ne sont pas très différentes, on peut multiplier la moyenne des bases par la hauteur, ou l'assimiler à un tronc de pyramide et appliquer la formule indiquée plus haut.

Si les bases sont très différentes, l'erreur serait trop considérable, et il faut décomposer le solide en prismes droits et en tronc de prisme.

## RÉSISTANCE DES MATÉRIAUX

En kilogrammes par millimètre carré de section.

| | CHARGE PRATIQUE | | |
|---|---|---|---|
| | TRACTION | COMPRESSION | CISAILLEMENT |
| Fer. . . . . . . . . . . | 7 | 7 | 6 |
| Tôle . . . . . . . . . . | 7 | 7 | 6 |
| Fil de fer. . . . . . . . | 12 | | |
| Fonte. . . . . . . . . | 2.5 | 7 | 2 |
| Acier fondu. . . . . . | 30 | 30 | 22 |
| Fil d'acier. . . . . . . | 19.2 | | |
| Cuivre laminé écroui. . . | 6.6 | 6.6 | 5.0 |
| — recuit. . . | 2.5 | 2.0 | 1.5 |
| Fil de cuivre . . . . . . | 6.6 | | |
| Laiton . . . . . . . . . | 2.5 | | 1.9 |
| Fil de laiton. . . . . . . | 6.6 | | 5.0 |
| Bronze : cuivre 8, étain 1. | 2.0 | | 1.5 |
| Frêne : dans la direction des fibres. . . | 1.2 | 0,66 | |
| — normal . . . . . | | 0,36 | |
| Chêne. $df$ . . . . . . | 1.1 | 0,66 | 0,07 |
| — $nf$ . . . . . . | | 0,36 | |
| Hêtre . . $df$ . . . . . | 1.2 | 0,66 | 0,06 |
| — $nf$ . . . . . . | | 0,36 | |
| Pin . . . $df$ . . . . . | 0.7 | 0,44 | 0,04 |
| — $nf$ . . . . . . | | 0,22 | |
| Corde de chanvre (rupture) | 0,48 | 2,2 | |
| Courroie en cuir (rupture) | 5.00 | | |
| Granit . . : . . : . . : . . . | | 0,6 | |
| Pierre calcaire. . . . . . | | 0,3 | |
| Brique ordinaire. . . . . | | 0,06 | |
| Mortier de chaux. . . . . | | 0,04 | |
| — de ciment . . . . | 0,02 | 0,15 | |

## TABLE DES VITESSES ET PRESSIONS DU VENT

| DÉSIGNATION DES VENTS | VITESSE par seconde | Pression en kilog. par mètre carré sur une surface normale |
|---|---|---|
| Vent seulement sensible. . . | 1 mèt. | » |
| Vent modéré. . . . . . . | 2,5 | 0ᵏ765 |
| Vent modéré. . . . . . . | 3,0 | 1,047 |
| Vent frais . . . . . . . . | 4,7 | 2,706 |
| Bise. . . . . . . . . . | 5,0 | 2,908 |
| Vent fort (convenable pour moulins). . . . . . . . | 7,0 | 6,000 |
| Vent fort . . . . . . . . | 8,0 | 7,443 |
| Grand frais . . . . . . . | 11,0 | 13,691 |
| Vent violent. . . . . . . | 15 | 27,550 |
| Vent impétueux . . . . . | 20 | 46,5 |
| Tempête. . . . . . . . . | 30 | 110,2 |
| Ouragan. . . . . . . . . | 40 | 195,9 |

## CHALEURS SPÉCIFIQUES DE QUELQUES SOLIDES

| | | | |
|---|---|---|---|
| Plomb . . . . . . | 0.0314 | Acier. . . . . . . . | 0.1165 |
| Fer forgé . . . . | 0.1777 | Zinc . . . . . . . | 0.0906 |
| Fonte. . . . . . | 0.1138 | Etain. . . . . . . | 0.0562 |
| Cuivre . . . . . | 0.0951 | Briques. . . . . . | 0.2410 |
| Laiton . . . . . | 0.0939 | Eau . . . . . . . | 1 |
| Mercure. . . . . | 0.0338 | Alcool . . . . . . | 0.7 |
| Argent . . . . . | 0.0570 | Acide sulfurique. . | 0.335 |

## CHALEURS SPÉCIFIQUES DE QUELQUES GAZ

|  | Sous volume constant | Sous pression constante |
|---|---|---|
| Eau . . . . . . . . . . | 1 | » |
| Air . . . . . . . . . . | 0.1686 | 0.2375 |
| Oxygène . . . . . . . | 0.1548 | 0.2182 |
| Azote . . . . . . . . | 0 1730 | 0.2440 |
| Hydrogène . . . . . . | 2.4146 | 3.4046 |
| Acide carbonique . . . | 0.1535 | 0.2164 |
| Oxyde de carbone . . | 0.1758 | 0.2479 |
| Vapeur d'eau . . . . . | 0.3337 | 0.4750 |

Pour renseignements complémentaires, voir dans les **Manuels-Roret** :

*Technologie physique et mécanique*, par M. ANSIAUX.
                                                    3 fr.
*La Construction Moderne*, par M. BATAILLE.    15 fr.

*Le Briquetier, Tuilier*, par M. ROMAIN.         6 fr.

*Le Chaufournier, Plâtrier*, par M. ROMAIN.    3 fr. 50


**FIN DU TOME SECOND**

# TABLE DES MATIÈRES

CONTENUES

DANS LE SECOND VOLUME

———

## CHAPITRE XIII



## CHAPITRE XIV

## CHAPITRE XV

## CHAPITRE XVI



## CHAPITRE XVII

## CHAPITRE XVIII

### CHAPITRE XIX



### CHAPITRE XX



### CHAPITRE XXI



### CHAPITRE XXII

## CHAPITRE XXIII



## AIDE-MÉMOIRE DE L'INGÉNIEUR-GAZIER

FIN DE LA TABLE DES MATIÈRES DU TOME SECOND

BAR-SUR-SEINE. — IMP. V<sup>e</sup> C. SAILLARD.

# ENCYCLOPÉDIE-RORET

## COLLECTION

### DES

# MANUELS-RORET

FORMANT UNE

## ENCYCLOPÉDIE DES SCIENCES & DES ARTS

FORMAT in-18

### Par une réunion de Savants et d'Industriels

Tous les Traités se vendent séparément.

La plupart des volumes, de 300 à 400 pages, renferment des planches parfaitement dessinées et gravées, et des vignettes intercalées dans le texte.

Les Manuels épuisés sont revus avec soin et mis au niveau de la science à chaque édition. Aucun Manuel n'est cliché, afin de permettre d'y introduire les modifications et les additions indispensables.

Cette mesure, qui met l'Éditeur dans la nécessité de renouveler à chaque édition les frais de composition typographique, doit empêcher le Public de comparer le prix des *Manuels-Roret* avec celui des autres ouvrages, tirés sur cliché à chaque édition, et ne bénéficiant d'aucune amélioration.

Pour recevoir chaque volume franc de port, on joindra, à la lettre de demande, un mandat sur la poste (de préférence aux timbres-poste) équivalant au prix porté au Catalogue.

Cette franchise de port ne concerne que la **Collection des Manuels-Roret** et n'est applicable qu'à la France et à l'Algérie. Les volumes expédiés à l'Etranger seront grevés des frais de poste établis d'après les conventions internationales.

Bar-sur-Seine. — Imp. Vᵉ C. SAILLARD.